普通高校本科计算机专业特色教材精选·算法与程序设计

C++程序设计解析

朱金付　主编

朱金付　柏　毅

郑雪清　何铁军　编著

朱　敏　主审

清华大学出版社

北京

内容简介

全书分为两部分,共 13 章。第一部分为 C++ 基础,共 5 章;第二部分为面向对象的程序设计,共 8 章。每一部分都有一章综合训练。在综合训练中的练习题不再区分章节,使得读者思维可以跳跃,从不同的角度考虑问题。综合训练还附有两套模拟练习考卷,读者可以练习,以检验自己的学习效果。综合训练旨在培养学生综合运用相关概念和知识点来分析问题和解决问题的能力。

写法独具一格。每一章都分为本章简介、知识点、概念解析、习题解析和同步练习。在第一部分的前 4 章中,还包括经典算法解析部分。概念解析等让读者用较少的时间就可以重温 C++ 的基本概念,为下面的习题解析做准备。在习题解析部分,在算法和语法的处理方面突出算法,摒弃那些晦涩和过于琐碎的语法内容,着重介绍解题的思路和方法。经典算法解析将本章内容常见的算法列举出来,解析其特点,这对提高读者编写 C++ 程序大有帮助。本书的习题在内容和形式上都和考试一致。

参考了多所大学 C++ 课程的教学大纲,参考了江苏省和全国普通高校非计算机专业学生计算机基础知识和应用能力等级考试大纲,本书既可以作为学生学习 C++ 课程的教学参考书,也可以作为将要参加计算机等级考试(二级 C++)的考生考级参考书。

图书在版编目(CIP)数据

C++ 程序设计解析 / 朱金付主编. —北京:清华大学出版社,2007.11(2016.7重印)
(普通高校本科计算机专业特色教材精选·算法与程序设计)
ISBN 978-7-302-16188-2

Ⅰ. C… Ⅱ. 朱… Ⅲ. C语言－程序设计－高等学校－教材 Ⅳ. TP312

中国版本图书馆 CIP 数据核字(2007)第 151046 号

责任编辑:袁勤勇
责任校对:梁　毅
责任印制:宋　林

出版发行:清华大学出版社
　　　网　　址:http://www.tup.com.cn, http://www.wqbook.com
　　　地　　址:北京清华大学学研大厦 A 座　　　邮　　编:100084
　　　社 总 机:010-62770175　　　邮　　购:010-62786544
　　　投稿与读者服务:010-62776969,c-service@tup.tsinghua.edu.cn
　　　质 量 反 馈:010-62772015,zhiliang@tup.tsinghua.edu.cn
印 装 者:北京国马印刷厂
经　　销:全国新华书店
开　　本:185mm×260mm　　　**印　张:**22.5　　　**字　数:**519 千字
版　　次:2007 年 11 月第 1 版　　　**印　次:**2016 年 7 月第 9 次印刷
印　　数:13321~14320
定　　价:39.00 元

产品编号:026637-03

出版说明

在我国高等教育逐步实现大众化后，越来越多的高等学校将会面向国民经济发展的第一线，为行业、企业培养各级各类高级应用型专门人才。为此，教育部已经启动了"高等学校教学质量和教学改革工程"，强调要以信息技术为手段，深化教学改革和人才培养模式改革。如何根据社会的实际需要，根据各行各业的具体人才需求，培养具有特色显著的人才，是我们共同面临的重大问题。具体地说，培养具有一定专业特色的和特定能力强的计算机专业应用型人才则是计算机教育要解决的问题。

为了适应 21 世纪人才培养的需要，培养具有特色的计算机人才，急需一批适合各种人才培养特点的计算机专业教材。目前，一些高校在计算机专业教学和教材改革方面已经做了大量工作，许多教师在计算机专业教学和科研方面已经积累了许多宝贵经验。将他们的教研成果转化为教材的形式，向全国其他学校推广，对于深化我国高等学校的教学改革是一件十分有意义的事情。

清华大学出版社在经过大量调查研究的基础上，决定组织出版一套"普通高校本科计算机专业特色教材精选"。本套教材是针对当前高等教育改革的新形势，以社会对人才的需求为导向，主要以培养应用型计算机人才为目标，立足课程改革和教材创新，广泛吸纳全国各地的高等院校计算机优秀教师参与编写，从中精选出版确实反映计算机专业教学方向的特色教材，供普通高等院校计算机专业学生使用。

本套教材具有以下特点：

1. 编写目的明确

本套教材是在深入研究各地各学校办学特色的基础上，面向普通高校的计算机专业学生编写的。学生通过本套教材，主要学习计算机科学与技术专业的基本理论和基本知识，接受利用计算机解决实际问题的基本训练，培养研究和开发计算机系统，特别是应用系统的基本能力。

2. 理论知识与实践训练相结合

根据计算学科的三个学科形态及其关系，本套教材力求突出学科的理论与实践紧密结合的特征，结合实例讲解理论，使理论来源于实践，又进一步指导实践。学生通过实践深化对理论的理解，更重要的是使学生学会理论方法的实际运用。在编写教材时突出实用性，并做到通俗易懂，易教易学，使学生不仅知其然，知其所以然，还要会其如何然。

3. 注意培养学生的动手能力

每种教材都增加了能力训练部分的内容，学生通过学习和练习，能比较熟练地应用计算机知识解决实际问题。既注重培养学生分析问题的能力，也注重培养学生解决问题的能力，以适应新经济时代对人才的需要，满足就业要求。

4. 注重教材的立体化配套

大多数教材都将陆续配套教师用课件、习题及其解答提示，学生上机实验指导等辅助教学资源，有些教材还提供能用于网上下载的文件，以方便教学。

由于各地区各学校的培养目标、教学要求和办学特色均有所不同，所以对特色教学的理解也不尽一致，我们恳切希望大家在使用本套教材的过程中，及时地给我们提出批评和改进意见，以便我们做好教材的修订改版工作，使其日趋完善。

我们相信经过大家的共同努力，这套教材一定能成为特色鲜明、质量上乘的优秀教材。同时，我们也希望通过本套教材的编写出版，为"高等学校教学质量和教学改革工程"作出贡献。

清华大学出版社

前 言

PREFACE

程序设计语言是各类高等院校各个专业普遍开设的一门基础课。 20世纪90年代中期以来，C++程序设计语言逐步替代Pascal语言和Fortran语言，成为许多高等院校启蒙教育的首选语言。

C++是一种实用高效、功能强大的程序设计语言，它从C语言进化而来，既可进行过程化程序设计，又可进行面向对象程序设计，适应当前程序设计语言发展的潮流。 C++具有丰富而严密的类型体系，可靠和高精度的科学计算功能，高效率的控制应用，特别是在系统软件的研究开发方面，更加受到人们的青睐。 学好C++语言，很容易触类旁通地掌握其他软件。

然而C++语言又是一种相当复杂的程序设计语言，它的语法十分繁杂，应用十分灵活。 对于初学者来说有一定困难。

本书作为学习C++程序设计语言的教学辅助教材，适用面很广。 无论是计算机专业还是非计算机专业的学生，不管是本科的还是专科的学生都可以从此教材中受益。 本书旨在指导和训练学生通过对习题的分析以及相应的实践，进一步掌握C++语言的基本知识和一般的解题技巧。从而提高学生应用程序设计语言分析问题和解决问题的能力，培养学生对C++的兴趣和爱好，以期达到学生乐学的目标。

本书的特点是：

- 涵盖C++语言的基本内容和知识点，言简意赅，读者用较少的时间就可以重温C++的基本概念。
- 在算法和语法的处理方面突出算法，摒弃那些晦涩和过于琐碎的语法内容，着重介绍解题的思路和方法。
- 面向过程程序设计和面向对象程序设计并重，前者是基础，后者是拓展和主流，本书在每一部分结束后专门安排了综合训练，旨在培养学生综合运用相关概念和知识点来分析问题和解决问题的能力。
- 在介绍解题技巧的同时强调编程风格，以程序的可读性为目标。

- 书中所用的习题都是经过仔细推敲后选择的，它们覆盖程序设计中基本的、常见的和典型的语法或算法。
- 根据程序设计语言课程实践性强的特点，本书还特别安排了上机练习题。

本书按照 C++ 程序设计语言的教学内容分为 13 章。每一章有 6 或 7 小节内容。第 1 节是简介，概括性描述本章的内容，表述它在 C++ 语言中的地位和作用，指出学习本章的特点和要领。第 2 节是知识点，列出本章所涉及的全部知识点。第 3 节是概念解析，简要介绍本章包含的基本概念、程序设计方法以及各个知识点之间的关系。第 4 节是习题解析，通过对精心选择的例题的分析，告诉读者应该怎样分析和设计，从而去理解并掌握各种语法和基本概念，并能熟练运用它们去解决问题。第 5 节是同步练习题，列出一定数量的习题供读者模仿练习。第 4、5 两节中的习题类型覆盖了各种考试中常见的选择题、填空题、程序分析题和完善程序题；习题难度的覆盖面也较广，供不同层次的读者根据自己的需要进行选择。第 6 节是同步练习，第 7 节是同步练习答案。

本书几位作者都是长期在教学第一线工作的教师，有丰富的教学经验。多年来一直为不同层次的学生开设 C++ 程序设计语言课程，并参与了多项用 C++ 语言作为工具开发的项目。他们不仅对 C++ 程序设计语言的基本概念和应用有较深入的理解，而且对初学者可能会遇到的困惑也有较好的了解。本书第 1、2 章以及第 5 章的综合试卷由何铁军老师编写，第 3～5 章由朱金付老师编写，第 6～8 章由柏毅老师编写，第 9～13 章由郑雪清老师编写，最后由朱金付老师统稿。朱敏教授在本书的编写思路和内容的选择方面提出了很多有益的建议，并认真审阅了全书。在编写过程中，东南大学非计算机专业计算机基础教学指导委员会给予了很大的支持；杨晓丽老师在习题的收集、整理、调试等方面做了许多工作；东南大学的学生朱皖宁、郁敏娜、归来也为本书的习题整理做了不少工作，在此一并表示感谢。

书中全部习题都在 Visual C++ 环境中调试通过，其源程序都可下载。

由于作者的水平有限，编写中难免有不足和错误之处，恳请读者批评指正。如对本书有任何指正和意见，请直接与作者联系，以便在本书再版时补充和纠正。作者的 E-mail 地址是：*zhuphl@ jlonline.com*。

朱　敏

2007 年 10 月

目 录

CONTENTS

第一部分　C++ 基础

第二部分　面向对象的程序设计

第一部分

C++ 基础

第 **1** 章 C++ 程序设计基础

1.1 简 介

　　C++ 语言是一种高级计算机语言,接近于人们习惯使用的自然语言和数学语言,方便人们学习和编写程序。C++ 语言与其他高级计算机语言相比,具有语言简洁、紧凑,使用方便、灵活,语言表达能力强(可以表达各种数据结构),移植性较高等特点。

　　C++ 语言是一种面向对象的语言,也是一种结构化设计语言。结构化程序有 3 种基本结构:顺序结构、选择结构、循环结构。由这 3 种基本结构可以组成任何具有复杂逻辑的程序。

　　顺序结构是指程序按照语句在程序中的先后顺序逐句运行,没有分支和跳转。

　　选择结构是指程序根据不同的条件执行不同分支的语句,如 C++ 语言中的 if 语句和 switch 语句。

　　循环结构是指程序在满足一定的条件下循环执行的相关语句,如 C++ 语言中的 while 语句、do…while 语句和 for 语句。

　　本章主要介绍 C++ 语言的基本语法。掌握了这些语法,就可以编制简单的源程序。

1.2 知 识 点

- 基本语法概念:关键字、标识符、数据类型、变量、常量
- 常量的表示方法:整数、小数、字符、字符串常量、标识符常量
- 类型转换:自动类型转换、赋值类型转换、强制类型转换
- 运算符:算术运算符、关系运算符、逻辑运算符、字位运算符、其他常用运算符
- 输入/输出:简单的输入与输出、八进制和十六进制输入与输出、字符的输入与输出、输出的格式控制

- 选择语句：if 语句、switch 语句
- 循环语句：while 语句、do…while 语句、for 语句
- 流程控制语句：break 语句、continue 语句

1.3　概念解析

1.3.1　标识符

标识符是指常量、变量、语句标号及用户自定义函数的名称。标识符必须满足以下规则：

(1) 标识符必须由字母、下划线或数字(0~9)组成。

(2) 标识符的第一个字符可以是字母(a~z，A~Z)或下划线(_)。

(3) C++ 语言中关键字是一类特殊的标识符，C++ 语言赋予关键字特定的含义。用户定义的标识符不能与关键字同名。C++ 中共 48 个关键字：

asm、auto、break、case、catch、char、class、const、continue、default、delete、do、double、else、enum、extern、float、for、friend、goto、if、inline、int、long、new、operator、private、protected、public、register、return、short、signed、sizeof、static、struct、switch、template、this、throw、typedef、try、union、unsigned、virtual、void、while。

温馨提示：C++ 语言区分大小写，如 Test，test 是两个不同的标识符。

1.3.2　数据类型

C++ 中的数据类型可以分为基本数据类型和派生数据类型两类。

基本数据类型是 C++ 系统中预定义的内部数据类型，有字符型、整型、实型、双精度型和无值型，如表 1-1 所示。字符型用来存放一个 ASCII 码字符或一个 8 位的二进制数；整型用来存放一个整数，其占用的字节数一般为 4 个(32 位机)字节；float(实型)用来存放实数，双精度型用来存放双精度数。

表 1-1　基本数据类型

名　称	类　型	占用字节数	存储值范围
字符型	char	1	$-128\sim127$
整型	int	4	$-2^{31}\sim(2^{31}-1)$
实型	float	4	$-10^{38}\sim10^{38}$
双精度型	double	8	$-10^{308}\sim10^{308}$
无值型	void	0	无值

基本类型可以加某些关键字对其进行修饰：如 short 表示短，long 表示长，signed 表示有符号，unsigned 表示无符号等。

用 short、long、unsigned、signed 这 4 个关键字修饰整型(int 类型)时，int 可以省略，例如：unsigned int 可简写为 unsigned。

无修饰词的整型(int 类型)和字符型(char 类型),编译程序认为是有符号的。即相当于 signed int 和 signed char。

派生数据类型则是根据用户需要,按照 C++ 规则由基本数据类型构造出来的数据类型,有指针、数组、结构体、联合体、枚举、类等类型。这些内容将在后面的章节中介绍。

温馨提示:字符型用来保存字符,存储的是该字符对应的 ASCII 码的值,占用一个字节。字符型数据从本质上讲是一个 8 位的整数。

温馨提示:实型与双精度型数据都用于保存实数,但二者所占用的字节数不同,其表示的精度不同。

温馨提示:每种数据类型表示的数的范围是有限的,当数超过此范围,则会发生溢出。

温馨提示:无符号整数的最高位也是数据位,而不是符号位。数据以原码形式存放。例如整数 7 的原码是(0000 0000 0000 0000 0000 0000 0000 0111),而二进制的无符号整数(1000 0000 0000 0000 0000 0000 0000 0000)表示的是整数 2^{31}。

温馨提示:有符号整数的最高位是符号位,最高位为 0,表示该数是正数;最高位为 0,表示该数是负数。正整数以原码的形式存放。负整数在内存中以整数的"补码"形式存放。求补码的方法如下:先求原码的反码,在反码上加 1,即是原码的补码。如 1 在内存中的形式为(0000 0000 0000 0000 0000 0000 0000 0001);如 −1 在内存中的形式为先对 1 求反码,在此基础上加 1,即得(1111 1111 1111 1111 1111 1111 1111 1111)。

1.3.3　变量

在程序执行过程中,其值可以改变的量称为变量。其作用是存储程序中需要处理的数据。每个变量属于一种类型。每个变量只能存放其类型允许的值。定义格式如下:

数据类型 变量名 1,变量名 2,…,变量名 n;

在一条语句中,可以定义一个变量也可以同时定义若干个变量。变量名作为变量的标识,应是一个合法的 C++ 标识符。

1.3.4　常量

在程序运行过程中,值不会被改变的量称为常量。

1. 整型常量

整型常量是指不含小数点的整数,它可以有正负号。如果是正号,可以省略。

十进制整数的表示和日常表示一样,由 0～9 组成。如 100、34、−15 等都是十进制数。

八进制整数的表示以 0 开头,由 0～7 组成。如 012、0456、−045 都等是八进制数。

十六进制整数的表示以 0X 或 0x 开头,由 0～9 和 a～f(或 A～F)字母组成,如 0x2a、0X10AB、0XEDD9 等都是十六进制数。

2. 实型常量

实型常量即实数,也称浮点数,有十进制小数和十进制指数两种。实型常量可以有正负号。如果是正号,可以省略。

十进制小数形式由数字和小数点组成(必须有小数点)。例如 1.25、3.14、0.0、−123.9 等都是实数。当整数部分或小数部分为 0 时,可以忽略不写,但小数点不能省略。

指数形式是指以 10 的方幂表示的数,也称科学表示法,它由小数和指数两部分组成,两者缺一不可。指数部分用 e 来表示方幂。

温馨提示:用指数形式表示小数时,方幂 e 前面必须是数字,e 后面必须为整数。例如:$1.24e3$ 表示 1.24×10^3,$-4.3e-2$ 表示 -4.3×10^{-2}。但 $1.3e$、$e2$、$1.2e3.1$ 等都是不合法的实数。

3. 字符常量

字符常量是用单引号括起来的一个字符,如'e'、'E'。字符常量在内存中以 8 位的整型常量存放,该整型的值被称为 ASCII 码。

当某些字符不能直接显示或者不能从键盘上输入时,可以用转义序列表示。转义序列就是用转义符"\"开始,后跟一个字符或一个整型常量(字符的 ASCII 码值)的方法来表示另一个字符。表 1-2 所列为 C++ 中常用的转义字符及其含义。

表 1-2 C++ 中常用的转义字符及含义

转义字符	名 称	功能或用途
\a	响铃(报警)	输出
\b	退格(Backspace 键)	退回一个字符
\f	换页	输出(用于打印机)
\n	换行	输出
\r	回车	输出
\t	水平制表符(Tab 键)	输出
\v	纵向制表符	输出
\\	反斜线	用于输出或文件的路径名
\'	单引号	输出
\"	双引号	输出
\0	空字符	字符串结束标志

如果转义符后边跟的是一个整型常量,则必须是一个以 0 为前缀的八进制或以 x 为前缀的十六进制数,其大小在 0~255 之间。

温馨提示:转义符后跟八进制数时,前缀 0 可以省略。

4. 字符串常量

用一对双引号将 0 个或若干个字符括起来,称为字符串常量。编译系统在处理字符串常量时,会自动在字符串常量的尾部加上'\0'.

5. 标识符常量

标识符常量是指用一个标识符来表示一个常量。用以增加程序的可阅读性和可维护性。C++ 中可用两种方法表示标识符常量,一种是使用类型修饰符 const;另一种是用编译预处理指令 define 定义。

const 说明常量的格式为:

const 类型 标识符=常量值

define 定义常量的格式为:

#define 标识符 常量值

温馨提示:这两种标识符常量有本质的区别。

(1) const 常量,也称常变量,系统在编译时会对其进行类型检查,程序运行时,系统会为 const 常量分配内存空间,const 常量储存在数据区,可按地址访问。const 常量必须在初始化时对其进行初始化,初始化后不允许对其进行再赋值。

(2) define 定义的常量,通常称为宏定义常量。系统在编译程序前,首先对源程序进行预处理,将宏定义中的标识符替换成常量,并生成临时的中间文件,再对该中间文件进行编译。在宏替换时,只是标识符和常量值之间的简单替换,预处理本身不做任何数据类型和合法性检查。程序运行时也不分配内存空间。

1.3.5 类型转换

1. 自动类型转换

在表达式中,一般要求运算符的两个操作数类型相同。如果两个操作数的类型不同,则需要进行转换,使其类型一致。这种转换的原则是由精度低的操作数向精度高的操作数的类型自动转换。具体规则如下:

(1) 字符可以作为整数参与数值运算,值为其 ASCII 码。

(2) 操作数为字符或短整型时,系统自动变换成整型。

(3) 操作数为实型时,系统自动转变成双精度型。

(4) 当两操作数类型不同时,精度低的操作数的数据类型变换到另一操作数的类型,再进行运算。各种类型的高低顺序如图 1-1 所示。

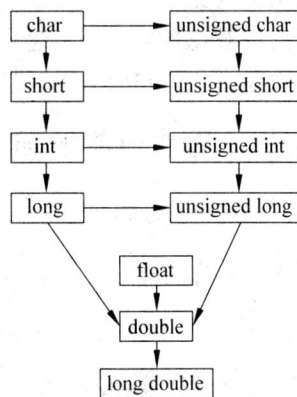

图 1-1 类型自动转换顺序图

2. 赋值类型转换

当赋值号的左值和右值类型不一致但类型相容时,由系统自动进行类型转换。转换规则如下:

(1) 实型数赋给整型变量时,仅取整数部分赋值,相当于取整。但如果整数部分的值超过整型变量取值范围时,发生溢出,结果错误。

(2) 整数赋给实型变量时,将整数转换成实数再赋值。

(3) 字符数据赋给整型变量分两种情况。对无符号字符数据,低位字节不变,高位字节补 0 后赋值。对有符号字符数据,若符号位为 0,与无符号字符数据的转换规则相同;若符号位为 1,则低位字节不变,高位字节全部置 1 再赋值。

(4) 无符号整型或长整型数赋给整型变量时,若数据在整型的取值范围内,无须转换,且结果正确;但若超出取值范围,则发生溢出,赋值结果错误。

3. 强制类型转换

强制转换是指将表达式类型强制转换为指定类型。强制类型转换格式为:

强制转换类型(表达式)

或　(强制转换类型)表达式

温馨提示:强制类型转换不改变表达式本身的值类型,而是产生一个临时空间,用于暂存转换后的值,该临时空间的值被引用后,空间被释放。

温馨提示:强制类型转换符优先级较高,只对紧随其后的表达式起作用。如(int)a/b 是将 a 强制转换成整型后再进行运算。

1.3.6　语句

表达式语句由一个表达式后面加上一个分号构成。

只由一个分号构成的语句称为空语句。空语句实际不执行任何操作。在某些特殊情况下,在流程控制语句中,若某分支不需要进行任何操作,可使用空语句,保证流程控制语句语法上的完整。

由一对花括号"{}"括起来的一组语句构成一个复合语句。复合语句描述一个块,在语法上起一个语句的作用。

1.3.7　简单的输入与输出

1. 简单输入/输出

C++ 程序可用 cin 对变量进行输入,cin 称为标准输入流,输入的一般格式为:

cin>>变量名 1>>变量名 2>>…>>变量名 n;

">>"在用作输入语句时,称为提取运算符,它将程序暂停执行,等待从键盘上输入数据,依次赋值给变量,直至所有的变量获得值。

在 C++ 中,与 cin 输入流对应的是 cout 输出流,cout 称为标准输出流。cout 输出流的格式如下:

```
cout<<表达式 1<<表达式 2<<…<<表达式 n;
```

"<<"在用作输入语句时,称为插入运算符,将表达式的值输出到当前的位置。

温馨提示:要使用 C++ 提供的输入/输出时,必须在程序的开头增加一行:

```
#include<iostream.h>
```

温馨提示:输入数据的格式、个数和类型必须与 cin 中所列举的变量类型一一对应。否则,不但当前的变量读数错误,后面的数据也不正确。

温馨提示:cin 和 cout 书写形式很灵活,若有多个变量,可以分成多个输入或输出语句,也可以写在同一个语句中,即使这些变量类型不相同也可以。

温馨提示:输出语句中'\n'与 endl 表示换行符,C++ 换行与使用多少个 cout 语句无关,而与是否输出换行符有关。

2. 八进制、十进制、十六进制整数的输入/输出

当输入或输出八进制或十六进制数据时,在 cin 或 cout 中必须指明相应的数据类型。hex 为十六进制,oct 为八进制,dec 为十进制。例如:"cin>>hex>>i;"。

温馨提示:当在输入/输出流中指明使用的数制后,则所指明的数制一直有效,直到在后面的输入/输出流中指明输入时所使用的另一数制为止。

3. 字符的输入/输出

字符的输出与其他数据的输出方式一样。

字符的输入可以采用提取运算符">>"。提取运算符将空格看作分隔符,不能将空格赋给字符型变量。同样,回车键也是作为输入字符间的分隔符,不能直接赋给字符型变量。

要想把键盘上输入的每一个字符,包括空格和回车键都作为一个输入字符赋给字符变量,必须使用函数 cin.get()。格式为:

```
cin.get(字符型变量);
```

4. 输出格式控制

setw()可指定下一项输出的数据项的输出宽度。

setpresicion()可指定下一项输出的实型数据项的输出精度。

温馨提示:要使用这些函数作格式控制,需在程序的开头增加一行:

```
#include<iomanip.h>
```

1.3.8　运算符及优先级

C++ 中对数据进行处理,和其他程序设计语言一样,也是通过运算符完成的。运算符就是对常量、变量等操作对象进行不同运算的符号。运算符的对象称为操作数。对一

个操作数进行运算的运算符称为单目(一元)运算符,对两个操作数进行运算的运算符称为双目(二元)运算符,对三个操作数进行运算的运算符称为三目(三元)运算符。

常量和变量等数据通过运算符组合在一起构成了 C++ 的表达式,每个符合 C++ 规则的表达式将有一个确定的结果,这个结果的类型一般取决于操作数的类型。当多个运算符组合成一个复合表达式时,运算符的求值次序根据运算符的优先级和结合规则来确定。表 1-3 列出了 C++ 中各种运算符及其优先级。

表 1-3 C++ 运算符及其优先级

优先级	运 算 符	功 能 说 明	结合性
1	( )	改变优先级	从左至右
	∷	作用域	
	[ ]	数组下标	
	. , ->	成员选择	
2	++ , -- (后置)	增 1 或减 1	从右至左
	++ , -- (前置)	增 1 或减 1	
	&	取地址	
	*	取内容	
	!	逻辑求反	
	~	按位求反	
	+ , -	取正、负数	
	( )	强制类型转换	
	new , delete	动态存储分配	
	sizeof	取所占内存字节数	
3	* , / , %	乘法,除法,取余	从左至右
4	+ , -	加法,减法	
5	<< , >>	左移位,右移位	
6	< , <= , > , >=	小于,小于等于,大于,大于等于	
7	== , !=	相等,不等	
8	&	按位与	
9	^	按位异或	
10	|	按位或	
11	&&	逻辑与	
12	||	逻辑或	
13	? :	三目运算符	从右至左
14	= , += , -= , *= , /= , %= , &= , ^= , != , <<= , >>=	赋值运算符	
15	,	逗号运算符	从左至右

1.3.9　算术运算符

算术运算符包括 +（正）、-（负）、+（加）、-（减）、*（乘）、/（除）、%（取模）。

若除法运算符的左右两边操作数是整数，则进行整除运算；只要除法运算符有一个操作数是实数，则进行普通的除法运算。例如：

5/4 除法两边操作数是整数，进行整除运算，结果为 1。

5.0/4 除法两边操作数是整数，进行整除运算，结果为 1.25。

算术运算符的优先级和结合性与人们习惯的数学语言中该类运算符的优先级和结合性是基本一致的。

在使用算术运算符时，需要注意有关算术表达式求值溢出的处理问题。整数运算产生溢出时，不认为是一个错误，但这时运算结果已不正确了。

若双目运算符两边的类型不一致，则系统将按照自动类型转换规则使两边类型一致后再进行运算。

取模运算符"%"，即取余运算，两边的操作数必须是整数，其取模结果符号必须与被除数相同。如 16%-5 的值是 1，-16%5 的值是 -1。

1.3.10　赋值运算符

1. 赋值运算符

在 C++ 中，"="是一个赋值运算符，它的作用是将一个值或一个表达式的值赋给"="左边的变量。

赋值运算符的左操作数必须是变量，右操作数可以是常量、变量和表达式等。赋值运算符所组成的表达式称为赋值表达式。

赋值运算符的优先级较低，仅高于逗号运算符。因此赋值表达式通常先计算赋值运算符右边的表达式，并将结果赋给赋值运算符左边的变量。

温馨提示：C++ 语言中的赋值运算符"="与数学的等号含义截然不同，如 i=i+1，数学中是不成立的，但 C++ 中表示，在 i 的值的基础上加 1 并重新赋给变量 i。

温馨提示：赋值表达式本身也是一个表达式，该表达式的值就是赋值的内容。因此，赋值表达式可作为另一个赋值运算符的右操作数，赋值给一个变量，这样就出现多个赋值号的情况，例如：a=b=3。

2. 复合赋值运算符

在 C++ 中，所有的双目算术运算符都可以与赋值运算符组合在一起，构成复合算术赋值运算符。复合赋值运算符的一般形式为：

变量　复合赋值运算符　表达式

它等同于：

变量=变量　运算符　表达式

例如：x* =10 相当于 x=x* 10。

温馨提示：复合赋值运算符的优先级与赋值运算符的优先级相同。

1.3.11 关系运算和逻辑运算

1. C++ 语言的逻辑值

关系运算符和逻辑运算符通常用作流程控制语句中的条件描述。但在 C++ 语言中，没有专门的逻辑类型。在 C++ 语言中，关系运算符和逻辑运算符的计算结果为整数 0 和 1，用以表示逻辑量。1 表示逻辑"真"，0 表示逻辑"假"。

除了整数 0 和 1，其他类型和其他的值的变量、常量和表达式也可参与逻辑运算，当值为非 0 值时，则表示逻辑"真"；值为 0 值时，则表示逻辑"假"。

2. 关系运算符

C++ 中有"<"(是否小于)、"<="(是否小于或等于)、">"(是否大于)、">="(是否大于或等于)、"=="(是否等于)、"!="(是否不等于)6 个关系运算符。

温馨提示：关系运算符完成两个操作数的比较，结果是一个整数。当比较关系成立时，结果为整数 1，关系不成立时，结果为 0。

温馨提示：注意 C++ 语言的赋值运算符"="与关系运算符"=="的区别。例如 x==2 表示判断 x 是否等于 2，当 x 的值为 2 时，表达式成立，结果为 1；当 x 的值不是 2 时，表达式不成立，结果为 0。而 x=2 表示将 2 赋给 x，其表达式的值即为赋值的内容"2"。

3. 逻辑运算符

C++ 语言中有"&&"(逻辑与)、"||"(逻辑或)和"!"(逻辑非)3 种逻辑运算符。其中"!"是单目运算符。

逻辑运算符的操作数可以是整数 0 和 1，也可以是 0 和非 0 的整数，也可以是任何类型的数据，如字符型、实型或指针型等，但都是以非 0 为"真"，0 为"假"。

逻辑表达式计算的结果也是一个整数，当逻辑表达式为真时，结果为整数 1；逻辑表达式为假时，结果为 0。

逻辑表达式在计算时，并不是所有的运算符都会得到执行，而是采用优化算法。其含义是：在求逻辑表达式值的时候，一旦表达式的值能够确定，就不再继续进行计算。换句话说，对于"&&"(逻辑与)运算符而言，若左操作数为 0，则整个逻辑与表达式为 0，不再计算右操作数表达式；对于"||"(逻辑或)运算符而言，若左操作数为 1，则整个逻辑或表达式为 1，不再计算右操作数表达式。

1.3.12 字位运算符

C++ 语言中的字位运算符可分为字位逻辑运算符和字位移位运算符。

在 C++ 语言中，字位逻辑运算符共 4 个，分别是"~"(按位求反)、"&"(按位与)、"^"(按位异或)和"|"(按位或)。

在 C++ 语言中,字位移位运算符共两个,分别是"<<"(左移位)和">>"(右移位)。它们都是双目运算符,作用是将一个整型或字符型数据按其二进制的位模式左移或右移若干位。左移操作是将二进制数依次向左移动 n 个二进制位,并在低位补 0。右移操作则与数据类型有关,若是无符号整数,则将二进制数依次向右移动 n 个二进制位,并在高位补 0;若是有符号整数,则将二进制数依次向右移动 n 个二进制位,并在高位补符号位。如:

−32>>3//−32 的补码为(1111 1111 1111 1111 1111 1111 1110 0000)右移后为(1111 1111 1111 1111 1111 1111 1111 1100),结果为−4。

1.3.13　其他运算符

1. 自增、自减运算符

自增、自减运算符共两个:"++"和"−−",其作用是使变量的值增 1 和减 1。它们是单目运算符,"++"和"−−"可以出现在变量的左边或右边,分别称为前缀运算符(前增量)和后缀运算符(后增量)。

所谓前缀运算符(前增量),表示先对该变量进行增量运算,再引用该变量的值进行表达式的其他运算。所谓后缀运算符(后增量),表示先引用该变量的值进行表达式的其他运算,再对该变量进行增量运算。

温馨提示:自增、自减运算符只能作用于变量,不能用于常量、表达式。

2. 逗号运算符

逗号运算符也称顺序运算符。用逗号运算符连接起来的式子称为逗号表达式,这种表达式的类型和值就是最后计算的表达式的类型和值。

逗号运算符的优先级在所有的运算符中最低,比赋值运算符低。

并非所有的逗号运算符都构成逗号表达式,有些情况下逗号只能作分隔符,如函数的参数之间用逗号分割:max(a+b,c+d)。

3. 条件运算符

条件运算符是 C++ 语言中唯一的一个三目运算符,由两个符号"?"和":"组成。
条件运算符的格式如下:

条件表达式? 表达式 1:表达式 2

其含义是如果条件表达式的结果为真(非 0),就执行表达式 1;否则就执行表达式 2。

4. sizeof 运算符

sizeof 是个带符号的单目运算符,而不是一个函数。它的格式如下:

sizeof(表达式)或 sizeof(数据类型)

它的运算结果是求出表达式的存储字节数或系统为该数据类型所设置的存储字

节数。

1.3.14 选择语句

1. 单选条件 if 语句

if 语句的格式如下：

if (表达式)
    语句

if 后面的表达式一般是一个逻辑表达式,如果表达式的计算结果为逻辑真(非 0),则执行语句;反之,则不执行这个语句。

温馨提示：if 后面只能跟一条语句,若 if 后面需要跟多条语句,则需用花括号"{}"将其变成一条复合语句。

2. 二选一条件 if 语句

if (表达式)
    语句 1
else
    语句 2

这种 if 语句格式的含义是：如果 if 后面的表达式求值结果为非 0,则执行语句 1,否则执行语句 2。

温馨提示：语句 1、语句 2 可以是一条语句,也可以是一条复合语句。

3. if 语句的嵌套

如果 if 语句的内嵌语句也是一个 if 语句,则形成 if 语句的嵌套。

温馨提示：else 总是与其前面最近的,同一块内的,还没有配对的 if 进行配对。

4. switch 语句

switch 语句也称开关语句或多重选择语句。一般用于"根据一个变量的多种不同取值实现程序的执行流程的多个分支"。用 switch 语句可以避免 if…else 多层嵌套造成的书写错误,方便程序阅读。

switch 语句的格式为：

```
switch ( 表达式)
{
    case 常量表达式 1:<<语句序列 1;>><<break;>>
    case 常量表达式 2:<<语句序列 2;>><<break;>>
        ...
    case 常量表达式 n:<<语句序列 n;>><<break;>>
    default:语句序列 n+1;
}
```

温馨提示：各个 case(包括 default)分支出现的次序可以任意。

case 分支是开关语句的入口,其后面的语句序列可以是一条语句,也可以是多条语句。

break 语句是可选的,当所执行的 case 分支没有 break,则继续往下执行其他分支的语句序列,直到遇到 break 语句或 switch 语句的关括号"}"为止。

case 后的常量表达式需为整型常量,取值可为整型、字符型或枚举型。

1.3.15　循环语句

1. while 循环语句

while 语句格式为:

```
while (表达式)
    语句
```

其中,表达式可以是任意合法的表达式,是循环的控制条件,语句是循环执行的循环体,可以是 C++ 语言的一条语句,也可以是 C++ 语言的一条复合语句。

while 语句的执行过程是:先判断表达式的值,若表达式的值为逻辑真(非 0),则进入循环执行循环体,然后自动回到循环控制条件的判断点,计算表达式的值,并重复以上的过程,直到表达式的值为假(或为 0)为止。

2. do while 循环语句

do while 语句的格式为:

```
do
    语句
while (表达式)
```

do while 循环的执行过程是先执行循环体语句,后判断循环条件表达式的值。表达式的值为真,继续执行循环;表达式的值为假,则结束循环。

do while 循环保证了循环体语句至少执行一次。循环体每次执行后判断控制条件,如果表达式值为逻辑真(非 0),则再次执行循环体并判断控制条件,直到表达式的值为假为止,然后程序流程继续向下执行。

3. for 循环语句

for 循环语句的格式为:

```
for (表达式 1;表达式 2;表达式 3)
    语句序列
```

其中表达式 1 称为循环初值表达式,表达式 2 称为控制表达式(循环终值表达式),表达式 3 称为增量表达式,语句序列为任意合法的 C++ 语句或复合语句。

温馨提示：for 语句中 3 个表达式都可以省略,但两个分号不能省略。表达式 1 可以放在 for 语句之前,表达式 3 可以放在循环体中。表达式 2 也可以省略。如果表达式 2 省略,表示循环条件恒成立。

1.3.16 控制执行顺序的语句

1. break 语句

在 switch 语句中,break 语句终止当前所在的 case 语句表,从而也就终止了整个 switch 语句。

在循环中,break 语句可以提前结束该语句所在的循环。

温馨提示:在嵌套循环中,break 终止的是其所在的循环语句,而并非终止所有的循环。

2. continue 语句

continue 语句用来终止本次循环。当程序执行到 continue 语句时,将跳过其后尚未执行的循环体语句,开始下一次循环,并根据循环控制条件决定是否再次执行循环。

在循环语句的循环体中,如果执行到 continue 语句,则跳过循环体中 continue 语句的后续语句,将控制转移到下一轮循环。在 while 循环和 do…while 循环中,continue 语句使控制流程进入下一轮循环控制条件的判别;在 for 循环中,continue 语句导致计算 for 语句中表达式 3,继而判断循环控制表达式。根据循环控制条件决定是否继续执行循环。

温馨提示:break 终止的是其所在层的循环语句,而 continue 语句终止的是本次循环,继续下一次循环。

1.4 习题解析

1.4.1 选择题

1. 下列符号串中不合法的 C++ 语言标识符是_____。
       A. register   B. Turbo_C   C. auto_   D. _123

参考答案:A

解析:本题的考点是标识符的定义的规则。作为标识符,必须满足以下规则:标识符必须由字母、下划线或数字(0~9)组成;标识符的第一个字符可以是字母(a~z, A~Z)或下划线(_);标识符不能与关键字同名。题目中 A 不满足第三点要求,其余选项都满足要求。

2. a 是一个整型变量,则执行下列输出语句后 a 的值是_____。

```
cout<<(a=3*5,a*4,a+5);
```

    A. 65   B. 0   C. 15   D. 20

参考答案:C

解析:本题的考点是逗号运算符的优先级,逗号运算符将多个表达式用逗号隔开,并逐个计算各表达式。逗号运算符的优先级低于赋值运算符,因此本题中 a=3*5 为第一个表达式,先将"3 * 5"赋值给 a,再逐个计算后面的表达式,而后续的表达式中未对 a 再进行赋值。因此选 C。

温馨提示:若本题问屏幕输出的内容,则应选择 D,因为逗号运算符表达式的值等于其最后一个表达式的值。

3. 设整型变量 x 的值是 10,则表达式 2<x<5 的值是_____。
　　A. 不确定　　　　　B. 1　　　　　C. 0　　　　　D. 表达式非法

参考答案:B

解析:本题的考点是关系表达式的返回值。表达式 2<x<5 分两步计算:

(1) 计算 2<x,由于 x 的值是 10,关系式成立,返回结果 1。

(2) 再拿 2<x 的结果与 5 进行比较,1<5 关系式成立,因此整个表达式的结果为 1。

4. 在 32 位系统中求表达式 s=10!的值时,变量 s 的类型应当是_____。
　　A. int　　　　　B. unsigned　　　　　C. long　　　　　D. 以上三种都可以

参考答案:D

解析:本题的考点是整数的表示方式。

在 C++ 语言中,用 short、long、unsigned、signed 这 4 个关键字修饰 int 类型时,"int"可以省略。unsigned 即 unsigned int,是指 32 位的无符号整数,表示数的范围为 $0 \sim 2^{32}-1$; long 即 long int,在 32 位系统中与 int 的含义一样,表示数的范围为 $-2^{31} \sim 2^{31}-1$。

通过数学计算可知 10! 的值小于 $2^{31}-1$,因此选 D。

5. 浮点型变量 f 当前存储的值是 17.8,经(int)f 类型强制后 f 存储的值是_____。
　　A. 17　　　　　B. 18　　　　　C. 不变　　　　　D. 不可确定

参考答案:C

解析:本题的考点是强制类型转换对表达式的值的处理方法。强制类型转换不改变表达式本身的值及类型,而是产生一个临时空间,用于暂存转换后的值,该临时空间的值被引用后,空间被释放。因此选 C。

6. 如果有下列变量定义:char c=97;则 cout<<c;的输出是_____。
　　A. a　　　　　B. 97　　　　　C. 定义非法　　　　　D. 赋初值非法

参考答案:A

解析:本题的考点是字符的值与 ASCII 码之间的关系,字符在内存中是以 8 位整数的形式存在的,其值为该字符的 ASCII 码值,而屏幕输出时输出的是该字符字形。'a'的 ASCII 码值为 97,因此 c=97 与 c='a'等价。故参考答案为 A。

7. 在 while(!a)中,!a 与表达式_____等价。
　　A. a==0　　　　　B. a==1　　　　　C. a!=1　　　　　D. a!=0

参考答案:A

解析:本题的考点是真值的含义。在 C++ 语言中,表达式值表示 0 时为假;表达式值表示 1 时为真。对于表达式!a 而言,当 a 等于 0 时,表达式!a 为真;当 a 等于非 0 时,表达式!a 为假。因此与选项 A 等价,选项 B 和 D 当 a 为 0 时表达式为假,不满足要求;选项 C 当 a 为不等于 1 的非 0 数时,选项 C 表达式值为真,而!a 为假不满足要求。

8. 符合 C++ 语法规则的常量是_____。

    A. 4e0.5   B. '\87'   C. 0X5A   D. "\"

参考答案：C

解析：本题的考点是常量的表达方式。用指数形式表示小数时，方幂 e 前面必须是数字，e 后面必须为整数，A 不满足要求。

当字符常量或字符串常量中出现转义符"\"时，转义符与后面的字符或整数构成一个字符，若转义符是整数时，必须是一个以 0 为前缀的八进制或以 x 为前缀的十六进制数，八进制的 0 前缀可省略。在 B 选项中，8 不是八进制中的数，因此错误。

而 D 选型中的"与转义符结合，形成一个字符，因此该字符串的双引号不成对，因此错误。

9. 关于字符串和字符的关系正确的是_____。

    A. "A"与'A'是相同的   B. 字符串是常量，字符是变量

    C. "A"与'A'是不相同的   D. "A"与'A'内容是相同的

参考答案：C

解析：本题的考点是字符串常量与字符常量的区别，"A"与'A'占用内存数不同；前者占用两个字节，后者占用一个字节。

10. 关于逻辑运算符的说法正确的是_____。

    A. 语句 int a=0,i=1,b;b=a&&i++;执行后，i 的值为 2

    B. 语句 int a=1,i=1,b;b=a||i++;执行后，i 的值为 2

    C. 语句 int a=1,i=1,b;b=a&&i++;执行后，i 的值为 2

    D. 以上结果皆不正确

参考答案：C

解析：本题的考点是逻辑运算符的优化问题，逻辑表达式在计算时，采用优化算法。其含义是：在求逻辑表达式值的时候，一旦表达式的值能够确定，就不再逐步进行计算。换句话说，对于"&&"（逻辑与）而言，若左操作数为 0，则整个逻辑与表达式为 0，不再计算右操作数表达式；对于"||"（逻辑或）而言，若左操作数为 1，则整个逻辑或表达式为 1，不再计算右操作数表达式。因此 A、B 选项都不再计算右操作数。

11. 设整型变量 x 的当前值为 3，执行以下循环语句后，输出的结果是_____。

```
do
    cout<<(x-=2);    //A
while(!(--x));       //B
```

    A. 0   B. 1   —2

    C. 3   0   D. 死循环，输出许多值

参考答案：B

解析：

(1) 本题的考点是 do while() 语句和逻辑运算符中真值的含义。在做此类题目时，

应在草稿纸上列出所有的变量名与该变量的值,并仿照程序执行的顺序进行模拟。

（2）本题中 x 的初始值为 3,进入循环后,执行 A 行,x 的值为 1 并输出 x 的值。再执行 B 行,X 的值为 0,0 为假,因此!0 为真,表达式成立,继续下一轮的循环。再执行 A 行,x 的值为 −2 并输出 x 的值。再执行 B 行,x 的值为 −3,非 0 为真,因此(!(−−x))为假,表达式不成立,结束循环。

12. 对下面 3 条语句,正确的论断是_____。

    (1) if(a)s1;else s2;

    (2) if(a==0)s2;else s1;

    (3) if(a!=0)s1;else s2;

    A. 三者相互等价　　　　　　　　　B. 三者相互不等价

    C. 只有(2)和(3)等价　　　　　　　D. 以上三种说法都不正确

参考答案：A

解析：本题考点是真值的含义。语句(1)中,当 a 非 0 时执行 s1 语句,当 a 为 0 时执行 s2 语句;与语句(2)和(3)等价。

13. 对于 for(表达式 1;;表达式 3),可理解为_____。

    A. for(表达式 1;0;表达式 3)　　　　B. for(表达式 1;1;表达式 3)

    C. for(表达式 1;表达式 1;表达式 3)　D. for(表达式 1;表达式 3;表达式 3)

参考答案：B

解析：本题考点是 for 语句中表达式 2 的默认含义。如果表达式 2 省略,表示循环条件恒成立,因此选择选项 B。

14. 执行以下程序段的输出是_____。

```
for(int i=1;i<7;i++){
    if(i%3==0)break;
    cout<<i<<'\t';
}
```

    A. 1 2 3 4 5 6　　　　　　　　　　B. 1 2 4 5

    C. 1 2 3　　　　　　　　　　　　　D. 1 2

参考答案：D

解析：本题的考点是 break 语句在循环中的应用。当 i 等于 3 时,执行 break 语句,结束 for 循环。

15. 执行以下程序段的输出是_____。

```
for(int i=1;i<7;i++){if(i%3==0)continue; cout<<i<<'\t';}
```

    A. 1 2 3 4 5 6　　　　　　　　　　B. 1 2 4 5

    C. 1 2 3　　　　　　　　　　　　　D. 1 2

参考答案：B

解析：本题的考点是 continue 语句在循环中的应用。当 i 等于 3 的倍数时,执行 continue 语句,结束 for 循环。

1.4.2 填空题

1. 以下程序第一行输出为_____,第二行输出为_____。

```
#include<iostream.h>
void main()
{   int x,y,z;
    x=y=z=0;
    cout<< (x++&&++y||z++)<<'\n';
    cout<<x<<'\t'<<y<<'\t'<<z;
}
```

参考答案：0
1 0 1

解析：本题的考点是逻辑的优化和增量运算符。

逻辑表达式在计算时,采用优化算法,一旦表达式的值能够确定,就不再逐步计算。表达式 x++&&++y||z++ 可以看成(x++&&++y)和(z++)的逻辑或。对于 x++&&++y 而言,先将 x 的初始值 0 参与逻辑与运算,再对 x 进行后增量,因此该逻辑运算表达式的值为 0,x 的值变为 1。根据逻辑优化规则,不再对++y 进行计算。

由于 x++&&++y 的值为 0,表达式 x++&&++y||z++ 的值由 z++ 的值决定。z 的初始值为 0,因此表达式 x++&&++y||z++ 的值为 0,z 的值变为 1。

2. 当前整型变量 i 的值是 10,执行下列 switch 语句后 i 的值是_____。

```
switch(i)
{
    case 9: i+=1;          //A
    case 10: i+=1;         //B
    case 11: i+=1;         //C
    defaule: i+=1          //D
}
```

参考答案：13

解析：本题的考点是 break 在 switch 语句中的应用。在 switch 语句中没有使用 break 语句来终止当前所在的 case 语句,当在 B 行检测出 i 的值为 10 时,当即执行 B 行 i+=1,并且不理会 C 行、D 行的检测,又连续执行了两个 i+=1,导致了 i 的值为 13。

3. 若整型变量 w=1,x=2,y=3,z=4,则条件表达式 w>x?w:z>y?z:x 的值为_____。

参考答案：4

解析：本题的考点为条件表达式的用法,w>x?w:z>y?z:x 可以被分解为 w>x?w:(z>y?z:x)。w>x 不成立,因此 w>x?w:z>y?z:x 表达式的值即为 z>y?z:x 表达式的值,由此可推断出整个表达式的值为 4,也就是 z 的值。

4. 设 a、b、c 都是整型,当 a=b=c=5 时,则表达式 a+=b+c++的结果是 a=_____,b=_____,c=_____。

参考答案：15　　5　　6

解析：

(1) 本题的考点是复合赋值运算符和后增量运算符。在 C++ 中,所有的双目算术运算符都可以与赋值运算符组合在一起,构成复合算术赋值运算符。a+=b+c++ 相当于 a=a+b+c++。

(2) 后缀运算符(后增量)表示先引用该变量的值进行表达式的其他运算,再对该变量进行增量运算。因此先将 c 的初始值 5 参与算术运算,a 的值变为 15,再进行 c 的增量运算,c 的值为 6。

5. 设有语句"int a=6,b=3;float x=8,y;y=b/a * x/2;",则 y 的值是_____。

参考答案：0

解析：本题的考点是运算符的优先级、结合性和整除的概念。若除法运算符的左右两边操作数是整数,则进行整除运算,因此 y=b/a * x/2 相当于 y=0 * 8/2=0。

6. 若有以下程序,则程序运行后的输出是_____。

```
#include<iostream.h>
void main()
{
    int i=1;
    while(i++<5);
    cout<<i;
}
```

参考答案：6

解析：

(1) 注意 while 语句的循环条件表达式后跟的是一个分号,表示这个循环的循环体为空语句。

(2) 计算条件表达式 i++<5,首先判断 i<5 是否成立,并作为整个条件表达式的结果,再计算后增量。当 i 的值为 5 时,i<5 不成立,循环条件不满足,再计算后增量,因此循环结束时,i 的值为 6。

温馨提示：若去除 while 语句中循环条件表达式后的分号,则输出 2345。

7. 若有以下程序,则执行程序后输出_____。

```
#include<iostream.h>
void main()
{
    int a,b,c;
    a=2,b=3,c=1;
    if(a>b)
        if(a>c) cout<<a;
        else cout <<b;
    cout<<"end"<<endl;
}
```

参考答案：end

解析：本题的考点为 else 与 if 的匹配关系。此处 else 与第二个 if 匹对。语句

```
if(a>c)cout<<a;
else cout<<b;
```

为 if(a>b)条件满足时所需执行的语句,而(a>b)条件不成立,故不执行。

8. 若有以下程序,则执行上述程序后输出_____。

```
#include<iostream.h>
void main()
{
    int a,b,c;
    a=2,b=3,c=1;
    if(a>b)
        {if(a>c) cout<<a;}
        else cout <<b;
    cout<<"end"<<endl;
}
```

参考答案：3end

解析：本题的考点为 else 与 if 的匹配关系。与上题不同,此程序中语句

```
if(a>c) cout<<a;
```

被花括号括起,成为一复合语句,当 if(a>b)条件成立时执行该语句。else 与第一个 if 匹对。而(a>b)条件不成立,故执行 cout<<b,因此输出 3end。

9. 若有程序

```
#include<iostream.h>
void main()
{
    unsigned i;
    int count=1;
    i=~0;
    while((i>>=1)!=0)
        count++;
    cout<<"count="<<count<<'\n';
}
```

问：

(1) 程序运行后输出_____。

(2) 如果将(i>>=1)改为(i>>1),则程序的结果是_____。

(3) 不作上述修改,而将"unsigned i;"改为"unsigned char i;"程序的输出结果是_____。

(4) 不作上述修改,而将"unsigned i;"改为"int i;"程序的输出结果是_____。

参考答案：(1) 32　　　(2) 死循环　　(3) 8　　(4) 死循环

解析：

(1) unsigned i 表示 i 是 unsigned int 类型，在内存中为 4 个字节，32 位。执行 i=~0; 语句后，i 的值在内存中的形式为(1111 1111 1111 1111 1111 1111 1111 1111)。执行 i>>=1，则在对 i 进行右移操作后，将结果重新赋值给 i。对无符号整数进行右移操作，则将二进制数依次向右移动，并在高位补 0。从程序中可以看出，一共需移动 32 次，i 的值才会变成 0，退出循环。而最后一次右移，由 1 变为 0 时，循环条件不满足，不执行循环体。故循环体语句 count++; 共被执行 31 次，count 的值为 32。

(2) 将(i>>=1)改为(i>>1)，则在对 i 进行右移操作后，该表达式的值并没有重新赋给 i，也即 i 的值依旧为(1111 1111 1111 1111 1111 1111 1111 1111)，故程序陷入死循环，无输出。

(3) unsigned char 类型，在内存中为 1 个字节，8 位。执行 i=~0; 语句后，i 的值在内存中的形式为(1111 1111)，故 count 的值为 8。

(4) unsigned i; 改为 int i; 执行 i=~0; 语句后，i 的值在内存中的形式也为(1111 1111 1111 1111 1111 1111 1111 1111)。但不同的是，有符号整数进行右移操作，则将二进制数依次向右移动，并在高位补符号位。而对于(1111 1111 1111 1111 1111 1111 1111 1111)，其最高位依旧是 1，故执行 i>>=1 后，i 的值没有发生变化。程序陷入死循环，无输出。

1.4.3　完善程序题

1. 程序功能：用数字 0 和 9 之间不同的数字构造所有可能的三位数（个位、十位和百位上的数字各不相同），并统计出共有多少种。

```cpp
#include<iostream.h>
void main()
{
    int i,j,k,count=0;
    for(i=1;i<=    ①    ;i++)
        for(j=0;j<=    ②    ;j++)
        if(    ③    )continue;
        else for(k=0;k<=9;k++)
        if(    ④    ){
        cout<<100*i+10*j+k<<',';//A
        count++;
        }
    cout<<endl<<"Total="<<count<<endl;
}
```

参考答案：① 9　　② 9　　③ j==i　　④ k!=i&&k!=j

解析：

(1) 从 A 行程序中可以看出 i 是百位数，j 是十位数，k 是个位数。

（2）百位数的取值范围是1～9，十位数的取值范围是0～9，因此第①、②空填9。

（3）第③空填的是if语句的条件表达式，当该条件表达式成立，则执行continue语句。continue语句用来终止本次循环。当程序执行到continue语句时，将跳过其后尚未执行的循环体语句，开始下一次循环。由于题目要求个位、十位和百位上的数字各不相同，因此第③空填j==i。

（4）第④空填的也是if语句的条件表达式，该if语句是for(k=0;k<=9;k++)语句的循环体。当k从0～9递增时，该条件表达式成立，则输出100*i+10*j+k。根据题意，应填入"k!=i&&k!=j"。

2. 求$f(x) = -x^2/2! + x^4/4! - x^6/6! + x^8/8! \cdots$，要求精度为十万分之一。

```
#include<iostream.h>
#include<math.h>
void main()
{
    double x,y,t;
    int n=0;
    cout<<"Input x:"
    cin>>x
    t=1;
    _____①_____;
    while(fabs(t)>1e-6)
    {
        n++;
        y+=(t=_____②_____);//A
    }
    cout<<"y("<<x<<")="<<y<<'\n';
}
```

参考答案： ① y=0   ② -t*x*x/((2*n-1)*2*n)

解析：

（1）从A行可以看出，y为所求的f(x)的值，而t为表达式中的项。

（2）y为各表达式项的累加和，因此应对y赋初始值0，第①空填y=0。

（3）观察题中各项的变化规律，可以看出，t的初始值是1，第1数据项是在1的基础上乘$-x^2/2$，第n数据项是在n-1数据项的基础上，乘上$-x^2/((2*n-1)*2*n)$，因此第②空填$-t*x*x/((2*n-1)*2*n)$。

1.5 经典算法解析

1.5.1 两变量的值交换

两变量数值交换是常用的算法。最简单的方法就是借助一临时变量，实现两变量的交换。程序代码如下：

```
#include<iostream.h>
void main(){
    int a,b;
    cout<<"请输入两个变量的值\n";
    cin>>a>>b;
    cout<<"交换前：";
    cout<<"a="<<a<<'\t'<<"b="<<b<<'\n';
    int temp;
    temp=a;
    a=b;
    b=temp;
    cout<<"交换后：";
    cout<<"a="<<a<<'\t'<<"b="<<b<<'\n';
}
```

温馨提示：用于实现两数交换的 3 行程序次序不能随意颠倒。

本例也可不用临时变量，实现两数的交换。代码如下：

```
#include<iostream.h>
void main(){
    int a,b;
    cout<<"请输入两个变量的值\n";
    cin>>a>>b;
    cout<<"交换前：";
    cout<<"a="<<a<<'\t'<<"b="<<b<<'\n';
    a=a+b;//a 的新值为 a 与 b 原值的和
    b=a-b;//b 的新值为 a 的新值与 b 原值的差，即 a 的原值
    a=a-b;//a 的新值减去 b 的新值，即为 b 的原值
    cout<<"交换后：";
    cout<<"a="<<a<<'\t'<<"b="<<b<<'\n';
}
```

温馨提示：程序的正确性是编程的基本要求。但人们评价一个程序的编程质量时，还需考察程序的可阅读性和执行效率等因素。在本小节的两个示例程序中，第二个示例与第一个示例相比节省了一个变量的空间，但程序的可阅读性较差，不利于将来程序的维护。而所节省的一个变量的内存空间对现在的计算机内存资源而言，无足轻重。因此，在两数交换时，通常选用第一个示例中所列出的算法。

1.5.2　选择结构语句

【例 1-1】　从键盘上输入 3 个整数，输出其中的最大值。

分析：读入 3 个数，先求出其中两个数的大值，再将该大数与第 3 个数比较，求出最大值。

1. 使用 if 语句

```
#include<iostream.h>
```

```
void main(){
    int a,b,c,max;
    cout<<"请输入 3 个数";
    cin>>a>>b>>c;
    if(a>b) max=a;
    else    max=b;
    if(c>max) max=c;
    cout<<"最大数是"<<max<<endl;
}
```

2. 用嵌套 if 语句实现

```
#include<iostream.h>
void main(){
    int a,b,c,max;
    cout<<"请输入 3 个数";
    cin>>a>>b>>c;
    if(a>b)
        if(a>c)  max=a;
        else  max=c;
    else
        if(b>c)  max=b;
        else  max=c;
    cout<<"最大数是"<<max;
}
```

3. 用三目运算符实现

```
#include<iostream.h>
void main()
{
    int a,b,c,max;
    cout<<"请输入 3 个数";
    cin>>a>>b>>c;
    max=a>b? (a>c? a:c):(b>c? b:c)
    cout<<"最大数是"<<max;
}
```

1.5.3 switch 语句的应用

对于某些应用而言,使用嵌套 if 语句实现多选一显得比较烦琐,使用 switch 语句可以使程序书写简化、可阅读性增强。但不是所有的多选一问题都可转换成 switch 语句,switch 语句限定条件表达式的数据类型必须是整型或字符型。

【例 1-2】 将百分制成绩转换成五分值成绩,若成绩为 90～100 分,则转换成"A";成绩为 80～89 分,则转换成"B";成绩为 70～79 分,则转换成"C";成绩为 60～69 分,则转换成"D";成绩小于 60,则转换成"E"。

分析：百分制成绩共有 101 种可能，但若在 switch 中编写 101 个分支程序，效率差，也无必要。分析发现，成绩的分段点均是 10 的倍数，可通过将成绩整除以 10，以简化程序。

```
#include<iostream.h>
void main(){
    int score;
    cin>>score;
    char grade;
    switch(score/10){
        case 10:    case 9:      grade='A';break;
        case 8:     grade='B';   break;
        case 7:     grade='C';   break;
        case 6:     grade='D';   break;
        default:    grade='E';   break;
    }
}
```

1.5.4　switch 语句中巧用 break

在 switch 语句中，break 语句是可选的，当所执行的 case 分支没有 break，则继续往下执行其他分支的语句序列，直到遇到 break 语句或 switch 语句的关括号"}"为止。为保证逻辑的正确实现，通常每个 case 分支都与 break 联用。

但在某些场合，switch 语句中不使用 break 可简化程序。

【例 1-3】　2006 年 1 月 1 日是星期一。设计程序，输入 2007 年的月份和日期，计算该天星期几。

分析：要计算某月某日是星期几，首先计算该日离 1 月 1 日多少天，再加上 1 月 1 日的星期数后，对 7 取模，即可求得。

而计算某日离 1 月 1 日有多少天，可采用以下的方法：若是 1 月份的某天，则离 1 月 1 日的天数等于当前日期减 1；若是 2 月份的某天，则离 1 月 1 日的天数等于 1 月份的天数加上当前日期减 1；其他月份依次类推。

程序代码如下：

```
#include<iostream.h>
void main()
{
    int month,date;
    int days=0;
    cout<<"请输入月份和日期\n";
    cin>>month>>date;
    switch(month){
        case 12: days+=30;          //加上 11 月份的天数
        case 11: days+=31;          //加上 10 月份的天数
```

```
    case 10: days+=30;          //加上 9 月份的天数
    case 9: days+=31;           //加上 8 月份的天数
    case 8: days+=31;           //加上 7 月份的天数
    case 7: days+=30;           //加上 6 月份的天数
    case 6: days+=31;           //加上 5 月份的天数
    case 5: days+=30;           //加上 4 月份的天数
    case 4: days+=31;           //加上 3 月份的天数
    case 3: days+=28;           //加上 2 月份的天数
    case 2: days+=31;           //加上 1 月份的天数
    case 1: days+=date;         //加上日期数
}
switch((days-1+1)%7){//-1是因为计算的是离 1 月 1 日的天数
                     //+1是因为 1 月 1 日是星期一
    case 0: cout<<month<<"月 "<<date<<"日 "<<"是星期天\n";break;
    case 1: cout<<month<<"月 "<<date<<"日 "<<"是星期一\n";break;
    case 2: cout<<month<<"月 "<<date<<"日 "<<"是星期二\n";break;
    case 3: cout<<month<<"月 "<<date<<"日 "<<"是星期三\n";break;
    case 4: cout<<month<<"月 "<<date<<"日 "<<"是星期四\n";break;
    case 5: cout<<month<<"月 "<<date<<"日 "<<"是星期五\n";break;
    case 6: cout<<month<<"月 "<<date<<"日 "<<"是星期六\n";break;
    }
  }
```

温馨提示：本示例程序中使用两个 switch 语句实现功能，第一个 switch 语句的 case 分支中，不加 break，用于计算该日期距离 1 月 1 日的天数。而第二个 switch 语句的 case 分支中必须加 break，以防止执行到其他的 case 分支。

1.5.5 3 种循环语句的互换

【例 1-4】 计算 $1+2+\cdots+1000$

1. while 语句

```
#include<iostream.h>
void main(){
    int sum=0;
    int i=1;
    while(i<=1000){
        sum+=i;
        i++;                    //这两个语句可合并为 sum +=i++;
    }
    cout<<"sum="<<sum<<endl;
}
```

2. do while 语句

```
#include<iostream.h>
```

```
void main(){
    int sum=0;
    int i=1;
    do{
        sum+=i;
        i++;                        //这两个语句可合并为 sum+=i++;
    }while(i<=1000)
    cout<<"sum="<<sum<<endl;
}
```

3. for 语句

```
#include<iostream.h>
void main(){
    int sum=0;
    for(int i=0;i<=1000;i++)
        sum+=i;
    cout<<"sum="<<sum<<endl;
}
```

在大多数情况下，这 3 种循环语句可相互间转换，但 3 种循环的形式也有区别。

- 循环变量和初值：while 和 do…while 语句一般在进入循环前赋初值，for 语句一般由 for 语句本身的表达式 1 赋值。
- 循环控制变量的变化：while 和 do…while 语句中循环控制变量在循环体中变化，for 语句一般在本身的表达式 3 中变化。
- 循环条件的检测：while 和 for 语句在循环体前检测循环条件，这样有可能循环体一次也不执行，而 do…while 循环在循环体后检测循环条件，这样循环至少要被执行一次。

温馨提示：当求累加和时，通常需对变量赋初始值 0；当求累积时，通常需对变量赋初始值 1。

1.5.6 多重循环

在求解许多问题时，需用到多重循环，即循环语句的循环体又是一个循环语句，而内层的循环控制条件往往又与外层的循环控制变量有关。

【例 1-5】 打印九九乘法表，打印格式如下：

```
1*1=1
1*2=2  2*2=4
1*3=3  2*3=6  3*3=9
...
1*9=9  2*9=18  3*9=27  4*9=36  5*9=45  6*9=54  7*9=63  8*9=72
9*9=81
```

分析：本程序共需输出 9 行，因此可以先用一个循环来控制，算法的伪代码描述如下：

```
for(i=1;i<10;i++) {
    输出第 i 行数据；
}
```

而第 i 行一共需输出 i 项数据，因此可再用一个循环控制输出各数据项，当 i 个数据项输出完毕后，程序输出换行符，控制换行。算法的伪代码描述如下：

```
for(i=1;i<10;i++){
    for(j=1;j<=i;j++)
        输出第 i 行第 j 个数据项；
    cout<<'\n';
}
```

而输出的数据项与 i 和 j 的关系可表示为：cout<<j<<'*'<<i<<'='<<i*j<<'\t'。这样，源代码如下：

```
#include<iostream.h>
void main(){
    int i,j;
        for(i=1;i<10;i++){
            for(j=1;j<=i;j++)
                cout<<j<<'*'<<i<<'='<<i*j<<'\t';
            cout<<'\n';
        }
}
```

1.5.7 枚举法

枚举法也称穷举法，基本思想是，在有限范围内列举所有可能的结果，找出其中符合要求的解。枚举法适用的场合是：问题可能的答案是有限个且范围是确定的，但难以用解析法描述。这种算法通常需要用循环结构来完成。

【例 1-6】 求出所有"水仙花数"。所谓"水仙花数"，是指这样的一个三位数：其各位的立方和等于该数本身，例如，153 是水仙花数，即 $153 = 1^3 + 5^3 + 3^3$。

分析：水仙花数是三位数，其范围在 100～999 之间。因此编写程序对这个范围的每一个数进行检测，输出满足条件的数。

```
#include<iostream.h>
void main(){
    int a,b,c;
    int count=0;                //记录共有多少个水仙花数
    for(int i=100;i<1000;i++){
        a=i/100;                //a 为百位上的数
        b=i/10%10;              //b 为十位上的数
```

```
        c=i%10;                 //c 为个位上的数
        if(a*a*a+b*b*b+c*c*c==i){
            cout<<'\t'<<i;
            count++;
            if(count&&count%4==0)  //每输出 4 个水仙花数换行
                cout<<'\n';
        }
    }
}
```

1.5.8　递推法

递推法是通过问题的一个或多个已知的解,用同样的方法逐个推算出其他的解。递推法适用的问题包括数列问题、近似计算问题等。通常也采用循环结构。

【例 1-7】 输入一个小于 1 的数 x,求 $\sin x$ 的近似值,要求误差小于 0.0001。近似计算的公式如下:

$$\sin(x)=x-x^3/3!+x^5/5! -x^7/7!+\cdots$$

分析: 从公式中可以看出,$\sin x$ 是一些数据项的累加和,根据数学知识,假设 $\sin(x)$ 为前 n 项数据项的累加和,则第 $n+1$ 项为误差项,其绝对值即为误差值。

另从公式中可以看出,第 n 数据项是在 $n-1$ 数据项的基础上,乘上 $-x^2/((2n-2)(2n-1))$ 的结果。

程序代码如下:

```
# include<iostream.h>
# include<math.h>
void main(){
    float x,y,t;
    int n=1;
    cout<<"请输入 x 的值,x 需小于 1\n";
    cin>>x;
    if(x>=1){
        cout<<"x 的值大于 1";
        exit(0);
    }
    y=t=x;
    while(fabs(t)>0.0001){
        n++;
        t=-t*x*x/((2*n-1)*(2*n-2));
        y+=t;
    }
    cout<<"sin("<<x<<")="<<y<<'\n';
}
```

【例 1-8】 计算斐波那契数列的前 40 项,即 1,1,2,3,5,8,13,…

1202年罗马的数学家伦纳德·斐波那契提出了一个关于兔子繁殖的问题：假定每对兔子每个月能生出一对小兔子，每一对新生的小兔子在第三个月成为能生育的兔子，而且假定所有的兔子不能死去，这样一年以后有多少对兔子？也就是说，如果第一个月有一对小兔子，第二个月由于第一个月的兔子还不能生育，所以第二个月仍然只有一对兔子，第三个月由于第一个月的那对兔子已能生育，第三个月的兔子数为第二个月的兔子和新生的小兔子之和，所以第三个月有两对兔子，等等。以后每个月的兔子对数都是上一个月的兔子对数，再加上上个月的兔子所生的小兔子之和。表示成函数形式如下：

$$f(n) = \begin{cases} 1, & n = 1 \\ 1, & n = 2 \\ f(n-1) + f(n-2), & n > 2 \end{cases}$$

程序代码如下：

```cpp
#include<iostream.h>
#include<iomanip.h>
void main(){
    long int f1,f2,f3;
    int i;
    f1=1;f2=1;
    cout<<setw(10)<<f1<<setw(10)<<f2;
    for(i=3;i<=40;i++){
        f3=f1+f2;
        cout<<setw(10)<<f3;
        f1=f2;
        f2=f3;
        if(i%5==0)cout<<'\n';
    }
    cout<<'\n';
}
```

1.5.9 循环控制

在循环中，除了循环条件表达式不满足时退出循环，还可用 break 语句提前结束该语句所在的循环。

【例1-9】 判别 m 是否为素数。

求素数的方法：使用枚举法，让 m 被 $2 \sim \sqrt{m}$ 间的整数除，如果 m 能被 $2 \sim \sqrt{m}$ 中的任一数整除，则 m 不是素数，提前结束循环，此时 i 小于或等于 $k (k = \sqrt{m})$；否则，i 加1，重复上述过程，直到 $i = k + 1$，然后才终止循环。在循环之后，判 i 是否大于或等于 $k + 1$，若是，则表明 m 未被 $2 \sim \sqrt{m}$ 中的任一数整除过，为素数。

程序代码如下：

```cpp
#include<iostream.h>
#include<math.h>
```

```
void main(){
    int m,i,k;
    cin>>m;
    k=sqrt(m);
    for(i=2;i<=k;i++){
        if(m%i==0) break;     // 退出循环
    }
    if(i>=k+1)
        cout<<m<<" is a prime number\n";
    else
        cout<<m<<" is not a prime number\n";
    return;
}
```

1.6 同 步 练 习

1.6.1 选择题

1. 设有变量说明：int x;则表达式 x＝4 * 5,x * 5,x+25 的值为_____。

    A. 20   B. 45   C. 100   D. 125

2. 设有说明：int x=1,z=1,y=1,k;执行语句 k=x++||++y&&++z;后,变量 y 的值为

    _____。

    A. 1   B. 2   C. 3   D. 4

3. 在 C 语言中,下面符号串中能用作变量名的标识符为 _____。

    A. auto   B. puts   C. -1 * num   D. 2-and

4. 下面的常量表示中,不正确的是 _____。

    A. '0'   B. 0fd   C. '\n'   D. .5e3

5. 如果整型变量 a,b,c 的值分别为 5、4、3,则语句 if(a>=b>=c) c++;执行后 c 的值

    是 _____。

    A. 语法错误   B. 4   C. 2   D. 3

6. 有整型变量 x ,y ,其中 y!=0,下列 _____与 x 等价。

    A. x/y * y   B. x%y * y

    C. x/y * y+x%y   D. 以上都不是

7. 设有变量定义 int x=100,y=1,z,若执行语句 z=y>0? ++x:--x,则变量 z 的值为

    _____。

    A. 99   B. 100   C. 101   D. 102

8. 以下给出的标识符中 _____可用作合法的变量名。

    A. goto   B. $ price   C. sum   D. 9kilo

9. 设 int a=1,b=2;那么执行表达式 a++&&++b;后,a 和 b 的值分别是 _____。

    A. 1 和 2   B. 2 和 2   C. 1 和 3   D. 2 和 3

10. 设 x=2;y=3;表达式 x=y==3 运算后,x=_____。

    A. 1   B. 2   C. 3   D. 0

11. a≠b 且 c≤d 的 c++表达式描述为 _____。

    A. a<>b,c<=d   B. a!=b&c=<d

    C. a=!b&&c<=d   D. a!=b&&c<=d

12. 如果定义了字符变量 ch,以下 _____语句可以将输入的字符(包括空格、回车及间隔符)赋予 ch。

    A. cin>>ch   B. cin.get(ch)

    C. cin>>get(ch)   D. ch=get()

13. 设有以下程序段,则下面描述中正确的是_____。

```
int x=10; while(x=0) x=x-1;
```

    A. while 循环执行 10 次

    B. 循环是无限循环

    C. 循环体语句一次也不执行

    D. 循环体语句只执行一次

14. 下列关于 break 和 switch 语句的叙述中,正确的是 _____。

    A. break 是 switch 语句的一个成分

    B. 在语句 switch 中可以根据需要使用或不使用 break 语句

    C. 在语句 switch 中必须使用 break 语句

    D. 上述结论中两个正确的

15. 循环语句for(int x=0,y=0;y!=100||x<10;)x++;执行的循环次数是 _____。

    A. 无限次   B. 10   C. 11   D. 100

16. 表示程序流程的 3 种基本结构是 _____。

    A. 顺序、选择、循环   B. 选择、循环、返回

    C. 函数、语句、数组   D. 主函数、子函数、变量

17. while(x)中的 x 与下面的条件 _____等价。

    A. x==0   B. x==1   C. x!=1   D. x!=0

18. 定义变量并赋值 short int x=32767,则执行++x后 x 的值为 _____。

    A. 32767   B. 32768   C. -1   D. -32768

1.6.2 填空题

1. 设有 int x=1,y=1,z=1;则执行++x||++y&&++z 后,x=_____、y=_____、z=_____。

2. int a=5,b=6,c=1,x=2,y=3,z=4;

    c=(a=c>x)&&(b=y>z);

    问:执行上述程序后,b 的值是_____,c 的值是_____。

3. 037 是_____进制数,它二进制形式是_____,对应的十进制是_____,十六进制是_____。

4. 若有说明：int x=1,y=1,z=1,k;执行语句 k=x++||++y&&++z;后,变量 x、y、z、k 的值依次是：_____,_____,_____,_____。

5. 有整型变量 a、b,则下列 for 循环中的输入语句最少可执行_____次,最多可执行_____次。

```
for(a=0,b=0;b!=10&&a< 5;a++) cin>>b;
```

6. 设整型变量 i 初值是 1,则语句 while(i++<5);执行后 i 的值是_____。

7. break 语句只能用在循环语句和_____语句中。

8. 若有以下程序,则为了使输出的结果是 n=4,x 的输入值应满足条件_____与_____。

```
#include<iostream.h>
void main()
{
    int m,n,x,y;
    cin>>x>>y;
    m=1;n=1;
    if(x>0) m=m+1;
    if(x>y) n=n+m;
    else if(x==y) n=5;
    else n=2*m;
    cout<<m<<n;
}
```

9. 执行下列程序段后,变量 n 的值是_____。

```
int n=10;
switch(n){
    case 9:n-=1;
    case 10:n+=1;
    case 11:n--;
    case 12:n++;
    default:++n;
}
```

10. 执行下列语句的结果是_____。

```
int result=100;
cout<< ((result>=60)&&(result<=100)?"good":"general")
```

11. 下面程序段的运行结果是_____。

```
int a=8;
```

```
a/=a++;
cout<<a;
a/=++a;
cout<<a;
a+=a-=a*=a;
cout<<a;
```

1.6.3 完善程序题

1. 程序功能：在 3 个整数 a,b 和 c 中选出最大者,将该值输出。

```
#include<iostream.h>
void main(){
    int a,b,c,max;
    cout<<"请输入三个正数：";
    cin>>a>>b>>c;
    cout<<"a=："<<a<<'\t'<<"b=："<<b<<'\t'<<"c="<<c<<endl;
    if(____①____)max=a;
    else if(____②____)max=b;
      else ____③____;
     cout<<"最大数为：max="<<____④____<<endl;
}
```

2. 完善一个程序,求满足以下条件的最大的 n。

$$1^2+2^2+3^2+\cdots+n^2\leqslant1000$$

```
#include<iostream.h>
void main(){
    int n,s;
    s=n=0;
    while(____①____)
    {
        s+=n*n;
        ____②____;
    }
    cout<<"n="<<n-1<<endl;
}
```

1.7 同步练习参考答案

选择题答案

1. B   2. A   3. B   4. B   5. D   6. C   7. C
8. C   9. D   10. A   11. D   12. B   13. C   14. D
15. A   16. A   17. D   18. D

填空题答案

1. 2,1,1
2. 6,0
3. 八,00011111,31,0x1f
4. 2,1,1,1
5. 1,5
6. 6
7. switch
8. x>0；x<y
9. 12
10. good
11. 210

完善程序题答案

1. ① a>=b&&a>=c　　② b>=a&&b>=c　　③ max=c　　④ max
2. ① s<1000　　② n++

第2章 函数和预编译处理

CHAPTER

2.1 简　　介

人们在求解一个复杂问题的时候,通常采用逐步分解、分而治之的方法。也就是把一个大问题分解为几个比较容易求解的小问题,然后分别求解。

例如,要设计一大型的设备,该设备由成千上万个相同或不同的零部件组成,不可能在一张图纸上把所有的细节描述出来。因此,先绘制零件图、再绘制装配图,最后绘制总装图。程序员在设计一个复杂的应用程序时也采用相同的方法,往往也是把整个程序划分为若干个功能较为单一的程序模块,然后分别实现,这种在程序设计中分而治之的策略,称为模块化程序设计方法。这些模块就是一个个函数。

在本章的学习中,需牢牢掌握函数的基本概念,如函数的定义、声明、调用方法、形参与实参等。除此以外,本章还有许多重要的内容,对编程十分重要。

C++ 函数参数传递的方法有值传递和引用传递两种。如果函数的形参不是引用,则其传递方式为值传递,反之为引用传递。通俗地讲,值传递意味着实参仅仅把自身的值传给形参,函数对形参的操作不会影响到实参。而引用传递则意味着形参是实参的引用,即形参是实参的"别名",对形参的操作就是对实参的操作。也有将函数参数传递分为三种的,即多了一种地址传递。

递归是 C++ 一种很重要的编程方法,也是计算机思维的核心思想之一。递归实际上就是一个分析解法,将一个条件复杂的问题分解成条件较简单的同等问题。递归函数的一个显著特征是函数自身调用自身。

函数调用需要一些时间和空间方面的开销。对于较长的函数而言,这种开销可以忽略不计;但是对于一些函数体代码很短,但又被频繁地调用的函数,就不能忽视这种开销。引入内联函数正是为了解决这个问题,以提高程序的运行效率。在编译程序时,编译器将程序中出现的内联函数调用表达式用内联函数的函数体替换,以提高其执行效率。由于在编译时将函数体中的代码替代到程序中,内联函数是以目标代码的增加为代价来换取时间的节省的。

在 C++ 中,变量有效的范围(称为变量的作用域)和被存储的时间(称为变量的存储期或生存期)都是不同的。如果按变量的作用域分类,变量可以分为局部变量和全局变量;如果按变量的生存期来分类,变量可以分为外部变量、静态变量、自动变量和寄存器变量。

函数的重载是指 C++ 中,若有一组函数完成相似功能时,可允许函数名重复使用,编译器根据参数表中参数的个数或类型来判断调用哪一个函数。函数的重载提供了使用同一个接口(函数名)实现不同功能的方法。

带参数的宏作为一种预编译指令,虽然在调用的形式上类似于函数,但是与函数的概念截然不同。带参数的宏是在编译前,首先进行参数的字符串替换,再进行宏的字符串替换,最后再进行编译。带参数的宏作为一种预编译指令,扩展了 C++ 程序设计的能力,合理地使用编译预处理功能,可以使编写的程序便于阅读、修改、移植和调试。

2.2　知　识　点

- 函数的基本概念:函数的定义、声明、实参、形参和返回
- 递归调用
- 值传递和引用传递
- 作用域:块作用域、文件作用域、函数作用域和函数原型作用域
- 生存期:自动变量、寄存器变量、静态变量和外部变量
- 函数的其他概念:缺省参数、函数重载和内联函数
- 预编译指令:包含、宏定义和带参数的宏定义
- 库函数

2.3　概念解析

2.3.1　函数的基本概念

一个函数包括函数头和函数体两个部分。函数定义格式如下:

```
返回类型 函数名(参数表列)//函数头
{
    函数体
}
```

其中函数头的定义包括以下几个部分:函数名、函数参数、返回类型。

1. 函数名

函数名即一个函数的名字,应符合标识符的要求。函数名应尽可能反映函数的功能。

2. 函数参数

函数的参数,是指完成函数功能所需向函数体提供的自变量。

函数的参数在 C++ 中被分为形参和实参。形参指的是在函数定义时,以类似变量的形式出现在函数名后面的括号中的参数。

实参是指调用函数时,给出的实际参数值。实参和形参是一一对应的。

如果函数执行时,不需要参数,则为无参函数。无参函数的参数列表为空。

温馨提示:在定义形参时,除了需给出参数的变量名外,还应给出形参的数据类型。各参数之间即使类型相同,也应单独给出类型。

3. 返回类型

如果一个函数有计算结果需要返回给它的调用者,则把该计算结果称为返回值。在设计该函数的时候,需要事先指定该返回值的类型,则该类型称为函数的返回类型。

温馨提示:C++ 语言中规定,不能在一个函数内部再定义函数。若省略了函数返回值的类型名,则 C++ 默认函数的返回类型为整型。

2.3.2　函数的返回

函数通过 return 语句返回,return 语句的一般形式为

```
return 表达式; 或 return(表达式);
return;
```

① return 的作用是从函数中返回。当程序执行到 return 语句时,执行流程就回到函数的调用处。在同一个函数内可以在多处出现 return 语句。

② 在 main 函数中,若出现 return 语句,表示从程序中退出,返回操作系统。

③ return 后面若跟上一个表达式,该表达式的值就是函数的返回值,其类型必须与函数首部所说明的类型一致。若类型不一致,则由系统自动转换为函数返回值类型。

④ 当函数的返回值为 void 时,函数中 return 后也可以不含表达式。仅表示从函数中返回。

⑤ 函数体内也可以没有 return 语句,程序一直执行到函数末尾,没有确定的函数返回值。

温馨提示:一个函数只能有一个返回值,但一个函数有多个计算结果(如求一元二次方程的解,需要返回两个解)时,不能直接用 return 返回,而可以考虑使用引用或全局变量等方式返回计算结果。

2.3.3　函数的调用

有返回值的函数的调用其结果是一个返回值,该返回值可以参加相应类型的计算。因此有返回值的函数的调用可以作为表达式或表达式的一部分,也可以作为一条单独的语句。

无返回值的函数调用只能作为一条语句。

进行函数调用时,函数的实参个数必须与形参一致。实参可以是变量,也可以是表达式,甚至是另一个函数的返回值。

实参在类型上应按位置与形参一一对应匹配。当实参和形参类型不匹配时,编译系统按照赋值兼容的原则将实参转换为形参的相同类型再赋给形参。如果实参和形参之间不能进行类型转换,或参数个数不一致,则编译时提示错误。

2.3.4 函数原型声明

在 C++ 中,函数要满足先定义后使用的原则。如果函数先使用再定义,则需要在调用前声明函数的原型。

函数原型声明是在函数调用之前声明函数的类型和所有参数的类型。简单地说,函数的原型声明就是在定义的函数头后面加上分号。

存储类别 类型 函数名(参数表);

进行原型声明的函数名、返回类型及参数类型应与函数定义严格一致,但进行原型声明的形参参数的变量名和函数定义中的变量名可以不一致,甚至在原型声明中可以不用给出形参参数的变量名。

温馨提示:函数的原型声明可以出现在程序的任意一个位置,包括在另一个函数定义的内部。

2.3.5 递归调用

所谓递归,就是函数自身调用自身。它是一种通用的编程技术,它的思想就是将一个复杂的问题逐步简化,最终分解成简单的问题。递归为解决某些问题提供了极大的方便。例如,求阶乘的函数可以写成:

```
int f(int x)
{
    if((x==0)||(x==1))
        return 1;
    return x * f(x-1);
}
```

递归调用有直接递归调用和间接递归调用两种。

直接递归调用,是指调用函数在函数体内的调用语句直接调用该函数本身。

间接递归调用,是指调用函数不是直接调用自己,而是调用其他函数,经过这种一级或多级调用,最后由某个函数调用该函数。

所有递归的函数的结构都是类似的:

- 函数要直接或间接调用自身。
- 要有递归终止条件检查,即递归终止的条件被满足后,不再调用自身函数。
- 如果不满足递归终止的条件,则返回涉及递归调用的表达式。在调用函数自身时,有关终止条件的参数要发生变化,而且需向递归终止的方向变化。

递归调用的过程分为"递推"和"递归"两个阶段。

"递推"阶段:先将原来的问题不断分解为新的问题,逐渐地从未知向已知的方向推进,最后到达已知的条件,即递归结束条件。

"递归"阶段:该阶段从已知条件出发,按"递推"的逆过程,逐一求值回归,最后到达递推的开始处,结束回归阶段,完成递归调用。

温馨提示:使用递归函数在许多时候可以简化程序的编码工作,但它并不提高程序的执行效率。相反,函数的递归调用一般将耗费更多的存储空间和执行时间。

2.3.6 值传递

值传递指主调函数向被调函数传递的是实参的值。当向被调函数传递一个变量的数据时,C++为每一个形参分配相应的临时存储空间,调用函数的实参值就复制在对应的形参的临时存储空间中。被调函数只对形参的临时存储空间发生作用,不对实参本身进行操作。

函数的按值调用减少了调用函数和被调用函数之间的数据依赖,增加了函数的独立性。被调用函数的调用完成以后,系统收回分配给形参的临时存储空间。

温馨提示:在函数调用时,实参可以是变量、常量或表达式。实参传递给形参的是实参表达式的值。

2.3.7 引用与引用传递

1. 引用

引用是一种特殊类型的变量,可以认为是给一个变量取的别名。引用是一个变量的别名。例如有人名叫张三,他的绰号是"老三"。老三就是张三。让"老三"干什么,其实就是让张三干什么。如:

```
int i,j=10;
int &r=i;      // 建立一个 int 型的引用 r,并将其初始化为变量 i 的一个别名
r=j;           // 相当于 i=j;
```

温馨提示:创建引用时必须对其进行初始化。一旦引用被初始化,就不能改变引用的关系。

2. 引用传递

引用传递指函数的形参是引用。在执行调用函数的调用语句时,系统自动用实参来初始化形参。这样形参就成为实参的一个别名,对形参的任何操作也就直接作用于实参。

温馨提示:在函数调用时,实参必须是变量。实参传递给形参的是实参本身,形参代表的就是实参。

2.3.8 变量的存储机制

操作系统为一个 C++ 程序的运行所分配的内存分为 4 个区域,如图 2-1 所示。

堆区
（动态数据）
栈区
（函数局部数据）
main()函数局部数据全局数据区
（全局变量、静态变量）
代码区
（程序代码）

图 2-1 程序在内存中的区域

- 代码区：存放程序代码，即程序中各个函数的代码块。
- 全局数据区：存放程序的全局数据和静态数据。
- main()函数局部数据：存放 main 函数中定义的局部变量。
- 栈区：存放程序中的局部变量，如函数中的局部变量等。
- 堆区：存放动态分配的数据。

局部变量不是在编译时分配存储单元的，而是在函数调用发生时才在栈区分配存储单元；而当函数返回时，这些局部变量占用的存储单元又自动释放。这种自动地获得和释放存储单元是用栈实现的。每当函数调用发生时编译系统都会做以下工作。

① 建立栈空间。
② 保护现场：将当前主调函数的执行状态和返回地址保存在栈中。
③ 为被调用函数中的局部变量（包括形参）分配栈空间，并将实参值传递给形参。
④ 将控制权交给被调用函数，执行该函数直到返回语句或函数结束处。
⑤ 释放被调用函数所有局部变量占用的栈空间。
⑥ 恢复现场：取出主调用函数的执行状态及返回地址，然后释放栈空间。
⑦ 控制权交还给调用函数。

这种机制使不同函数中的局部变量各自独立，不同函数的同名变量占用的也是不同的存储单元，不会发生混淆。

2.3.9 作用域

标识符作用域指的是标识符能够被使用的范围，标识符在其作用域内才能被访问。标识符的作用域有块作用域、函数原型作用域、文件作用域、函数作用域和类作用域。类作用域在讲了类的概念以后再介绍。

1. 文件作用域

定义在所有函数之外的标识符具有文件标识符，文件作用域称为全局作用域，即从该标识符说明处开始，至整个文件的结束符为止。具有文件作用域的变量称为全局变量。

温馨提示：未被初始化的全局变量，系统自动初始化为 0。

温馨提示：一般情况下，要把全局变量的定义放在引用它的所有函数之前。但是，如果在全局变量定义点之前的函数要引用该全局变量或另一个源文件中的函数要引用该全局变量,需要在函数内对要引用的全局变量加 extern 进行声明。

2. 块作用域

块指的是由一对花括号"{}"扩起来的程序段。定义在块中的标识符,作用域仅限于块,即只能在块中使用该标识符。复合语句是一个块,复合语句中定义的标识符作用域为复合语句,称具有块作用域。

对于块中嵌套其他块的情况,如果嵌套块中有同名局部变量,服从局部优先原则,即在内层块中屏蔽外层块中的同名变量,所谓"县官不如现管"。

温馨提示:如果块内定义的局部变量与全局变量同名,块内仍然局部变量优先,但与块作用域不同的是,在块内可以通过域运算符"::"访问同名的全局变量。

温馨提示:在 for 语句中第一表达式声明的变量其作用域为包含 for 语句的块,而不是仅作用于 for 语句。

3. 函数原型作用域

在函数原型的参数表中说明的标识符所具有的作用域,称为函数原型作用域。它是 C++ 程序中最小的作用域,其有效范围就在函数后边的左右括号之间。所以在函数原型声明时,可以省去标识符,只给出参数的类型即可。但是,考虑到程序的可读性,一般还是给函数原型声明的形参一个容易理解、记忆的名称。例如,函数声明"float area(float radius);"与"float area(float);"效果是相同的。

4. 函数作用域

函数作用域是指在函数内定义的标识符在该函数内均有效,即不论在函数内的任一位置,均可引用这种标识符。C++ 中,只有标号具有函数作用域,即不管在函数的哪个位置定义的标号,在整个函数内均可以使用。所以在同一个函数内不允许标号同名,但不同的函数内标号可以重名。也正是因为标号具有函数作用域,所以不允许用 goto 语句从一个函数体内转到另一个函数体内。

2.3.10　生命周期

存储类型决定变量的生命周期,即系统何时为变量分配空间,该变量的空间又何时被系统释放。C++ 中关于变量存储类型的标识符有 4 个:auto、register、static 和 extern。其中用 auto 和 register 修饰的称为自动存储类型,用 static 修饰的称为静态存储类型,用 extern 修饰的称为外部存储类型。

温馨提示:作用域与生命周期是两个概念,作用域表示在什么范围内可见,而生命周期表示变量的生命期。

1. 自动变量

用 auto 声明的变量称自动变量。所有函数中或程序块中定义的变量在默认存储类型声明时都是自动变量,自动变量的生命周期为函数或块的执行期。在函数或块开始执行时系统为这些变量分配栈空间,函数或块结束时这些变量空间释放。因其存储空间的分配和释放是系统自动进行的,所以称为自动变量。

用 register 声明的变量称为寄存器变量,是指变量存放在 CPU 的寄存器中,使用时,不需要访问内存,而直接从寄存器中读写,这样可提高效率。但寄存器资源是十分稀少的,通常编译系统会将 register 当作自动(auto)变量来处理。

2. 静态变量

用 static 声明的变量称为静态变量。静态变量存放在全局数据区,在编译时分配存储空间并进行初始化,如果程序未显式给出初始化值,系统自动初始化为全 0,且初始化只进行一次。静态变量具有全局生命周期。

虽然静态变量具有全局生命周期,但其可见性却是局部的,其作用域和自动变量相同。内部静态变量在其作用域内是可见的,也是存在的;当超出它的作用域后,虽然是不可见的,但它仍是存在的。程序下一次进入该作用域时,其值为上次的结果值。

3. 外部存储类型

在一个文件中定义的全局变量和函数都默认为外部的,即其作用域可以延伸到程序的其他文件中。但其他文件如果要使用这个文件中定义的全局变量和函数,必须在使用前用 extern 作外部声明,外部声明通常放在文件的开头。此外,在同一个文件中,如果一个函数使用到定义在该函数之后的全局变量,也必须对使用到的全局变量进行外部变量声明,以满足“先定义后使用”的原则。

温馨提示:用 extern 修饰是作外部声明,外部变量声明不同于全局变量定义。变量定义时编译器为其分配存储空间,而变量声明指明该全局变量已在其他地方声明过,编译系统不再分配存储空间,直接使用变量定义时所分配的空间。

2.3.11 内联函数

当程序执行函数调用时,系统要建立栈空间,保护现场,传递参数以及控制程序执行的转移等,这些工作需要系统时间和空间的开销。有些情况下,函数本身功能简单,代码很短,但使用频率却很高。

函数本身的代码很短,程序频繁调用该函数所花费的时间却很多,从而使程序执行效率降低。为了协调好效率和可读性之间的矛盾,C++ 提供了另一种方法,即定义内联函数。该方法是在定义函数时用修饰词 inline。内联函数的调用机制与一般函数不同,编译器在编译过程中遇到 inline 时,为该函数建立一段代码,而后在每次调用时直接将该段代码嵌入到调用函数中,从而将函数调用方式变为顺序执行方式,这一过程称为内联函数的扩展或内联。内联函数的实质是牺牲空间来换取时间。

温馨提示:内联函数应该简洁,只有几个语句,如果语句较多,不适合于定义为内联函数。

温馨提示:内联函数体中,不能有循环语句、if 语句或 switch 语句,否则,函数定义时即使有 inline 关键字,编译器也会把该函数作为非内联函数处理。

2.3.12　函数重载

在 C++ 中，如果需要定义几个功能相似而参数类型不同的函数，那么这样的几个函数可以使用相同的函数名，这就是函数重载。函数重载的好处在于，用相同的函数名来定义一组功能相同或类似的函数，增强可读性。

当某个函数中调用到重载函数时，编译器会根据实参的类型去对应地调用相应的函数。匹配过程按如下步骤进行：

① 如果有严格匹配的函数，就调用该函数。

② 参数内部转换后如果匹配，调用该函数。

③ 通过用户定义的转换寻求匹配。

温馨提示：在定义重载函数时必须保证参数类型不同，仅仅返回值类型不同是不行的。

2.3.13　缺省参数

一般情况下，函数调用时的实参个数应与形参相同，但为了更方便地使用函数，C++ 也允许定义具有缺省参数的函数，这种函数调用时实参个数可以与形参不相同。

缺省参数指在定义函数时为形参指定缺省值（默认值）。这样的函数在调用时，对于缺省参数，可以给出实参值，也可以不给出参数值。如果给出实参，将实参传递给形参进行调用，如果不给出实参，则按默认值进行调用。

温馨提示：缺省参数还可以有多个，但所有缺省参数必须放在参数表的右侧，即先定义所有的非缺省参数，再定义缺省参数。

温馨提示：如果函数调用出现在定义之前，那么缺省的形参值必须在函数原型中给出；如果函数调用出现在定义之后，则需要在函数定义时给出缺省的形参值。

2.3.14　预编译指令

预编译指令也称预处理指令。编译系统在编译时由预处理程序首先对 C++ 源程序进行加工处理。源程序经过预处理加工后，再交给编译系统去做真正的编译工作。

预处理指令包括：文件包含、宏定义和条件编译。

温馨提示：每一条预处理命令必须单独占用一行；预处理命令后不加分号；预处理命令一行写不下，可以续行，但需要加续行符"\"。

2.3.15　文件包含

文件包含是指一个源程序中可以将另一个源程序文件的全部内容包含进来，即将另外的一个文件完整地包含在当前的文件中。文件包含可以用 include 命令来实现。格式为：

```
#include<文件名>
```

或

```
# include "文件名"
```

其中,文件名是指称为头文件的文本文件。头文件的扩展名一般为".h",当然也可以使用其他扩展名。在头文件中主要是宏定义、外部变量的声明和函数原型的声明等。

上述定义的第一种格式要求在编译系统预定的 include 目录中寻找指定的头文件。第二种格式首先在源程序文件所在的目录中寻找指定的头文件,如没有找到,再到编译系统 include 目录中寻找指定的头文件。

2.3.16 宏定义

♯define 指令分为带参宏定义和不带参宏定义。预编译时,将宏名用替换正文进行替换。使用宏定义时注意以下几点。

- 宏定义可以出现在程序的任何位置。一般将宏定义放在程序的开始部分。宏名的作用域从宏定义开始到本源程序结束。
- 在宏定义中可以使用已定义过的宏名。
- 当宏名出现在字符串中时,编译预处理不进行宏扩展。
- 在同一个作用域内,同一个宏名只能定义一次。

温馨提示:当宏名出现在字符串中时,编译预处理不进行宏扩展。

带参数的宏定义在扩展时与不带参数的宏定义有所不同,它不仅是做简单的宏扩展,而是先做参数替换,然后再进行宏替换。当有多个参数时,参数间用逗号隔开,参数不能指定类型。

使用带参数的宏时要注意以下几点。

➤ 当宏调用中包含的实参是表达式时,在宏定义中要用括号把形参括起来。

➤ 在宏定义时,宏名和左括号之间不能有空格。若在宏名后有空格,则将空格后的全部字符都作为无参宏定义的字符串,而不作为形参。

➤ 一个宏定义一般要在一行内定义完,并以换行符结束。当一个宏定义多于一行时必须使用转义字符"\",即在按换行符之前先输入一个"\"。

温馨提示:虽然带参数的宏在宏定义与宏调用时存在形参和实参,与函数有些类似,但本质上是完全不同的。两者的主要区别在于:

➤ 两者定义的形式不同。在宏定义时只给出形参,不要说明形参的类型,而函数定义必须指定形参的类型。

➤ 宏由编译预处理程序来处理,而函数是由编译程序处理的。宏调用时,仅做简单替换,不做任何计算,并且是在编译之前由预处理程序来完成这种替换的;而函数是在编译后,在目标程序执行期间,依次求出各个实参的值,然后才执行函数的调用。

➤ 函数调用时,要做语法检查,即要求实参的类型和个数必须与形参一致。而宏调用不作任何检查。

➤ 函数调用可以有返回值,而宏调用不可以。

➤ 多次调用一个宏时,经扩展后源程序的长度要增加;而函数的多次调用,不会增加源程序的长度。

温馨提示：使用宏代码最大的缺点是容易出错，预处理器在复制宏代码时常常产生意想不到的边际效应。例如：＃define mul(a,b) a * b，则 mul(5＋5,5＋5)被替换成 5＋5 * 5＋5，返回值为 35。

2.3.17 库函数

编译系统将一些常用的函数功能作为已知的函数提供给用户，用户只需按照规定格式调用这些函数即可。这些由系统提供的供用户调用的函数称为库函数。C++ 提供丰富的库函数，包括常用的数学函数和字符串处理函数等。

C++ 根据系统库函数的作用和性质将系统库函数的原型声明写在若干个头文件中。用户在调用这些库函数时，需用 include 将这些头文件名包含进来。常用的头文件有以下几个。

- iostream.h：实现键盘输入/输出头文件。
- iomanip.h：输入/输出格式管理头文件。
- math.h：数学函数头文件。包含数学函数、与数学运算相关的宏定义等。特别注意三角函数中角度用弧度表示。
- stdlib.h：实用函数头文件。包含系统提供的一系列实用函数，有数字串转化为不同类型数值的一系列函数、随机数产生函数、终止程序函数、数组元素的查找和排序等函数。
- string.h：字符串处理库函数。

2.4 习 题 解 析

2.4.1 选择题

1. C++ 语言中函数返回值的类型是由_____决定的。

    A. return 语句中的表达式类型   B. 调用该函数的主调函数类型

    C. 定义函数时所指定的函数类型   D. 传递给函数的实参类型

参考答案：C

解析：函数返回值的类型是在定义函数时指定；return 语句返回具体值的大小，而与函数的返回值类型无关；函数返回值的类型与主调函数类型和传递给函数的实参类型更是毫无关系。

2. 变量的有效范围与其定义的位置有关，_____，其作用域在整个源程序文件中都有效。

    A. 在第一个函数中定义的变量   B. 在定义第一个函数之前所定义的变量

    C. 在主函数中定义的变量   D. 在函数中定义的静态变量

参考答案：B

解析：定义在第一个函数之前所定义的变量，即为定义在所有的函数的外面，该变量为全局变量，有文件作用域。其他选项都为局部变量，其作用域都在函数内部。

3. 在程序执行过程中，该程序的某一个函数 func()中声明的 static 型变量 V 有这样的特性_____。

    A. V 存在于 func()被调用期间且仅能被 func()所用

    B. V 存在于整个程序执行过程且仅能被 func()所用

    C. V 存在于 func()被调用期间且可被所有函数所用

    D. V 存在于整个程序执行过程且可被所有函数所用

参考答案：B

解析：变量的生命周期和作用域是两个概念,静态变量表示其生命期是全局的,但其仍是局部变量,其作用域在函数内部。

4. 若使用语句 area＝TrglArea(3.5,4,62);调用求三角形面积函数,则下列式中是正确的函数原型声明是_____。

    A. int TrglArea(x,y,z);

    B. float TrglArea(float,float,float);

    C. float TrglArea(int,int,int);

    D. int TrgIArea(float x,float y,float z);

参考答案：B

解析：函数的原型声明可以不给出函数的形参名,但需要给出函数的形参类型和个数,以及返回值的类型。从题意看,TrglArea 的形参为 3 个 float 类型,其返回值也是 float 类型。

5. 用 ♯include 命令包含的文件是_____。

    A. 目标文件   B. 可执行文件

    C. 源程序文件   D. 二进制文件

参考答案：C

解析：编译预处理对 C++ 源程序进行加工处理。

6. 设有宏定义 ♯define f(x) （−x＊2）,执行语句"cout<<f(3＋4)<<endl;",则输出是_____。

    A. −14   B. 2   C. −5   D. 5

参考答案：D

解析：这是宏定义的常见的题型,带参数的宏定义与函数不一样。函数在调用时,首先计算实参的值,再将值传递给形参。而宏定义,仅仅做宏扩展,不做语法检查。

带参数的宏定义在宏替换时,首先做参数替换,然后再进行宏替换。f(3＋4)首先用 3＋4 替换 x,再进行宏替换,最后被替换成−3＋4＊2。

2.4.2 填空题

1. 执行下面程序输出的是_____。

```
#include<iostream.h>
void f(int);
void main(){
    f(567);
```

```
}

void f(int n){
    cout<<n%10;
    if(n>10)
        f(n/10);
}
```

参考答案：765

解析：这是递归函数中常见的一种题型，即递归函数中包含输出语句，要求给出输出结果。对于这种题，要进行递归的逐级扩展。

首先扩展 f(567)，此时实参 n 为 567，因此该函数被扩展为：

```
cout<<7;
f(56);
```

接着再扩展 f(56)，此时实参 n 为 56，因此该函数被扩展为：

```
cout<<6;
f(5);
```

再扩展 f(5)，此时实参 n 为 5，小于 10 因此该函数被扩展为：

```
cout<<5;
```

最后再将被扩展的内容由后向前逐步替换上一级函数中的递归调用。全部过程如图 2-2 所示。

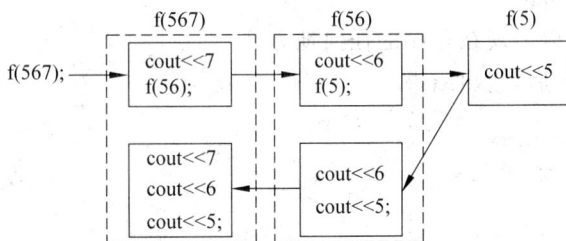

图 2-2 递归调用示意

2. 执行下面程序输出的是_____。

```
#include<iostream.h>
int fun(int n){
    if(n==1) return 1;
    if(n==2) return 1;
    if(n==3) return 3;
    return fun(n-1)+fun(n-2)-fun(n-3);
}
void main(){
```

```
        cout<<fun(10)<<' ';
}
```

参考答案：9

解析：这也是一个递归求解题,但假如采用题 1. 递归逐级扩展的方法求解,则步骤过于烦琐,应考虑反方向求解。

根据程序可知 fun(1)=1，fun(2)=1,fun(3)=3,则：

fun(4)=fun(3)+fun(2)-fun(1)=3
fun(5)=fun(4)+fun(3)-fun(2)=5
$\vdots$
fun(10)=fun(9)+fun(8)-fun(7)=9

3. 以下程序是否正确(是或否) _____;若程序错,则原因是(或程序正确,则输出结果是)_____。

```
# include<iostream.h>
# define A 3
void main()
{
    int a;
    #  define B(a)  ((A+1) * a)
    a=3 * (A+B(5));
    cout<<"x="<<a<<"\n";
}
```

参考答案：是　69

解析：宏定义可以出现在程序的任何地方。

4. 以下程序执行后,输出结果 _____。

```
# include<iostream.h>
int m=10;           //A
int f(int x,int y)
{
    int m=5;        //B
    m+=x * y;       //C
    return m;       //D
}
void main()
{
    int a=6,b=7;
    cout<<f(a,b)/m<<'\n';
}
```

参考答案：4

解析：本题考点是不同作用域的同名变量的问题,题中程序有两个变量 m,其中 A 行中 m 为全局变量,B 行中的变量 m 为 f 函数内的局部变量,其作用域为变量定义处开始,至函数结束时为止。

执行 f(a,b),在执行 C、D 行时,根据同名变量局部优先的规则,对 m 的操作,是对 f 函数的局部变量 m 进行操作。执行后,f 函数的局部变量 m 值为 47,而全局变量 m 依然为 10。f(a,b)/m 是用 f(a,b) 返回的结果对全局变量 m 进行整除。

5. 若有以下程序,则执行上述程序后,最后输出的 i 是_____,k 是_____。

```cpp
#include<iostream.h>
int fun(int i);
void main(){
    int i=1;
    switch(i){
        default: i++; break;
        case 0: i++;fun(i);
        case 1: i++;fun(i);
        case 2: i++;fun(i);
    }
    cout<<i<<'\n';
}
int fun(int i){
    static k=10;
    i++;k++;
    cout<<k<<'\n';
    return k;
}
```

参考答案：3   12

解析：

(1) main 函数中的变量 i 与 fun 的形参 i 是两个不同作用域的变量,在调用 fun(i) 函数时,只意味着将 main 函数中的变量 i 的值传递给 fun 函数的形参 i。在 fun 函数中对 i 赋值,不会影响 main 函数中的 i。

(2) switch 表达式的值若与某 case 分支的常量表达式的值相等,则转去执行该 case 语句后边的语句序列,直到遇到 break 语句或开关语句的右花括号为止。

(3) K 是静态变量。

6. 若有以下程序,则程序的输出是_____。

```cpp
#include<iostream.h>
int f(int );
void main(){
    for(int i=0;i<3;i++)
        cout<<f(i)<<'\n';
    return;
}
```

```
int f(int a){
    int b=0;
    static int c=3;
    b=b+1;
    c=c+1;
    return(a+b+c);
}
```

参考答案: 5   7   9

解析: 在函数f()被调用时,自动变量b每次都被重新初始化,但内部静态变量c则每次都保留改变后的值。具体调用情况如表2-1所示。

表2-1 调用情况

第几次调用	调用时初值		调用结束时的值		
	b	c	b	c	a+b+c
1	0	3	1	4	5
2	0	4	1	5	7
3	0	5	1	6	9

7. 若有以下程序,则程序的输出是_____。

```
int i=0;              //A
void main(){
    int i=5;          //B
    {   cout<<i;       //C
        int i=7;       //D
        cout<<i;       //E
        cout<<::i;     //F
    }
}
```

参考答案: 570

解析: 该程序定义了3个变量i,A行中i为全局变量。B行中i为局部变量,其作用域为定义变量处开始,至main函数的最后一个右花括号为止。D行中i为局部变量,其作用域为定义变量处开始,至main函数的最后第二个右花括号为止。

执行C行输出i值时,由于内层块的i还没有定义,因此输出的是外层块的i的值。

执行E行输出i值时,根据"同名标识符局部优先"的规则,因此输出的是内层块的i的值。

执行F行输出i值时,i前有域作用符::,因此输出的是全局变量的i的值。

8. 若有以下程序,则输出结果为_____。

```
#include<iostream.h>
int fun(int a){
```

```
        return- a;
    }
    int fun(int a,int b){
        return a * b;
    }
    void main(){
        cout<<fun(2,3)<<'\t'<<cout<<fun((2,3));
    }
```

参考答案：6　　　-3

解析：主函数中第一次调用 fun 函数时,参数为"2","3"两个实参,因此返回 6。而第二次调用 fun 函数时,是(2,3),是一个逗号表达式,因此返回-3。

9. 若有以下程序,则输出结果为_____。

```
#include<iostream.h>
#define PR1(num) cout<<num; cout<<'\t'
#define PR2(a,b) PR1(a);PR1(b)
#define PRINT(c,d) cout<<c<<d
void main(){
    int x=10,y=20,z=100;
    PR1(x);
    PR2(x,y);
    PRINT( hex , z);
}
```

参考答案：10　　10　　20　　64

解析：首先对该主程序进行宏扩展。

PR1(x);被扩展成 cout<<x; cout<<'\t'

PR2(x,y);被扩展成 PR1(x);PR1(y);对 PR1 再次进行宏扩展,得

```
cout<<x; cout<<'\t'; cout<<y; cout<<'\t';
```

PRINT(hex ,z);被扩展为 cout<<hex <<z;

因此,该主程序等价于:

```
void main()
{
    int x=10,y=20,z=100;
    cout<<x; cout<<'\t';
    cout<<x; cout<<'\t'; cout<<y; cout<<'\t';
    cout<<hex <<z;   //hex 表示十六进制输出
}
```

10. 数学表达式 $\sin(30°)+x^2\cos(20°)$ 的 C++ 语言表达式是_____。

参考答案：$\sin(30 * 3.14/180)+x * x * \cos(20 * 3.14/180)$

解析：库函数中三角函数的参数应是弧度,因此调用函数时,参数应把角度转换成弧

度。注意不能写成 sin(30/180 ＊ 3.14)＋x ＊ x ＊ cos(20/180 ＊ 3.14),请读者思考为什么?

2.4.3 完善程序题

1. 下面是求前 n 个自然数和的递归函数,(即求 1＋2＋3＋…＋n)

```
int sum(int n){
    if(   ①   ) return 1;
    else return    ②   ;
}
```

参考答案:①n==1   ②n+sum(n-1)

解析:求 1＋2＋3++n 显然应循环相加,但函数中无循环语句,因此应考虑该函数为递归函数。

当满足条件 1 时,函数返回固定值 1。因此判断该空应填递归中止条件,从题意上判断,应填"n==1"。

第二空应填递归对自身函数的调用。在本题中,sum(n) 的值等于 sum(n-1)+n,因此第二空填"n+sum(n-1)"。

2. 求 400 之内的亲密对数。所谓亲密对数,即 A 的所有因子之和等于 B,B 的所有因子之和等于 A。

```
# include<iostream.h>
_____①_____ ;
void main()
{
    for(int i=2;i<400;i++)
        if(_____②_____ ==i)
            cout<<i<<' '<<_____③_____ <<'\n';
}
int fun(int n)
{
    int s=0;
    for(int i=2;i<n;i++)
        _____④_____
            s+=i;
    _____⑤_____ ;
}
```

参考答案:① int fun(int n)   ② fun(fun(i))   ③ fun(i)
　　　　　　④ if(n%i==0)   ⑤ return s

解析:从题意中可知,fun 函数为求因子和的函数。因为函数使用在前,定义在后,因此需在调用函数前进行函数原型声明,故第一空应填"int fun(int n)"。

求 n 的因子和:循环从 2 开始,到 n-1 为止,判断循环变量是否能对 n 整除。若能,则该数为因子,加入累加和。故第四空应填"if(n%i==0)"。

求得因子和后,应将该数返回,故第五空应填"return s"。

所谓亲密对数,即 A 的所有因子之和等于 B,B 的所有因子之和等于 A。换而言之,一个数的因子和的因子和等于自身的话,则该数和其因子和是亲密对数。故第二空应填"fun(fun(i))",第三空应填"fun(i)"。

2.5　精典算法解析

2.5.1　函数和模块化

在编程时,可以将一些功能相对独立、被经常调用的程序写成函数,提高程序的结构化和模块化。

【例 2-1】　求 1000 以内所有的素数。

分析:编制一个函数实现素数的判断功能,取函数名为 prime。该函数实现判断一整数是否为素数,当该数是素数时返回 1,否则返回 0。因此需要一 int 类型的形参,而函数的返回值也为 int 类型。程序代码如下:

```
#include<iostream.h>
#include<math.h>
int prime(int i){
    for(int j=2;j<=sqrt(i);j++)
    if(i%j==0)
        return 0;
    return 1;
}
void main(){
    int i;
    int count=0;
    for(i=2;i<1000;i++) {
        if(prime(i)){
            cout<<i<<'\t';
            count++;
            if(count&&count%4==0)
                cout<<'\n';
        }
    }
}
```

2.5.2　引用传递的应用

在 C++ 中,函数只能有一个返回值。当函数有多个计算结果时,可考虑以下的解决方式。

- 使用全局变量。在函数中对全局变量进行赋值,函数的调用者可从全局变量中获取函数的多个计算结果。使用全局变量会破坏程序的结构性,因此不建议使用。

- 使用引用传递。引用传递指函数的形参是引用。在执行调用函数的调用语句时，系统自动用实参来初始化形参。这样形参就成为实参的一个别名，对形参的任何操作也就直接作用于实参。因此若函数有多个计算结果是，则在形参中定义多个引用传递的形参。
- 使用地址传递。地址传递指实参传递给形参的是一个变量的地址，这部分内容，将在后面描述。

【例 2-2】 设计一函数，实现对一元二次方程的求解。

分析：一元二次方程可能有两个解，也可能只有一个解或者无解，因此使用函数的返回值返回方程的解是不现实的。本例中考虑采用引用传递的方法。

函数共设计有 5 个形参，其中 3 个形参为方程的 3 个系数采用值传递，另两个参数为方程可能的两个解，采用引用传递。

函数的返回值返回方程的解的个数。程序代码如下：

```
#include<math.h>
#include<iostream.h>
int fun(double a,double b,double c,double &x1,double &x2){
               //注意函数定义或说明时,引用传递的形参前加 &
    double delta;
    if(a==0&&b==0)
    return 0;
    if(a==0&&b!=0){ //方程为 bx+c=0
        x1=-c/b;
        return 1;
    }
        delta=double(b)*b-4.0*a*c;
        if(delta<0)
        return 0;
    if(delta==0){
        x1=-b/(2.0*a);
        return 1;
    }
    if(delta>0){
        x1=-b/(2.0*a)+sqrt(abs(delta))/(2.0*a);
        x2=-b/(2.0*a)- sqrt(abs(delta))/(2.0*a);
        return 2;
    }
}
void main(){
    float a,b,c,x1,x2;
    cout<<"请输入一元二次方程的 3 个系数\n";
    cin>>a>>b>>c;
    switch(fun(a,b,c,x1,x2)){
    //函数调用时,对应引用传递的形参,实参应是一变量,注意变量前不要再加 &
```

```
case 0:
cout<<"此方程无解 \n";
    break;
case 1:
cout<<"此方程有 1 解,x="<<x1<<'\n';
break;
case 2:
cout<<"此方程有 2 解,x="<<x1<<" 和 x="<<x2<<'\n';
break;
}
return;
}
```

温馨提示：注意引用传递的函数定义和函数声明前,引用传递的形参的形参名前应加"&"符号。调用时,实参前无须加"&"。引用传递的实参必须是变量,不能是常量或表达式。

2.5.3　递归函数的引用

递归函数是一种通用的编程技术,它的思想就是将一个复杂的问题逐步简化,最终分解成简单的问题。

1. 递归函数在数列问题中的应用

【**例 2-3**】　采用递归函数求解计算斐波那契数列的前 20 项。

分析：由上一章可知,斐波那契数列可描述成：

$$f(n)=\begin{cases}1 & n=1\\1 & n=2\\f(n-1)+f(n-2) & n>2\end{cases}$$

程序代码如下：

```
#include<iostream.h>
int fib(int n){
    if((n==1)||(n==2))
        return 1;
    return fib(n-1)+fib(n-2);
}
void main(){
    for(int i=1;i<=20;i++){
        cout<<fib(i)<<'\t';
        if(i%5==0)
            cout<<'\n';
    }
}
```

温馨提示：采用递归函数描述数列问题虽然程序简单，但算法的执行效率远低于 1.5.8 中描述的递推算法。

2. Hanio 塔问题

【例 2-4】 设有 A、B、C 三根立柱和 n 只中间空的盘子，这些盘子依次编号为 1，2，3，…，64。盘子已在 A 柱上堆成塔型，要求将这些盘子移到 C 柱上仍呈塔型（可借助于 B 柱）。在移动过程中，要求满足以下限制条件：盘子必须放在 A、B、C 三根立柱中的一根上，每次只能移动一只盘子，任何时候大盘必须在小盘之下。

分析：如果已知 $n-1$ 个盘是如何从一个柱子移动到另一个柱子的算法，要移动 n 个盘从 A 柱借助 B 柱到 C 柱，首先将 $n-1$ 个盘从 A 柱借助 C 柱到 B 柱，再移动第 n 个盘从 A 柱到 C 柱，最后将 $n-1$ 个盘从 B 柱借助 A 柱到 C 柱。

这样，移动 n 个盘的问题被简化成移动 $n-1$ 个盘的问题。同理，移动 $n-1$ 个盘的问题可被简化成 $n-2$ 个盘的问题……而当只剩下一个盘时，直接移动即可。

程序代码如下：

```cpp
#include<iostream.h>
void hanio(int num,char,char,char);
void move(int num,char,char);
void main(){
    int num;
    cout<<"请输入共需移动多少个盘(>0)：";
    cin>>num;
    hanio(num,'A','B','C');
    return;
}
void hanio(int num,char aa,char bb,char cc){
    if(num>0) {
        hanio(num-1,aa,cc,bb);
        move(num,aa,cc);
        hanio(num-1,bb,aa,cc);
    }
    return;
}
void move(int k,char aa,char cc){
    cout<<k<<aa<<"->"<<cc<<'\n';
    return;
}
```

2.5.4 函数的重载

【例 2-5】 编写三角形的求面积程序。三角形的面积可以由一条边的边长与高的乘积的一半求得，公式为 $area = \frac{1}{2}ah$。也可以由三角形的三条边 a、b、c 求三角形的面积，公式为：$s=\dfrac{1}{2}(a+b+c)$，$area=\sqrt{s(s-a)(s-b)(s-c)}$。

程序代码如下：

```
#include<iostream.h>
#include<math.h>
float area(float a,float h){
    return a*h/2;
}
float area(float a,float b,float c){
    s=(a+b+c)/2;
    return sqrt(s*(s-a)*(s-b)*(s-c));
}
void main(){
    cout<<"利用三角形的底和高求面积\n";
    cout<<"请输入三角形的底和高\n";
    float a,h;
    cin>>a>>h;
    cout<<"面积为："<<area(a,h)<<"\n";
    cout<<"利用三角形的三个边长求面积\n";
    cout<<"请分别输入三角形的三个边长\n";
    float b,c;
    cin>>a>>b>>c;
    cout<<"面积为："<<area(a,b,c)<<"\n";
}
```

2.6 同步练习

2.6.1 选择题

1. 在一个函数内部，以下描述正确的是_____。

   A. 可以定义和调用其他函数   B. 可以调用但不能定义其他函数

   C. 不可以调用但能定义其他函数   D. 不可以调用也不能定义其他函数

2. 在一个源文件中定义的全局变量的作用域为_____。

   A. 文件的全部范围

   B. 本程序的全部范围

   C. 本函数的全部范围

   D. 从定义该变量的位置开始至本文件的结束

3. 设有函数声明 int fun(int a,int &b);，有变量 int i,j;，下面对函数的正确调用是_____。

   A. fun(i,&j)   B. fun(i,j+2)

   C. fun(i+2,j)   D. fun(2,3)

4. 若定义函数 long int func(int s){…},该函数体中有一条语句

```
return s * func(s-1);
```

则此函数是一个_____。

A. 递推函数　　　　B. 递归函数　　　　C. 迭代函数　　　　D. 嵌套函数

5. 设 func(int A. {…}是返回值为整型的内联函数,在函数名 func 前说明应是_____。

A. inline int　　　B. int inside　　　C. inside int　　　D. int inline

2.6.2　填空题

1. 执行下面程序输出的是_____。

```
#include<iostream.h>
void f(int);
void main(){
    f(567);
}
void f(int n){
    if(n>10)
    f(n/10);
    cout<<n%10;
}
```

2. 若有函数声明：int count(int& a,int n)；则函数调用时实参和形参之间的传递方式是：第一个参数按_____传递；第二个参数按_____传递。

3. 若有宏定义：

```
# define X 2
#define Y(n)((X+1) * n)
```

则执行语句 z=2 * (X+Y(X+2));后,z 的值是_____。

4. 下面程序的输出是_____。

```
long fun(int n){
    long s;
    if((n==1)||(n==2))s=2; else s=n+fun(n-1);
    return(s);
}
void main()
{ long x; x=fun(4); cout<<x; }
```

5. 下面程序的输出是_____。

```
#include<iostream.h>
void fun(int a,int b){
```

```
        int temp;
        temp=a;
        a=b;
        b=temp;
    }
void main(){
        int a=3,b=4;
        fun(a,b);
        cout<<a<<' '<<b<<'\n';
    }
```

6. 下面程序的输出是_____。

```
#include<iostream.h>
void fun(int &a,int &b){
        int temp;
        temp=a;
        a=b;
        b=temp;
    }
void main(){
        int a=3,b=4;
        fun(a,b);
        cout<<a<<' '<<b<<'\n';
    }
```

7. 设有程序：

```
void f(int a){
    if(a<0){
        cout<<"- ";
        a=-a;
    }
    cout<<char(a%10+'0');
    if((a=a/10)!=0)f(a);
}
void main(){
    int a=-3567;
    f(a);
    cout<<'\n';
    a=3456;
    f(a);
    cout<<'\n';
}
```

执行以上程序后,输出结果的第一行是_____;第二行是_____。

8. 设有程序:

```cpp
#include<iostream.h>
#include<iostream.h>
int fun1(int x,int y);
void main(){
    int k=4,m=1,p;
    p=fun1(k,m); cout<<p<<endl;
    p=fun1(k,m); cout<<p<<endl;
}
int fun1(int x,int y){
    static int m=0,i=2;
    i+=m+1;
    m=i+x+y;
    return m;
}
```

程序执行后输出的结果为_____,_____。

2.6.3 完善程序题

1. 程序功能:函数 prime(int n)负责判断一个整数是否是素数(质数),将判断结果返回给主函数。主函数中输入一个整数,调用 prime 函数进行判断后,根据返回结果输出相应信息。

```cpp
#include<iostream.h>
#include<math.h>
enum flag{FALSE,TRUE};
int prime(int);
void main(){
    int n;
    cout<<"请输入一个整数:";
    cin>>n;
    if(_____①_____)
        cout<<n<<"是素数!"<<endl;
        else
        cout<<n<<"不是素数!"<<endl;
}
int prime(_____②_____){
    flag f
    for(int m=2;m<=sqrt(n);m++)
        if(_____③_____){
            f=FALSE;
            return f;
        }
```

```
                 ④
        return f;
}
```

2. 程序功能：实现一函数，将整数按十二进制输出。

```
#include<iostream.h>
void fun(int n){
    if(n>12)
        ①     ;
    cout<<    ②    <<n%12;
}
void main(){
    int n;
    cin>>n;
    fun(n);
}
```

2.7 同步练习参考答案

选择题答案

1. B   2. D   3. C   4. B   5. A

填空题答案

1. 567
2. 引用 值
3. 20
4. 9
5. 3 4
6. 4 3
7. -7653 6543
8. 8 17

完善程序题答案

1. ① prime(n)   ② int n   ③ n%m==0   ④ f=TRUE
2. ① fun(n/12)   ② hex

第 **3** 章 构造数据类型及其应用

CHAPTER

3.1 简 介

通过前面的学习已经知道,变量是程序设计中的基本元素。当程序比较简单时,使用少量的变量即可完成任务。但是当所涉及的问题比较复杂时,就需要使用大量的变量,而且这些变量之间还存在一定的关系。变量多了,命名和使用都变得复杂。借鉴数学中下标变量的做法,可以在 C++语言中引入数组的概念。数组就是下标变量的集合。相对于前面的基本数据类型,数组属于一种构造数据类型。

在面向过程程序设计中,数组是组织数据的最重要、最有效手段。很多算法和编程技巧都是建立在数组的基础之上的。

但是数组也存在不足,它只能是相同类型数据的集合。在处理一些问题,尤其是管理类的问题时,数据的类型都不是单一的。仅使用数组来完成任务,会使程序变得繁杂而庞大,甚至是不可能的。为此,C++语言又引入了其他几种构造数据类型,包括结构体、共同体和枚举类型。

结构体弥补了数组的不足,一个结构体数据包括了若干个数据项(或称成员或分量),这些数据项可以是不同的数据类型。结构体的数据项可以是数组,使一个结构体数据可以包容大量的各种数据项。同样,一个数组的各元素(数据项)也可以是结构体类型的。这种交叉可以解决一些复杂的问题,当然,所编写的程序也变复杂了。

结构体类型的引入,使另一种神秘、奇特而又很有效的组织数据的方法——链表,可以优雅而又简便地实现了。链表的引入意义非凡,首先可以使数据在内存中不再只能顺序存放。也不再只能使用 C++语言有限的内存数据空间,可以把数据存入"公共的"内存空间——堆。这样整个计算机内存的庞大空间就可以尽情使用了。

共同体的引入只是为了节省内存空间。以现在计算机软硬件水平而言,共同体所节省的内存已经显得无足轻重,微不足道。

枚举类型是为一些特殊"离散"值域的数据而引入的,例如取值于 7 种颜色,或取值于"周"(周一到周日)的数据。这类应用是比较特别的。

如果把前面的简单变量看作是程序里的数据游击队,数据量少,各自为阵,相互联系不密切。那么数组就是数据正规军,大量数据组织严密,关系密切,集体作战。结构体就像诸兵种合成军团,把不同军兵种集成在一个整体内,立体作战。

在面向过程的程序设计盛行时,数组功能是衡量一种计算机语言"水平"的重要依据之一。例如,当时的 BASIC 语言连程序代码和变量(含数组)总共只有 64KB 空间,只能是编程语言中的"玩具",而 Fortran 语言单个数组即可突破 640KB,可以编制大型程序。所以大量的数值计算程序几乎全部是用 Fortran 语言编制的。

3.2 知 识 点

- 数组的概念
- 一维数组的定义及其初始化
- 访问数组元素
- 二维数组的定义及其初始化
- 字符数组及其初始化
- 数组的输入、输出和赋值
- 字符数组应用
- 字符串处理函数
- 数组和函数
- 排序和查找
- 结构体类型的定义
- 结构体变量的定义及其初始化
- 结构体数组
- 共同体类型、变量的定义
- 枚举类型和枚举变量的定义
- 位域

3.3 概 念 解 析

3.3.1 数组的概念

数组是一种用一个名字来标识一组有序且类型相同的数据组成的派生数据类型,它占有一段连续的内存空间。数组的特征是具有数组名;数组类型(即数组各元素的类型);维数(即标识数组元素所需的下标个数);④数组大小(即可容纳数组元素的个数)。

温馨提示:使用数组之前必须用声明语句声明数组,即指明数组的上述 4 个特征。

3.3.2　一维数组

1. 一维数组的定义

一维数组也称向量,它是由具有一个下标的数组元素组成的数组,它的定义形式为:

[<存储类型>]<数据类型><数组名>[<常量表达式>];

其中,右边的方括号为下标运算符,具有最高优先级和从右向左结合性。

温馨提示:存储类型是可选的,它可以是 register、static、auto 或 extern。

温馨提示:常量表达式中可以含有运算符,但是不可含有变量。

2. 一维数组的初始化

与其他的基本数据类型一样,数组也可以在定义的同时对数组各元素初始化,初始化表达式按元素顺序依次写在一对花括号内。花括号中的数组元素之间以逗号分隔。初始化时可以不指定数组的大小,编译器会根据初始化列表来确定数组的大小。但只给出部分元素初始化时,就要指定数组大小。

温馨提示:只将数值数组的部分元素初始化后,其他元素的初始化值隐含地为 0。

温馨提示:全局数值数组如果不显式初始化,其元素的值隐含地为 0。

3.3.3　访问数组元素

访问数组元素的语法格式为:

<数组名>[<表达式>]

其中,<表达式>是非负的整型表达式,也就是数组的下标,数组下标是用来指定所要访问的数组中的元素的位置。

温馨提示:数组下标是从 0 开始的。

3.3.4　二维数组

1. 二维数组的定义

二维数组也称二级向量,可以把二维数组看作是一个其元素为一维数组的一维数组。定义二维数组的一般格式为:

<数据类型><数组名>[<常量表达式 1>][<常量表达式 2>];

二维数组中的每个元素要用两个下标来表示,前一个为行下标,后一个为列下标。因此,规定[<常量表达式 1>]表示二维数组的行下标的大小,[<常量表达式 2>]表示二维数组的列下标的大小。

二维数组元素的表示方法为:

<数组名>[<下标 1>][<下标 2>];

温馨提示：这两个下标的取值范围都是从 0 开始，而不是从 1 开始的。

2. 二维数组的初始化

与一维数组一样，二维数组也可在定义的同时进行初始化，方法也是类似的。例如：

```
int a[2][2]={{1,1},{3,2}};
```

但需要注意的是，如果对全部元素赋初值，一维数组能根据所赋初值的个数自动计数以确定数组的大小，所以定义的时候可不指定第一维（行）的大小，但第二维（列）的大小是不可以省略的。

温馨提示：在 C++ 语言中，二维数组在计算机中的存储顺序是按行顺序存储的，就是先存储第 1 行元素，然后再存储第 2 行元素，依次类推。

3.3.5 字符数组

字符数组就是一个字符（char）类型的数组，其中每一个元素是一个字符。字符数组也称字符串。C++ 语言规定，字符数组的最后一个元素一定是"\0"。例如字符串"Hello! world."存储到字符数组时，实际会被存储为"Hello! world.\0"；也就是系统会自动在其末尾加一个空白字符"\0"。即多占用一个字节。

字符数组的定义与普通的数组相同。

温馨提示：字符数组是可以整体输入和输出的，但是不可以整体赋值。数值数组不允许整体输入和输出。

3.3.6 常用字符串函数

C++ 语言提供了一系列字符串处理函数，这些函数都包含在 string.h 头文件中。常用的 C++ 语言字符串处理函数如下。

1. strcat（字符串 1，字符串 2）

此函数是字符串连接函数，它的功能是把两个字符串连接起来。具体方法是把字符串 2 连接到字符串 1 的末端，并将结果存放到字符串 1 中。注意：存放结果字符串的数组的空间要确保足够大。

温馨提示：两个字符串连接后，前一个数组最后的字符"\0"就消失了。

2. strcpy（字符串 1，字符串 2）

此函数是字符复制函数，它的功能是把一个字符串中的字符复制到另一个字符串中。具体方法是把字符串 2 中的字符复制到字符串 1 中。注意：要确保存放结果的字符串 1 的空间足够大。

3. strcmp（字符串 1，字符串 2）

此函数是字符串比较函数，它用来比较两个字符串"大小"。比较方法是：若两个字符串相等(匹配),返回 0(假);若字符串 1 在字典顺序上比字符串 2 大,则返回一个正数;若字符串 1 在字典顺序上比字符串 2 小,则返回一个负数。

4. strlen(字符串)

此函数是字符串长度函数,它的功能是求字符串的长度。其函数的值为字符串中不计"\0"的字符的个数。

5. strstr(字符串 1,字符串 2)

此函数是字符串查找函数,它的功能是在一个字符串中查找子串。查找方法是在字符串 1 中从左边开始查找字符串 2,若查找成功,返回字符串 2 在字符串 1 中第一次出现的位置,否则返回 NULL,若字符串 2 为" ",则返回字符串 1。

3.3.7　数组和函数

1. 数组元素作为函数的参数

因为实参可以是表达式,所以数组元素当然可以作为函数的实参,并将该元素的值传递给函数。

温馨提示:数组元素作为函数调用的实参时,对函数的形参没有什么特殊的要求。但是,数组元素不能作为函数形参。

2. 数组名作为函数的实参

当形参定义为数组时,对应的实参可以是数组名。

温馨提示:数组名作为实参时,可以将数组中所有元素的值传递给函数,也可以返回数组元素的值。

温馨提示:数组名作为实参时,是传地址调用的。

3.3.8　排序和查找

排序和查找是建立在数组基础上的最重要的算法。排序的算法很多,最基本而常用的算法是选择排序法和冒泡排序法。其中的选择排序法还分为基本的选择排序法和优化了的选择排序法,其不同之处是优化时减少了交换次数,详见后面的习题解析。

基本的查找方法有顺序查找和折半查找两种。折半查找是在排序的基础上进行的。详见后面的习题解析。

3.3.9　结构体类型的定义

定义一个结构体类型的一般格式为:

```
struct <结构体类型名>{
    <类型名><变量 1>;
    <<<类型名><变量 2>…>>
```

```
};
```

温馨提示：结构体类型的定义是以分号";"结束的。结构体类型定义后才可以定义结构体类型的变量。

温馨提示：在结构体类型的定义中，不能限定其成员的存储类型为 auto、extern 和 register。

3.3.10 结构体变量的定义及其初始化

定义结构体变量有三种方法：

- 先定义结构体类型，后定义结构体变量。
- 在定义结构体类型的同时定义结构体变量。
- 不定义结构体类型的名字而直接定义结构体变量。

第三种方法有局限性，不常使用。

在定义结构体变量的时候可以对其初始化。初始化用一对花括号{}将各成员的值括在其中，并用逗号隔开。

温馨提示：在初始化时，在花括号中列出的值的类型及顺序必须与该结构体类型定义中所说明的结构体成员一一对应。

3.3.11 结构体数组

结构体数组就是其元素均为同一类型的结构体类型的数组。定义一维结构体类型数组的格式为：

<存储类型><结构体类型><数组名>[常量表达式]

定义多维结构体数组的格式依次类推。

3.3.12 共同体类型、变量的定义

定义共同体类型的格式为：

```
union<共同体类型名>{
    <类型><成员名 1>；
    <<<类型><成员名 2>；…
        <类型><成员名 n>；>>
};
```

温馨提示：共同体类型定义的注意事项类与结构体类型的定义相同。

温馨提示：共同体变量的定义与结构体变量的定义相同。

温馨提示：在定义共同体变量时不能对其进行初始化。

3.3.13 枚举类型和枚举变量的定义

枚举类型的定义：

```
enum <枚举类型名>{
    <枚举量表>
};
```

其中,枚举类型名由标识符构成,枚举量表是由逗号隔开的标识符组成。枚举量表中的标识符称为枚举元素或枚举常量或标识符常量。

在程序的执行期间每一个枚举类型的元素是用一个整数来表示的。这里不妨称其为"枚举元素的值"。在枚举类型定义中没有规定元素所取的整数值时,把列举元素的序号(从 0 开始)作为对应元素的值。

枚举变量的定义类与结构体变量的定义相同,也有 3 种方法。

温馨提示:枚举元素的值可以没有顺序,也就是枚举元素在"枚举量表"中的位置和其值无关。即枚举元素的值可以乱序(排列在前面的枚举元素的值可以小于后面枚举元素),而且不同枚举元素的值还可以相同。

3.3.14　位域

位域就是在一个字或字节中,用若干个位来建立若干个标志。定义位域的方法是定义一个结构体,在结构体中指定每一个成员占用的二进制的位数,即位域。定义位域的一般格式为:

```
struct <结构体类型名>{
    unsigned <位域名 1>:二进制位数;
    unsigned <位域名 2>:二进制位数;
    ...
};
```

位域的每个成员都作为一个整型变量来使用,但是其取值范围受到指定给其的二进制位数限制。使用位域的目的是节省内存空间,现在的内存足够大,使用位域就没有意义了,反而要多花时间来处理它们。

3.4　习题解析

3.4.1　选择题

1. 以下对二维数组 a 进行不正确初始化的是_____。
    A. static char word[]='Turbo\0';
    B. static char word[]={'T','u','r','b','o','\0'};
    C. static char word[]={"Turbo\0"};
    D. static char word[]="Turbo\0";

参考答案:A

解析:因为 A 使用了单引号来包括字符串。单引号是用来括单个字符的。

2. 以下对二维数组 a 进行正确初始化的是_____。
    A. int a[2][3]={{1,2},{3,4},{5,6}};

  B. int a[ ] [3]={1,2,3,4,5,6};

  C. int a[2] [ ]={1,2,3,4,5,6};

  D. int a[2] [ ]={{1,2},{3,4}};

参考答案：B

解析：A 在初始化数据中使用了 3 行来初始化 2 行的数组；C 使用了列省略（只允许省略最左边的维）；D 的错误与 C 相同。

3. 下面关于数组的说法正确的是_____。

  A. 它与普通变量没什么区别

  B. 它的元素的数据类型可相同，也可不同

  C. 它用数组名标识其元素

  D. 数组元素的数据类型是相同的

参考答案：D

解析：A 的错误是混淆了数组和普通变量；B 的错误是因为数组元素的类型均相同；又因为标识数组元素要使用数组名、方括号和下标来共同表示，只用数组名是不够的，所以 C 错。

4. 下列一维数组定义正确的是 _____。

  A. int x=10;int num[x];

  B. const int y=10;int num[y];

  C. const float y=10;int num[y];

  D. const int x; y=10; int num[x];

参考答案：B

解析：A 试图定义动态数组；C 定义数组时使用的常量不是整型的；D 定义常量时没有初始化且试图对常量赋值，均为错误的。

5. 下面关于 const int n=10;char num[n];的说法正确的是 _____。

  A. 这种定义是错误的，因为数组下标不能用变量标识

  B. 它表示定义了一个字符型数组，其长度为 10

  C. 数组元素的最大下标为 10

  D. 它只能存储 9 个字符，因为要留出一个存储单元来存储终结符"\0"

参考答案：B

解析：A 误将常量 n 当作变量；C 误将元素个数看作最大下标（最大下标比元素个数小 1）；字符数组存储字符时可以储存 10 个，不一定需要存储终结符"\0"的。

6. 关于结构体变量的初始化的说法不正确的是 _____。

  A. 只有当结构体变量为全局变量、静态变量时，才能自动初始化

  B. 可以在定义结构体时进行初始化

  C. 可以在用定义了的类型定义变量时初始化

  D. 定义结构体变量时不可以初始化

参考答案：D

解析：全局、静态形态的结构体变量初始化类似于普通变量，A 是正确的；B 的意思

是在定义结构体类型的同时定义结构体变量,也可以初始化。也是正确的;C 的意思是先定义结构体变量,然后再定义结构体变量时,可以初始化,这是没问题的。D 的错误是明显的,因为结构体变量在定义时是可以初始化的。

7. 关于结构体类型与变量的说法不正确的是 _____。

    A. 类型与变量是不同的,类型是抽象的,变量是具体的,类型不占有内存空间,而变量占有空间

    B. 不能对类型进行赋值等操作,但对变量可以

    C. 类型成员只能是基本数据类型,不能是其他组合类型,变量名不能与成员名相同

    D. 其实结构体的成员的数据类型可以是相同的,也可以是不同的,可以是基本的数据类型,也可以是组合的数据类型。

参考答案:C

解析:因为类型成员可以是其他组合类型,变量名与成员名相同时并不会产生什么误会,因为类型成员的使用和结构体变量的使用方法不同;A 的正确性是显然的,所有的类型都不占用空间,而所有的变量都占用空间;根据 A、B 的正确性也是显然的,赋值是把值放进相应的内存单元中去,既然类型不分配内存空间,当然不能赋值。而变量分配有空间,赋值就没有问题了;根据 C 的错误性,自然得出 D 是正确的。

8. 有以下共用体:

```
union st{
    int a;
    char b;
    float c;
} d;d.c=3.14;d.a=271;d.b='d';
```

则以下答案中正确的是 _____。

    A. cout<<d.c;   B. cout<<d.b;

    C. cin>>d;   D. 共占有 7 个字节

参考答案:B

解析:因为最后一次对共同体变量 d 成员赋值是针对成员 b 的,因此能正确使用的就只能是成员 b(这里是输出 d.b);A 在语法上没有问题,但是输出的值却是不正确的(不会是 3.14);C 错误的原因是只能对共同体变量的成员输入,而不能对共同体变量输入;D 的计算不正确,共同体各成员共享相同的内存空间,所共享的内存空间单元数量是各成员中占内存单元最多的成员,在本题中是 4 个字节。

9. 设有声明 enum weekday{sun,mon=100,tue,wed=101,thu,fri=5, sat},括号中每个元素的实际值依次是 _____。

    A. 0,100,101,102,4,5,6

    B. 100,101,102,103,0,1,2

    C. 0,100,101,101,102,5,6

    D. 1,2,3,4,5,6,7

参考答案：C

解析：本题中 sun 的序号为 0,mon 的值指定为 100,tue 顺延就是 101,wed 的值指定为 101(这里有了两个元素的值相同),thu 的值顺延为 102,fri 的值指定为 5,sat 的值就顺延为 6。

10. 关于位域的说法不正确的是 _____ 。

    A. 定义数据成员时,让数据成员仅占几个位,并且一个位域放在同一单元内

    B. 位域只能定义为 int 变量

    C. 位域的存储空间不能超过存储单元长度

    D. 位域在内存的分配方向是从右到左的

参考答案：D

解析：同一字中位域的分配方向随机器而异,即可以从左向右,也可以从右向左;A、B、C 的正确性从位域的定义即可知道。

3.4.2 填空题

1. 在数组初始化时,若初始化的元素比数组中的元素少,则其余元素自动初始化为 ____①____ ;"int a[3]={3};"则 a[2]= ____②____ ;"int a[3]={1,3,5,7};"则会 ____③____ ;"int a[3];"则 a[2] 的值 ____④____ 。

参考答案：① 0 或'\0'　　② 0　　③ 编译时出错　　④ 不确定

解析：在①中,对于数值类型,初始化为 0。对于字符类型,初始化为'\0'。

因为只有一个数据初始化给了 a[0],所以②为 0。C++ 语言规定,初始化数据不能多于数组的元素数目,因而会编译出错。对于没有初始化的局部数组,其元素的值是不确定的,所以④为不确定。

2. 数组与结构体、共用体的区别是：数组的元素的数据类型是 ____①____ ,而结构体、共用体的成员的数据类型是 ____②____ 。结构体与共用体的区别是：结构体的成员所占内存是 ____③____ ,共用体成员所占内存是 ____④____ 。

参考答案：① 相同的　　② 不同的　　③ 所有成员所占内存单元之和
　　　　　　　④ 所有成员中占内存最多的那个成员所占的内存单元数

解析：一个数组中的所有元素的类型都是相同的,故有①。结构体、共用体成员的类型既可以不同也可以相同,多数情况下是不同的。根据概念,自然有③、④。

3. 枚举元素是 ____①____ ,不可对其赋值,但枚举元素本身隐含着 ____②____ 。在定义枚举类型时可以改变枚举元素的值。不同枚举元素的值可以 ____③____ 。枚举变量可以接受一个整数值,但必须把该整数进行 ____④____ 。

参考答案：① 常量　　② 一个整数
　　　　　　　③ 相同　　④ 强制类型转换

解析：不可以对枚举元素赋值,因为它是常量。但是枚举变量是可以赋值的。枚举元素是有值的,其值是一个整数。

虽然让不同枚举元素的值相同没有什么意义,但是语法上还是允许的。

通常只能枚举变量赋值枚举元素。如果要赋值整数,必须要进行强制类型转换,而且

该整数必须是该枚举类型所具有的(即在定义枚举类型时,某个枚举元素所具有的)。

4. 未来输出结构体变量 stu1 所占存储单元的字节数,请在下面程序中填空。

```
# include<iostream.h>
struct stu
{   int id;
    char name[9];
    char sex[3];
    double score;
};
void main()
{   stu stu1;
    cout<< "此类型所占内存单元数为: "<<sizeof(    ①    );
}
```

参考答案:① stu 或 stu1

解析:在 sizeof()函数里使用结构体类型和结构体变量都可以。

3.4.3　程序分析题

1. 阅读下列程序,写出运行结果。

```
# include<iostream.h>
void main(){
        int i,j;
        static int a[10]={1,1,1,1,1,1,1,1,1,1};
        for(i=0; i<10;i++)
            for(j=0;j<i; j++)
                a[i]=a[i]+a[j];
    for(i=0; i<10; i++)
        cout<<a[i];
    cout<<'\n';
}
```

参考答案:1　2　4　8　16　32　64　128　256　512

解析:在此题中,首先初始化数组 a 的各元素值均为 1,然后重新计算各元素的值。计算从 a[0]开始,每个元素的值等于此元素前面(包括自身)所有元素的值的和,例如 a[0]为 1,a[1]=2(=a[0]+a[1]=1+1=2),a[2]=4(=a[0]+a[1]+a[2]=1+2+1=4),依次类推。

2. 阅读下列程序,回答以下问题。

```
# include<iostream.h>
void main(){
    enum w{mon,tues,wednes=3 };
    w week; int k;
    for(k=mon;k<=wednes;k++){     //A, K 从 0 到 3,循环 4 次
```

```
        switch(k){
            case 0: week=mon; break;
            case 1: week=tues; break;
            case 2: week=wednes; break;
        }
        switch(week){
            case mon: cout<< (int)mon;break;
            case tues: cout<< (int)tues;break;
            case wednes: cout<< (int)wednes;break;
        }
        cout<<'\t';
    }
    cout<<endl;
}
```

问题一：枚举元素 mon,tues,wednes 的值依次是 _____①_____。

问题二：运行程序的输出结果是 _____②_____。

问题三：程序运行结束时,变量 k 的值是 _____③_____。

参考答案：① 0 1 3   ② 0 1 3 3   ③ 4

解析：

① 枚举元素 mon 的序号(值)默认为 0,tues 自然顺延为 1,wednes 的值指定为 3。

② 在 A 行开始的循环中,k 从 0 到 3,循环 4 次,每次循环输出一个值。k 为 0~2 时,第一个 switch 语句分别赋值枚举元素 mon、tues 和 wednes 的值(分别为 0、1、3)给枚举变量 week,第二个 switch 语句输出 week 的值(分别为 0、1、3)。最后一次循环时,第一个 switch 语句没有给枚举变量 week 赋值,week 就仍然是上次赋给的值(就是 3),因此到了第二个 switch 语句又输出了一个 3。

③ 程序结束时,k 的值为使循环结束的值,就是在 3 的基础上加 1 得到的值。

3. 阅读下列程序,指出程序的功能和输出的结果。

```
#include<iostream.h>
void main(){
    int a[4][4]={1,2,3,4,2,2,5,6,3,5,2,7,4,6,7,4};
    int i,j,flag=0;
    for(j=0;j<4;j++)
        for(i=0;i<=j;i++){
            if(a[j][i]==a[i][j])continue; //A
                flag=1;
        }
    if(flag)cout<<"No!"<<endl;
    else cout<<"All Right!"<<endl;
}
```

参考答案：All   Right

解析：将此二维数组整理一下，就是：

$$\begin{bmatrix} 1 & 2 & 3 & 4 \\ 2 & 2 & 5 & 6 \\ 3 & 5 & 2 & 7 \\ 4 & 6 & 7 & 4 \end{bmatrix}$$

可以看出，此矩阵是关于主对角线对称的。程序中的 A 行 a[j][i] 和 a[i][j] 就是关于主对角线对称位置上的元素。如果是副对角线对称位置上的元素，应是 a[i][j] 和 a[3−i][3−j]，这里 3−i 中的 3 来源于本数组的最大行号，3−j 里的 3 来源于本数组的最大列号。

4. 有如下程序：

```
# include<iostream.h>
void main(){
    int A[5],B[5];
    int i;
    for(i=0;i<5;i++){ A[i]=i * 2- 1; B[5- i- 1]=A[i]; }
    for(i=0;i<5;i++){
        cout<<"A["<<i<<"]="<<A[i];
        cout<<" B["<<i<<"]="<<B[i]<<endl;
    }
}
```

写出程序的运行结果 A[0]=_____　　B[0]=_____

A[2]=_____　　B[2]=_____

A[3]=_____　　B[3]=_____

参考答案：A[0]=____−1____　B[0]=____7____

A[2]=____3____　B[2]=____3____

A[3]=____5____　B[3]=____1____

解析：本题没有什么技巧和难度。有两个数组 A 和 B，根据 A[i]=i * 2−1 容易计算出 A 的 5 个元素的值分别是 −1,1,3,5,7。再根据 B[5−i−1]=A[i] 可以知道数组 B 和 A 是反序（对称）的（当 A 中下标为 0 时（最小下标），B 中下标为 4（最大下标）），因此，B 的 5 个元素的值分别是 7,5,3,4,−1。由此得出答案就简单了。

5. 指出下面程序的输出结果。

```
# include<iostream.h>

struct bit{
    unsigned a:2;        //A
    unsigned b:2;        //B
    unsigned c:4;        //C
    int j;               //D
}bitphrase;
```

```
void main(){
    bitphrase.a=3;
    bitphrase.b=6;            //E
    bitphrase.c=8;
    bitphrase.j=381;
    cout<<bitphrase.a<<" "<<bitphrase.b<<" "<<bitphrase.c<<" ";
        cout<<bitphrase.j<<endl;
}
```

参考答案：3　　　2　　　8　　　381

解析：A～C 行是位域，D 行的 j 不是位域，这表明位域可以存在于普通结构体类型之中。在主函数中对结构体变量的每个成员赋值，每个成员均按一个整型变量处理。但是在 E 行，虽然对成员 b 赋给的值是 6，输出时却是 2，这是因为成员 b 只有 2 位二进制，有 4 种状态，所赋给的值要对 4 取余，保证结果最大的值只能为 3。所以这里的结果是 2（6 余 4）。

6. 阅读下列程序，写出运行结果。

```
#include<iostream.h>
#include<string.h>
void main(){
    char str[]="computer";
    int i;
    for(i=0;i<strlen(str);i+=2)       //A
    cout<<str[i];
    cout<<"\n";
}
```

参考答案：cmue

解析：从 A 行的"i=0;…;i+=2"可知，对字符数组 str 各元素的输出是间隔的，只输出位置 0、2、4、6 上的元素，即 cmue。

7. 阅读下列程序，回答以下问题。

```
void f2(int a[],int k){
    int n,t,j;
    for(j=0;j<k-1;j++)
        for(n=0;n<k-j;n++)
        if(a[n]<a[n+1])                //A
        { t=a[n]; a[n]=a[n+1]; a[n+1]=t; }
}

void main(){
    int i,x[]={5,3,6,1,8};            //B
    f2(x,5);
        for(i=0;i<5;i++)cout<<x[i]<<'\t';
```

```
        cout<<endl;
    }
```

问题一：主函数中调用函数 f2()进行排序,排序的结果一般是使数据按升序或降序排列。调用函数 f2()的排序结果是 _____①_____ 序 。

问题二：函数 f2()中的排序算法可称为 _____②_____ 法。

问题三：如果将 A 行中的 j<k-1 改为 j<2,主函数中输出结果是 _____③_____ ,_____④_____ ,_____⑤_____ ,_____⑥_____ ,_____⑦_____ 。

参考答案：① 降　　② 冒泡排序　　③ 8　　④ 6
　　　　　　⑤ 5　　　⑥ 3　　　⑦ 1

解析：本程序的 f2 函数排序使用的是"冒泡排序法"。本方法比较相邻的两个数组元素,根据需要交换这两个元素,当按升序(后面元素的值要大于等于前面元素的值)排序时,交换的条件是前面元素的值大于后面元素的值。当按降序(后面元素的值要小于等于前面元素的值)排序时,交换的条件是后面元素的值大于前面元素的值。根据行 A 所写的交换条件,显然是降序。由此有空①的答案。

冒泡排序法的基本特点就是"比较相邻的数组元素",由此有空②的答案。

根据 B 行处所赋给数组的值,很容易知道排序后的结果：8、6、5、3、1,也就是输出的结果。

3.4.4 完善程序题

1. 函数 find 用来判断数组 a 中的数据是升序、降序还是无序。若为升序返回 1,若为降序返回 2,无序返回 3。形参 n 为数组 a 中有效整数的个数,数组 a 的 $a[1]\sim a[n]$ 中包含待判断的元素。

```
int find(int a[],int n){
    int s,i;
    if(a[1]<a[2]) (____①____);        //A
    else s=2;
    if(s==1)
    {   i=2;
        while(i<n)                    //B
        {   if(____②____)
            {   s=3;                  //C
                break;
            }
            (____③____);
        }
    }
    if(s==2)
        for(i=2;(____④____);i++)
        {   if (a[i]<a[i+1]){
                (____⑤____);
```

```
            break;
        }
    }
    return s;
}
```

参考答案：① s=1   ② a[i]>a[i+1]   ③ i++
　　　　　④ i<n   ⑤ s=3

解析：本题主要考点是程序逻辑。此题的关键是分析变量 s，s 是一个标志，表示数组 a 中的数据是升序、降序还是无序。从句子 if(a[1]<a[2]) (　①　);else s=2; 来看，空①应该为"s=1"（因为否则（else）时 s=2）。并且由此可知 s=1 表示数组 a 可能为升序（因为此时 a[1]<a[2]，前面元素值小后面元素值大，已经不可能为降序，当然是否真的为升序，还要看后面的数据），s=2 表示数组 a 可能为降序。

在空②处，显然是 i 前的数据均保持了升序（因为此循环是在 s=1 条件下进行的），满足 B 行处的条件后有 s=3；语句（s=3 表示无序），因此此处的条件一定是出现了后面的数据小于前面的数据的情况，也就是 a[i]>a[i+1]。要使此循环能正常进行，变量 i 的值必须能得到修正，而且是应该逐步加大的，因此空③应该是 i++。

空④参考 B 行，应该是 i<n，空⑤参考 C 行，应该是 s=3。

2. 下列函数 inverse 的功能是使一个字符串按逆序存放，请填空。

```
void inverse(char str[]){
        char m;
        int i,j;
        for(i=0,j=strlen(str);i<(　①　);i++,(　②　)){  //A
            m=str[i];
            str[i]=(　③　);
            (　④　);
        }
}
```

参考答案：① j   ② j--   ③ str[j]   ④ s[j]=m

解析：注意 A 行的起始条件是：i 指向字符数组开始的位置，j 指向数组结束的位置（i=0,j=strlen(str)），然后必然是 i 向右 j 向左的逐个交换这个对称位置上的字符，一直到 i 和 j 重合为止。因此空①就只能是 j（保证到 i 和 j 重合为止），空②就只能是 j--（这样才能使得 j 向左移动）。空③和空④所在循环体的任务是交换字符，根据以前的经验可以判定空③为 str[j]，空④为 s[j]=m。

3. 下面函数是寻找二维数组中每一行的最大值，请填空。

```
# define N 5
#definc M 5
void max(int a[N][M]){
    int i,j,p;                    //A
      for(i=0;i<N;i++){
```

```
     (_____①_____);                    //B
     for(j=1;j<M;j++)
         if(a[i][p]<a[i][j])    //C
             (_____②_____);
     cout<<i<<";"<<p<<endl;  //D
     }
}
```

参考答案：① p=0   ② p=j

解析：A行中的3个变量,i和j的用途在下面的程序中看得很清楚,就是作为循环变量。p的作用就是本题的关键,参考C行和D行,可知p的作用是作为每行中最大元素的列下标。一般的,在数组中找最大值,需要假设一个元素作为最大值的初值,因此空①处,需要假设第0个元素为本行的最大值,因此有 p=0。C行的判断的意思是,如果一行中某位置 j 上元素的值大于已经找到的 p 位置上的最大值,就应该用 j 来替代 p,因此有空②处为 p=j。

4. 下面的程序将把十进制数转换为某个指定的进制数,请填空。

```
#include<iostream.h>
void main(){
    int num[65],i=0,base;              //A
    long n;                            //B
    cout<<"input a decimal number:";  //C
    cin>>n;
    cout<<"input base number:";       //D
    cin>>base;
    do
    { (_____①_____);
      i++;                            //E
      n=n/base;
    }while((_____②_____));
    for((_____③_____);i>=0;i--)
    cout<<num[i]<<" ";
}
```

参考答案：① num[i]=n%base   ② n   ③ i=i-1

解析：本题的主要考点是进制转换的算法逻辑。将十进制转换为其他进制的方法通常是"除基取余法"。如果要将十进制数 n 转换为 base 进制,只要反复用 n 去除 base,每次记录下余数,一直除到商为零为止。例如将十进制数 58 转换为二进制(这里的基就是2),具体做法为：

58	29 14 7 3 1 0	◄── 商
2	0 1 0 1 1 1	◄── 余数

转换结果为：58(D)=111010(B)

根据 C 行，可知变量 n 为要转换的十进制数，根据 D 行，可知这里的基就是 base。由于每次除法都产生商和余数，就需要使用变量来保存每次除以基所得到的商和余数。因为每次计算出的商只使用一次，用一个变量来保存就行了，可以借助原来的十进制数 n。但是余数还要输出，就需要使用一个数组来保存。显然程序中的数组 num[] 就是用来保存余数的。

了解了算法和各变量的设置，如何填各个空就比较明显了。①处显然是计算并保存余数的即 num[i]=n%base；②处是判断循环是否结束的，也就是本次除以基得到的商是否为零，当然就是 n 了；③处是输出各个余数的，要为 i 赋个初值。显然，E 行处的 i++ 最后一次的值没有使用，也就是最后一个余数在数组中的位置是 i-1，因此欲输出数组中所有余数，i 的初值应为 i=i-1。

5. 运用二分查找算法，查找输入的 x 值是否在数组 data 中。若查找成功，返回 x 在 data 中的位置；若查找失败，提示"表中无此元素！"。

```cpp
#include<iostream.h>

int BSearch(      ①      ){
    int left=0,right=n,mid;
    while(left<=right){
            ②      =(left+right)/2;
        cout<<mid<<',';
        if(a[mid]>x)right=      ③      ;
        else if(a[mid]<x)left=      ④      ;
            else return mid;
    }
    if(left>right)return- 1;
    else return mid;
}


void main(){
    int x,pos;
    int data[20]={3,6,8,12,15,19,27,28,30,34,36,37,41,43,47,53};
    while(1){
        cin>>      ⑤      ;
        if(x<0)break;
            ⑥      =BSearch(data,x,15);      //A
        if(pos>=0)                           //B
            cout<<x<<"在表中的位置："<<pos<<endl;
        else
            cout<<"表中无此元素！"<<endl;
    }
    cout<<"操作结束！"<<endl;
```

}

参考答案： ① int a[],int x,int n　　② mid　　③ mid-1
　　　　　　　 ④ mid+1　　　　　　　⑤ x　　　⑥ pos

解析： 根据 A 行对函数的调用：BSearch(data,x,15)，比较容易判断①处的内容。根据二分查找的特点，知道②处是计算中间位置的，也就是 mid。③处是若要查找的数字在中间点位置前面而计算右边位置，此位置应该是中间点左边的那个元素，也就是 mid-1。同理，④处为 mid+1。位置⑤是输入要查找的数字的，根据 A 行函数调用中的实参，可知是 x。B 行中使用的 pos 是要查找数在数组中的位置，此位置显然是在⑥处计算出来的，因此⑥处应为 pos。

例如要查找的数字是 30，则查找的过程如下。初始情况：

```
元素：      3   6   8   12  15  19  27  28  30  34  36  37  41  43  47  53
元素位置： [0] [1] [2] [3] [4] [5] [6] [7] [8] [9] [10][11][12][13][14][15]
x=30    Left=0                          mid=7                        right=15
          ↑                               ↑                            ↑
```

由于满足④所在行的条件，即 a[mid]<x。此处 a[mid]=28，x=30。因此修改 left=mid+1=8,mid=(left+right)/2=(8+15)/2=11

```
元素：      3   6   8   12  15  19  27  28  30  34  36  37  41  43  47  53
元素位置： [0] [1] [2] [3] [4] [5] [6] [7] [8] [9] [10][11][12][13][14][15]
x=30                                    Left=8       mid=11      right=15
                                          ↑            ↑            ↑
```

此时 mid 位置的数 37 大于 x，满足③处的条件，因此要重新计算左位置 right 和 mid。right=mid-1=11-1=10,mid=(left+right)/2=(8+10)/2=9

```
元素：      3   6   8   12  15  19  27  28  30      34      36  37  41  43  47  53
元素位置： [0] [1] [2] [3] [4] [5] [6] [7] [8]     [9]     [10][11][12][13][14][15]
x=30                                    Left=8  mid=9  right=10
                                          ↑       ↑       ↑
```

此时 mid 位置的数 34 大于 x，满足③处的条件，因此要重新计算左位置 right 和 mid。right=mid-1=9-1=8,mid=(left+right)/2=(8+8)/2=8

```
元素：      3   6   8   12  15  19  27  28  30  34  36  37  41  43  47  53
元素位置： [0] [1] [2] [3] [4] [5] [6] [7] [8] [9] [10][11][12][13][14][15]
x=30                              Left=8 mid=8 right=8
                                    ↖    ↑    ↗
```

此时 mid 位置的数 30 就是要找的数，查找结束。

6. 下面题目的结构体类型有两个成员：name[9]（姓名）和 score（成绩）。在主函数中定义了一个具有 10 个元素的结构体数组，每个元素存放一位同学的资料。函数 nsort 的作用是按照姓名对结构体数组排序。实现结构数组中学生按字典顺序排序。输出是每行 3 位同学。

```cpp
#include<iostream.h>
_____①_____
struct student{
    char name[9];
    int score;
};

void nsort(student s[],int row);

void main(){
    _____②_____ ;
    student stu[10]={
        {"徐建亮",85},{"孙蕊",79},{"尚漪",71},
        {"陶鹏",68},{"仇建红",90},{"夏旋",80},
        {"高晶",75},{"左炜恒",89},{"许婷",69},
        {"李训东",91}};
    cout<<"排序前的顺序是："<<endl;
    for(i=0;i<10;i++){                          //A
        cout<<stu[i].name<<'\t'<<stu[i].score<<'\t';
        if( _____③_____ )cout<<'\n';
    }
    cout<<'\n'<<'\n';
    nsort(stu,10);
    cout<<"排序后的顺序是："<<endl;
    for(i=0;i<10;i++){
        cout<<stu[i].name<<'\t'<<stu[i].score<<'\t';
        if((i+1)%3==0)cout<<'\n';            //B
    }
    cout<<endl;
}

void nsort(student s[],int row){
    int _____④_____,i,cj;
    char temp[9];
    while(flag){                              //C
        flag=0;                               //D
        for(i=0;i<row-1;i++)
            if(strcmp(s[i].name,s[i+1].name)>0){
```

```
        strcpy(temp,s[i].name);       //E
        _____⑤_____;
        strcpy(s[i].name,s[i+1].name);
        s[i].score=s[i+1].score;
        strcpy(s[i+1].name,temp);
        s[i+1].score=cj;              //F
        flag=_____⑥_____;
      }
    }
}
```

参考答案：① #include<string.h>　　　② int i

③(i+1)％3==0　　　　④ flag=1

⑤ cj=s[i].score　　　　⑥ 1

解析：本题的主要考点是结构体变量冒泡排序。

从 E 行等处可以看出，使用了字符串函数 strcpy，因此在①处应该是 #include<string.h>。此处意在考核字符串头文件 string.h 的运用。

A 行等处使用了变量 i，但是前面没有定义，因此②处要有定义 int i。此空意在考核变量的定义。

题目中要求输出时每行 3 位同学，参考 B 行就有③处为(i+1)％3==0。这里如果不用 i+1，每行输出的就是 4 位同学(i=0,1,2,3)，使用了 i+1，就是每行 3 位同学(i=0,1,2)。此空意在考核格式输出。

从 C 行处的 while(flag)可以看出，flag 为一整型标记变量，其初值应该为 1。因此④处就应该是 flag＝1。此空意在考核如何使用标记变量控制循环。

根据行 F 处的 s[j+1].score＝cj 可知，在⑤处一定是给 cj 赋值(保存成绩，为的是 s[i].score 和 s[i+1].score 交换)，也就是 cj＝s[i].score。此处意在考核变量值的交换。

在 D 行处，一进入循环就设置 flag 为 0，其意思是，在本轮循环中，如果没有发生交换，就意味着数据已经是有序的，无须继续循环(排序)。但是一旦交换发生，就是数据尚未排好序，需要继续排序，就是继续循环，因此需要在⑥处给 flag 赋值 1，以使循环可以继续进行。此处意在考核对冒泡排序的理解，是本题的重点。

7. 下面的程序判断字符串是否是回文。所谓字符串是回文，就是字符串是关于中心对称的，例如字符串"abcdcba"就是一个回文。字符串中允许有空格等符号。

```
#include<iostream.h>
#include<string.h>
const SIZE=100;

void main(){
    char arr[SIZE];                   //A
    int i,len,is=1;                   //B
    cout<<"请输入一个字符串：";
    cin.getline(_____①_____);
```

```
    len=strlen(arr);
    for(i=0;i<len/2;i++){
        if(arr[i]!=arr[ ___②___ ]){
            is=0;        //C
            break;
        }
    }
    if( ___③___ )
        cout<<"这个字符串是一个回文\n";
    else
        cout<<"这个字符串不是一个回文\n";
    return;
}
```

参考答案：① arr,SIZE　　② len-1-i　　③ is 或 is==1

解析：本题的考核的要点是"对字符串对称的理解"。

因为字符串允许有空格，因此需要使用 getline 函数来输入，该函数有 3 个参数，按照从左到右的顺序，一个是接收字符串的字符数组，一个是所能接收的最大字符数，一个是输入结束符。一般情况下使用前两个参数。根据 A 行的定义，①处应该是 arr,SIZE。此处考核的是函数 getline 的使用。

②处所表达的是 i 的对称位置。对于一个存放于字符数组中的字符串，对于 i 位置上的字符，其对称位置如何来表示呢？显然，此表示与该数组的元素个数（本题为 10）和 i 有关。经过观察，可以发现，第 0 个位置（最左）的对称位置是 9（最右），第 1 个位置的对称位置是 8，因此可以推断出，第 i 位置的对称位置的表达式应该是 len-i-1。注意，这里不能使用 SIZE 来代替 len，因为 len 是所输入的字符数，SIZE 是最大字符数，显然所输入的字符数一般不会是最大字符数。此处考核的是字符串对称位置的表达。

对于这种"是否是什么"的判断，通常可以使用标记法，标记法就是设置一个变量，最简单的就是该变量为 0 时代表怎样（是或否），为 1 时又代表怎样（是或否。注意并不一定为 1 时就代表是）。参考 B 行和 C 行，此标记就是变量 is。在 C 行是在发现对称位置上的字符不相同时执行的，设置 is=0，可见 is 为 0 时是表示该字符串不是回文。因此③处就是 is 或 is==1。此处考核的是标记变量的运用。

8. 编制函数判断一个整数各位数字立方和是否大于该数，如果是，返回 1，否则返回 0。在主函数中读入以下 10 个整数：135,21,8,345,1416,67,88,40,344,1。输出其中满足以上条件的数。例如，135 满足条件，21 不满足条件，因为：

$$1*1*1+3*3*3+5*5*5>135 \quad 2*2*2+1*1*1<21$$

代码如下：

```
#include<iostream.h>
int lfh(int m);        //本函数判断一个整数的立方和是否大于这个数

void main(){
```

```
int i,x[10]={135,21,8,345,1416,67,88,40,344,1};
for(i=0;i<10;i++)          //循环 10 次,验证给定的十个数字
    if(   ①   )cout<<x[i]<<'\t';    //如果返回的是 1,就输出该整数
cout<<endl;
}


int lfh(int m){
    int i,x,sum=0;
    x=m;                   //保存原数字,供后面验证使用
    do{                    //用循环来分解整数的各位数字,可以对任意位数的整数均有效
        i=x%10;            //分解出一位数字,从右向左逐一分解
        x=x/10;            //将分解了的数字从原整数中去掉
        sum+=i*i*I;        //求立方和
    }while(   ②   );       //当整数还没有分解完毕时,就继续循环分解
    if(   ③   )return 1;   //当立方和大于该整数时,返回 1
    else return 0;         //否则,返回 0
}
```

参考答案：① lfh(x[i])　　② x 或 x!=0　　③ sum>m

解析：本题是一个数字游戏,考核的要点是整数分解。整数分解时,如果已知整数的位数,比如是 3 位,分解起来比较简单,那就是使用三个变量,每个变量保存一位数字,使用三个语句就可完成分解。但是本题中的整数不止一个,位数也不相同。因此使用了一种循环分解的算法。此算法的最大好处就是对于任意位数的整数都可适用。每循环一次,分解出一位,从右向左逐一分解。分解出一位,就将该位数字从整数中去掉,此整数最终会变成零。

①处所在的循环是逐一判断数组中的每一元素是否满足条件,其必然是调用函数 lfh 来实现的,因此就有①处为 lfh(x[i])。此处考核的是运用数组元素作实参的函数调用。

②处是循环分解继续的条件,即该整数(本程序中为 x)是否分解完毕。前面的分析已经提到,分解完毕时,所分解的整数 x 一定为 0。此处是继续分解的条件,应该是 x 或 x!=0。此处考核的是循环分解的控制。

③处是一个整数 m 分解并计算完毕时,判断其各位数字的立方和 sum 是否大于该数 x,大于时就返回 1,否则返回 0。参考①处的代码,不难看出③处是大于的条件,就是 sum>m。

3.5　经典算法解析

【例 3-1】　用筛法求 3～100 间的所有素数。

解析：

筛法是数学中的一种方法。引用到程序设计中就是把一堆整数放进一个"筛子"中,然后"转动筛子",将不是素数的那些整数给"筛掉",这样留在筛子里的整数就都是素数

了。在程序中用一个适当大小的数组作为筛子,"转动筛子"是一个"循环检测"。具体算法描述如下:

① 定义适当大小(49)整型数组并赋适当整数(3～100 间的奇数)。

② 从第 0 个元素开始,逐个扫描每个数组元素 i(i<49),让该数字作为"筛孔",去"试筛"其后面的每一个数。

③ 如果被"试筛"的元素为 0(已经被筛掉),就换下一个数组元素作为"试筛"元素。

④ 如果被"试筛"的元素是第 i 个元素(筛孔)的倍数,就是这个数可以从此"筛孔"中给"筛掉"(将该元素置 0)。

⑤ 输出各素数。

⑥ 算法结束。

按照上述算法所编写的程序代码如下:

```
# include<iostream.h>
void main(){
    int prime[49],j=3;
    for(int i=0;i<49;i++){        //将 3～100 间的所有奇数放入筛(数组)中
        prime[i]=j;j=j+2;
    }
    for(i=0;i<48;i++)             //用每一个当前位置上的数去"试筛"后面的其他数
        if(prime[i])             //如果该数字本身还没有在前面的"试筛"中被筛掉
            for(j=i+1;j<49;j++)  //对于当前"筛孔"后面的每一个数
                if(prime[j]&&prime[j]%prime[i]==0) prime[j]=0;
                                 //如果是"筛孔"数的倍数就将其筛掉
    j=0;
    for(i=0;i<49;i++)            //循环输出各素数
        if(prime[i])            //如果该位置上的数没有被筛掉,那就是素数啦
        { cout<<prime[i]<<'\t';  //输出该素数
        j++;                    //j 作为计数器使用,统计着当前输出的是第几个素数
        if(j%5==0) cout<<'\n';
                                 //如果当前素数的个数是 5 的倍数,就换行
        }
    cout<<'\n';
    cout<<"素数的个数为:"<<j<<'\n'; //输出素数的个数
}
```

【例 3-2】 输入一个 mr 行 mc 列的二维数组,排序后输出各个元素,并求出平均值。要求用函数实现数组的排序和求平均值。

解析:

为完成本题的任务,可以考虑使用 4 个函数:函数 input()实现数据的输入;函数 sort()实现数据的排序;用函数 ave()求平均值,并返回平均值;主函数负责控制整个过程并输出。

输入一个二维数组非常简单,使用一个二重循环就可以了。

本题的关键函数是排序。二维数组的排序不同于一维数组。而教科书上所列举的几乎都是一维数组的排序。对于一维数组的排序最常用的方法是选择排序法和冒泡排序法。这里使用一种改良了的选择排序法，由于此方法针对二维数组需要做一些扩充，不妨称此方法为"扩充了的改良选择排序法"。此方法的思路是将二维数组"扩展"为一维数组，从 0 行 0 列开始，依次选择每一个数组元素（不包括最后一个元素）作为"排序点"。所谓排序点就是要使此位置上的数据相对其后的数据，是最大（降序）或最小（升序）的。以下按升序考虑问题。

先假设当前排序点位置上的元素是最小的，记录下当前最小元素的位置（row,col），将其后面的所有数据作为"比较点"与其比较，如果某位置（k,m）上的元素比其小，就用这个较小元素的位置来取代原来最小元素位置（row,col），就是令 row＝k,col＝m。再用当前比较点位置（k,m）后面的位置作为比较点，继续与最小元素位置（row,col）上的数进行比较，一直到最后一个位置成为比较点。

此排序点数据排好后，就用下一个位置最为排序点，继续排序，一直到最后一个位置也排好为止。

这里下一个位置可以这样理解：如果列还未到最大，就将列增加 1，如果列已到最大，但行还未到最大，就行增加 1，列置为 0；如果行也已到最大，就是无下一位置了。

程序代码如下：

```cpp
#include<iostream.h>
#defin MR 4
#defin MC 4
void input(float a[MR][MC]){         //输入函数,输入的是 MR 行 MC 列数组
    int i,j;
    cout<<"输入"<<MR<<"行"<<MC<<"列的二维数组：\n";
    for(i=0;i<MR;i++)
        for(j=0;j<MC;j++)cin>>a[i][j];
}
void sort(float b[][MC],int n) {      //二维数组排序函数,数组 n 行 MC 列
    int i,j,k,m,col,row,flag;
    //(row,col)为排序点位置,(k,m)为比较点位置
    float temp;
    for(i=0;i<n;i++)
        for(j=0;j<MC;j++){
            row=i;col=j;flag=j+1;
            //排序点为(i,j),最小值点为(row,col)
            for(k=i;k<n;k++){
                for(m=flag;m<MC;m++)         //B
                    if(b[row][col]>b[k][m])
                        row=k,col=m;          //C
                flag=0;                       //D
            }
            temp=b[i][j];                    //E
```

```
                b[i][j]=b[row][col];                    //F
                b[row][col]=temp;                       //G
            }
    }
    float ave(float c[][MC],int num){
        float sum=0;
            for(int i=0;i<num;i++)
                for(int j=0;j<4;j++)sum+=c[i][j];
            sum/=num*4;
            return sum;
    }
    void main(){
            float x[3][4];
            input(x);
            sort(x,MR);                                 //H
            cout<<"排序后的结果为：\n";
            for(int i=0;i<MR;i++){
                for(int j=0;j<MC;j++)cout<<x[i][j]<<'\t';
                cout<<'\n';
                }
            cout<<"平均值为："<<ave(x,MR)<<'\n';
    }
```

【例 3-3】 互质数对问题。互质数对是指除了 1 之外，没有其他公因子的一对数，如 7、13。在主函数中输入以下 10 对整数：12、20，7、13，6、8，15、60，3、5，10、24，13、15，36、9，45，11、18、36。输出其中互质的数对。

解析：

为了解决互质数对的判断问题，可以编写一函数，在函数中使用辗转相除法求两个整数的最大公约数，如果此最大公约数为 1，这两数就是互质数对。否则就不是。

使用辗转相除法求两个整数 m 和 n 的最大公约数，具体做法是：求出 m 除以 n 的余数 r，如果 r 为 0，则 n 就是两数的最大公约数。如果 r 不为 0，则令 n 为 m，(m＝n)，r 为 n (n＝r)，继续求 m 除以 n 的余数 r，直到 r 为 0。需要说明的是，调换 m 和 n 的位置不会影响最终结果的，甚至对过程影响都很小。

按此思路所编写的程序代码如下（参考代码的注释）：

```
#include<iostream.h>
int gyz(int x,int y);                   //测试 x,y 是否为互质的函数
void main(){                            //主函数负责输入、判断函数调用和输出
    int i;
    int m[10][2]={12,20,7,13,6,8,15,60,3,5,10,24,13,15,36,9,45,11,18,36};
    for(i=0;i<10;i++)
        if(gyz(m[i][0],m[i][1]))   //如果本组整数互质,就输出之
            cout<<m[i][0]<<","<<m[i][1]<<'\n';
```

```
                    //输出格式为每组 2 个整数之间用逗号隔开
        cout<<endl;
}
int gyz(int x,int y){
        //互质判断函数,使用辗转相除法求两个整数的最大公约数
        int r;                    //r 为余数
        for(;;){                  //循环无次数限制,此格式最佳
            r=x%y;                //求出余数(调换 x 和 y 的位置不影响结果)
            if(r!= 0)x=y,y=r;     //如果余数不为 0,继续"辗转"
            else break;           //如果余数为 0,辗转结束,此时最大公约数为 y
        }
        if(y==1)return 1;
            //如果最大公约数为 1,必然就没有其他公约数,此时两数互质,返回 1
        else return 0;
        //如果最大公约数不为 1,就肯定存在其他公约数,此时两数不互质,返回 0
}
```

【例 3-4】 八皇后问题

在 8×8 的国际象棋棋盘上安放 8 个皇后,为避免她们之间相互攻击,要求没有任何两个皇后在棋盘的同一行、同一列及在同一对角线上。如图 3-1 所示是八皇后问题的一个解(27360514)。

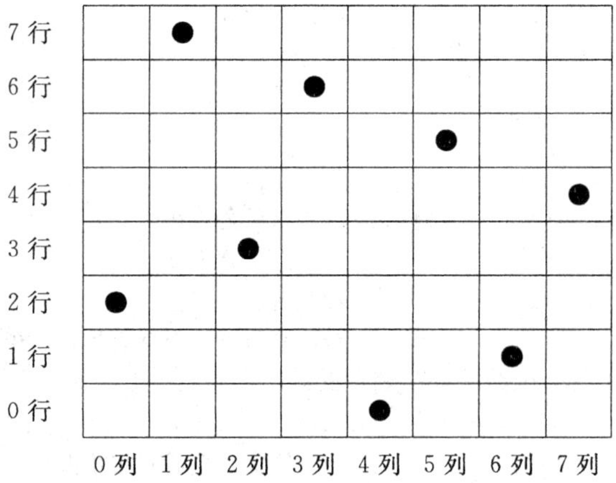

图 3-1 八皇后问题的一个解

解析:

这里的 27360514 表示的是:这个 8 位数,每一位数字所在的位置代表列,数字本身代表行。例如这里的 2 表示 2 行 0 列(2 在 0 位),6 表示 6 行 3 列(6 在 3 位),4 表示 4 行 7 列(4 在 7 列)。

用回溯法解决八皇后问题显然是合适的。

首先要求没有任何两个皇后在棋盘的同一行,则可每一行安置一个皇后,第 i 个皇后被安置在第 i 行上。可用数组 queen[8]中的每一个数组元素记录一个皇后所在位置的列

号,在安置的过程中只需考虑每两个皇后不在同一列和同一对角线的问题。很明显第 i 行皇后和第 j 行皇后在同一列的充要条件是:queen[i]＝queen[j],第 i 行皇后和第 j 行皇后在同一对角线的充要条件是:|queen[i]－queen[i]|＝|I－J|。

初始时将每一行的皇后都放在第 0 列(即下标为 0 的列),以第 0 行皇后开始向下试探。设前 i－1 行的皇后已经被安排得互不攻击,现欲安排第 i 行的皇后,使之与前 i－1 行皇后也互不攻击,这可从第 i 行皇后的当前位置开始向棋盘的右部搜索:

① 若 queen[i]<8,检查第 i 行皇后是否与前 i－1 行皇后已经安排得互不攻击。无攻击将安排下一行(第 i＋1 行)皇后的位置;否则,将该皇后向棋盘的右部移一列,重新进行这个过程。

② 若 queen[i]>＝8,说明在前 i－1 行皇后的当前布局下,第 i 行皇后已经无法安置。为此将第 i 行的皇后回归到该行的开始列,回溯一行,考虑第 i－1 行皇后与前面的 i－2 个皇后都互不攻击的下一位置。如果已回溯到 i 小于零的行,程序结束。

③ 若当前安排好的皇后是在最后一行,说明已找到 8 个皇后互不攻击的一种布局,将这种布局输出。然后将最后一个皇后右移一列,重新进行这个过程,以便找出下一种布局。

程序代码如下:

```cpp
#include<iostream.h>
#include<math.h>
int total=0;                        //方案计数

void main(){
    int queen[8];
    int i, j, k;
    for(i=0;i<8;i++)queen[i]=0;     //八皇后全放在第 0 列
    for(i=1;;){                     //首先安放第 0 行皇后
        if(queen[i]<8){             //皇后还可调整
            k=0;                    //检查与第 k 个皇后是否互相攻击
            while(k<i&&(queen[k]- queen[i])&&
                (abs(queen[k]- queen[i])- abs(k- i)))k++;
            if(k<=i-1){             //与第 k 个皇后互相攻击
                queen[i]++;         //第 i 个皇后右移一列,重测
                continue;
            }
        }
        i++;                        //无冲突,安置下一行皇后
        if(i<8) continue;
        for(j=0;j<8;j++) cout<<queen[j];       //已完成,输出结果
        cout<<" ";
        total++;                    //方案数加 1
        if(total%5==0) cout<<endl;
        queen[7]++;                 //将第 7 个皇后右移一列,前 7 个不动
```

```
        i=7;                        //此处是制造机会,如不成功则回溯,关键一步
    }
    else{                           //当前行皇后无法安置,回溯
        queen[i]=0;                 //当前行皇后回归 0 列
        i--;                        //回溯到前一行皇后
        if(i<0){                    //回溯到数组 0 行之前,结束
            cout<<" 总数:"<<total<<endl;
            return;
        }
        else queen[i]++;   //前一行皇后右移一列
    }
  }
}
```

【例 3-5】　编一函数,用选择排序法将下列整型数据从小到大排列: 12, 45, 3, 19, 5, 21, 8, −4, 17, 20。

编写函数用顺序查找算法查找 21,输出"在 xx 位置上找到 y",并在主函数输出选择排序算法的结果和顺序查找的结果。

解析:

顺序查找的特点是:对一组存放于数组中数据,从数组第 0 个元素开始,按照元素下标顺序,逐个将元素和要查找的数据进行比较,如果某元素不是要找的数,就换下一个元素,直至找到(或全部元素比较完也未找到)为止。

本题中使用基本的选择排序法对数组进行升序排序。思路是:从第 0 个起到倒数第 2 个元素,每个元素依次作为排序点(排序点左边的元素已经排好成为有序的,但右边的尚未排序),将排序点右边的比较元素,按顺序逐个和排序点元素比较,如果两数逆序(在此例中为比较元素小于排序点元素),就交换排序点元素和比较元素。

按照此思路所编写的程序代码如下:

```
#include<iostream.h>
#include<iomanip.h>

void sort(int f[10])                //基本选择排序法
{ int i,j,k;
    for(i=0;i<9;i++)
        for(j=i;j<9;j++)
            if(f[i]<f[j])
            { k=f[i];f[i]=f[j];f[j]=k;}
}

void research(int y[10],int z){     //顺序查找
    for(int i=0;i<10;i++)
        if(y[i]==z){
            cout<<"在第"<<i<<"位置上找到"<<z<<endl;
```

```
            return;
        }
    if(i==10) cout<<"没有找到"<<z<<endl;
    return;
}


void main(){
        int f[10]={12,45,3,19,5,21,8,- 4,17,20},i;
        sort(f);
    cout<<"选择排序算法的结果为：\n";
    for(i=0;i<10;i++)
        cout<<setw(5)<<f[i];
        cout<<'\n';
    research(f,21);
}
```

3.6 同 步 练 习

3.6.1 选择题

1. 以下对二维数组 a 进行不正确初始化的是 _____。
   A. int a[][3]={3,2,1,1,2,3};
   B. int a[][3]={{3,2,1},{1,2,3}};
   C. int a[2][3]={{3,2,1},{1,2,3}};
   D. int a[][]={{3,2,1},{1,2,3}};

2. 在定义 int a[2][3];之后,对 a 的引用正确的是 _____。
   A. a(1,2)   B. a[1,3]   C. a[1>2][! 1]   D. a[2][0]

3. 在执行 int a[][3]={1,2,3,4,5,6};语句后,a[1][1]的值是 _____。
   A. 4   B. 1   C. 2   D. 5

4. 为了判断两个字符串 s1 和 s2 是否相等,应当使用 _____。
   A. if(s1==s2)   B. if(s1=s2)
   C. if(strcpy(s1,s2))   D. if(strcmp(s1,s2)==0)

5. 定义如下变量和数组:

   ```
   int i;
   int x[3][3]={1,2,3,4,5,6,7,8,9};
   ```

   则以下语句的输出结果是_____。

   ```
   for(i=0;i<3;i++)
       cout<<x[i][2- i];
   ```

   A. 159   B. 147   C. 357   D. 369

6. 以下关于 C++ 语言中数组的描述正确的是 _____。

A. 数组的大小是固定的,但可以有不同的类型的数组元素

B. 数组的大小是可变的,但所有数组元素的类型必须相同

C. 数组的大小是固定的,所有数组元素的类型必须相同

D. 数组的大小是可变的,可以有不同的类型的数组元素

7. 在定义 int a[10];之后,对 a 的引用正确的是 _____。

  A. a[10] B. a[6.3] C. a(6)   D. a[10－10]

8. 下列的说法正确的是 _____。

A. 定义"int a[4]={1,3};",则 a[0]=1,a[1]=3,a[2],a[3]的值不确定

B. 定义"static int a[4];",则元素值不确定

C. "const int x;x=5;"表示给常量 x 赋初值

D. 定义"int a[4];",则其元素的值是不确定的

9. 若有定义"float a[m][n];",且 a[1][1]的地址为 x,每个 float 元素占用 4 个字节,则 a[i][j]的地址为 _____。

A. x+4 * (i－1) * n+4 * (j－1)

B. x+(i－1) * n+(j－1)

C. x+4 * (i－1) * j+(j－1)

D. x+4 * i * j+4 * j

10. 设有"int a[3][5];",其按列排列,则与 a[2][1]位置相同的按行排列的元素是 _____。

  A. a[2][1] B. a[1][0] C. a[1][4]   D. a[2][3]

3.6.2 填空题

1. 设有语句"char s[]="Rep\0ch";int m=sizeof(s);",则 m 的值是 _____。

2. 结构体类型与数组不同,数组中的数据的类型是 _____ 的,结构体的成员的数据类型是 _____,共用体类似于结构体,但是共用体的部分成员是 _____,枚举类型是 _____ 的集合。

3. 定义"const int a;a=5;"是否正确? _____,如何改正 _____。

4. 用 _____ 来声明数组长度,可使程序灵活性更大。

5. 声明长度为 10 的 float 型数组 a,且初始化为 0 的语句是 _____。

6. 下列语句正确吗? 如何改正 _____。

```
int a[3][8];
for(int i=1;i<=3;i++)
    for(int j=0;j<8;j++)
        a[i][j]=i+j;
```

3.6.3 程序分析题

1. 写出以下程序的输出结果。

```
#include<iostream.h>
void main(){
    int a[4][4]={{1,2,0,- 1},{3,- 2,- 3,0},{4,0,- 5,5},{- 6,6,0,7}};
    for(int i=0,s=0;i<4;i++)
        for(int j=0;j<4;j++){
            if(a[i][j]<0)continue;
            if(a[i][j]==0)break;
            s+=a[i][j];
            }
    cout<<s<<endl;
}
```

2. 阅读以下程序并回答问题。

```
#include<iostream.h>
void main(){
    enum w{mon,tues,wednes=3};
    w week; int k;
    for(k=mon;k<=wednes;k++){
        switch(k){
            case 0: week=mon; break;
            case 1: week=tues; break;
            case 2: week=wednes;break;
        }
        switch(week){
            case mon:cout<<(int)mon; break;
            case tues:cout<<(int)tues;break;
            case wednes:cout<<(int)wednes;
            break;
        }
    }
}
```

（1）枚举元素 mon,tues,wednes 的值依次是_____

（2）运行程序的输出结果是_____

（3）程序运行结束时,变量 k 的值是_____

3. 设数组 a 的初值为

$$A=\begin{bmatrix} 1 & 0 & 2 \\ 2 & 2 & 0 \\ 0 & 1 & 0 \end{bmatrix}$$

执行语句：

```
for(i=0; i<3; i++)
    for(j=0;j<3;j++)
        a[i][j]=a[a[i][j]][a[j][i]];
```

数组 a 的结果是什么？

4. 写出以下程序运行时的输出结果：

```cpp
#include<iostream.h>
#include<iomanip.h>
void print(int , char &, int );

void main(){
    char a,b;
    b='# ';
    for(int i=5; i>=1; i--){
        a='*';
        cout<<setw(i);
        print(i,a,b);
        cout<<a<<endl;
    }
}

void print(int n, char &ch, int ar){
    int j;
    for(j=1; j<=5- n; j++)
        cout<<ch;
        ch=ar;
}
```

5. 写出下列程序的输出结果。

```cpp
void main(){
    struct student
    {
        int id;char name[9];
    };
    student person[5]={ 1,"zhu",2,"wang"};
    cout<<person[1].name[1];
}
```

3.6.4　完善程序题

1. 下面是字符串复制函数，请完善程序。

```cpp
void ccopy(){
    char ch1[]="good morning!",ch2[20];
        int i=0;
        while(( ____①____ ) )
        {  ch2[i]=( ____②____ );
            ( ____③____ );
```

```
    }
    (    ④    );
}
```

2. 建立一个学生档案的结构体数组,描述一个学生的信息:姓名、性别、年龄和 C++
课程的成绩,并输出已建的学生档案。

```
#include<iostream.h>
struct student{
    char name[9];
    char sex[4];
    int age;
    float cscore;
};
_____①_____ input(student x)
{
    cout<<"输入姓名、性别、年龄和 C++ 课程的成绩:";
    cin>>x.name>>x.sex>>x.age>>x.cscore;
    _____②_____ ;
}
_____③_____ output( _____④_____ )
{
    cout<<x.name<<'\t'<<x.sex<<'\t';
    cout<<x.age<<'\t'<<x.cscore<<'\n';
}
void main(){
    student sts[5];
    for(int i=0;i<5;i++)
        sts[i]=input(sts[i]);
    for(i=0;i<5;i++)
        output(sts[i]);
    cout<<'\n';
}
```

3. 定义一个表示复数的结构数组,再定义一个完成复数加、减运算的函数。在主函
数中测试所定义的复数运算。试完善这个程序。

```
#include<iostream.h>
struct complex{    //复数结构
    double real;
    double imag;
};

complex add(complex x,complex y){
    complex z;
    z.real=x.real+y.real;
```

```
        ___①___ ;
        return z;
}

complex sub(complex x, ___②___){
        complex z;
        z.real=x.real- y.real;
        z.imag=x.imag- y.imag;
        ___③___ ;
}

void main(){
        complex x={3.2,2.0};
        complex y={2.1,1.3},z,s;
        z=add(x,y); //实参为结构类型,调用方式为值调用
        s=sub(x,y);
        cout<<'('<<x.real<<'+'<<x.imag<<"i)+("<<y.real<<'+'<<y.imag<<"i)=";
        cout<<'('<<z.real<<'+'<<z.imag<<"i)"<<endl;
        cout<<'('<<s.real<<'+'<<s.imag<<"i)"<<endl;
}
```

4. 定义嵌套的结构如下,在主程序中定义并进行对象赋值,请完善该程序。

```
#include<iostream.h>
#include<string.h>
struct student
{
        int id;
        char name[9];
        int age;
        struct date
        {
                int month;
                int day;
                int year;
        }birthday;
}s1;
void main(){
        student s2={1,"lou",20,5,9,76};
        s1.id=s2.id;
        strcpy(s1.name,s2.name);
        s1.age=___①___ ;
        s1.birthday.year=s2.birthday.year;
        s1.birthday.month=s2.birthday.month;
        ___②___ ;
```

```
cout<<s1.id<<"\t"<<s1.name<<"\t"<<s1.age<<"\n";
cout<<s1.birthday.year<<"\t";
cout<<s1.birthday.month<<"\t";
    cout<<s1.____③____<<"\n";
}
```

3.7 同步练习参考答案

选择题答案

1. D   2. C   3. D   4. D   5. C
6. C   7. D   8. D   9. A   10. B

填空题答案

1. 7
2. 相同   不同的   共用部分内存空间   整型常量
3. 不正确   去掉 const
4. 标识符常量
5. float a[10]={0}
6. 不正确   for(int i=0;i<3;i++)

程序分析题答案

1. 16
2. （1）枚举元素 mon,tues,wednes 的值依次是 <u>0、1、3</u>
（2）运行程序的输出结果是 <u>0133</u>
（3）程序运行结束时,变量 k 的值是 <u>4</u>
3.

$$A=\begin{bmatrix} 2 & 2 & 0 \\ 0 & 0 & 2 \\ 2 & 2 & 2 \end{bmatrix}$$

4.

```
#
* #
* * #
* * * #
* * * * #
```

5. a

完善程序题答案

1. ① ch1[i]　　② ch1[i]　　③ i++　　④ ch2[i]='\0'

2. ① student　　② return x　　③ void　　④ student x

3. ① z. imag=x. imag+y. imag　　② complex y　　③ return z

4. ① s2. age　　② s1. birthday. day=s2. birthday. day　　③ birthday. day

第 **4** 章 CHAPTER 指针和引用

4.1 简　介

在计算机语言中,变量的使用是程序设计中最基本的手段。在前面的章节中,使用变量都是采用直接使用的方法,就是直接使用变量的名字。我们知道,变量有三要素:类型、名字和值。在多数计算机语言中,变量就只用到这 3 个要素,但是在 C++ 中,还要使用到变量的第 4 个要素:地址(或称变量的指针)。

其实,变量的名字也是地址,可以称为"符号地址"。以大学为例来说明符号地址,大学的名字其实就是地址。在使用邮政编码之前,邮寄信件到大学,直接写上这学校的名字就可以了。但是大学还有一个数字地址,例如东南大学的数字地址是"南京四牌楼 2 号"。变量的数字地址就是为其分配的一组内存单元的起始地址,这地址在 C++ 中称为指针。

指针的引入有着非常重要的意义,它使程序设计技术有了革命性的进步,并且革新了一系列的概念。通过指针,可以间接地使用变量,使代码更通用、更简洁;通过指针,可以直接使用计算机内存,直接使用计算机内存所带来的影响是极其深远的。通过指针,可以使用系统堆空间。堆是由操作系统直接管理的内存区域,它是公共的区域,而且"面积"比较大,它的生命周期也不是由编译系统控制的,而是由编程人员控制的。在许多应用中,堆空间的使用都是必不可少的。

指针和数组的结合形成了一批知识点,这一部分内容概念多且容易混淆,仔细分析后又明晰简单。指针和字符串的结合,为 C++ 语言中的字符串处理开创了新的一页。指针和函数的结合虽概念不多但是相关的算法却复杂了许多,而且与后面的类的内容相结合,引出了动态联编的丰富内容。

在指针的应用中,最著名的要数链表了。使用链表,可以解决一些使用其他手段解决不了的问题,例如一种称为"非线性排序"的问题。

与指针相关的概念繁多,关系复杂。而且,似乎 C++ 语言中其他的概念都可以和指针相结合,使指针变得迷离扑朔、深不可测。但是,只要掌握了指针概念的本质内涵,学习指针还不是太难的。

通过给变量另起一个名字,引入了一个新的概念——引用。单纯来看,一个变量有两个或更多的名字,似乎没有什么特别的意义,但是把引用和函数结合起来,可引出一种新的函数调用方式——引用传递。用这种方式来调用函数,可以解决函数值只能是一个的不足。

使用指针有许多好处,主要是:

* 提高程序的编译效率和执行速度。
* 通过指针可使用主调用函数和被调用函数之间共享变量或数据结构,便于实现双向数据通信。
* 可以实现动态的存储分配。
* 便于表示各种数据结构,编写高质量的程序。

4.2　知　识　点

* 内存单元的地址
* 变量的地址
* 指针的概念
* 指针的运算
* 关于 0 和 NULL
* 指向指针的指针
* 指针和数组
* 指针和字符串
* 指针数组
* 指向数组的指针
* 指针和函数参数
* 指向函数的指针
* new 和 delete 运算符
* 引用
* 常指针
* 链表

4.3　概　念　解　析

4.3.1　内存单元的地址

为了区分不同的内存单元,必须给每一个内存单元指定一个唯一的编号,这个编号称为内存单元的地址。目前,多数计算机是以一个字节(8 个二进位)作为一个最小的内存单元来编址的。

4.3.2　变量的地址

在编译或执行期间为每一个变量分配的内存单元的编号(地址)称为变量的地址。

温馨提示：一个变量所使用的内存单元可能是一组,变量的地址是指这组单元中起始单元的地址。

4.3.3　指针

变量的地址称为变量的指针,简称指针,即指针是一个内存单元的地址。如果定义(声明)一个变量时,其值总是用来存放一个内存单元的地址(指针),称这种变量为指针变量。换言之,一个指针变量的值一定是另一个变量的地址。引入指针变量的目的是提供一种对变量的值进行间接访问的手段;根据指针值,可以使用或修改该指针所指向的内存单元中的值。

4.3.4　指针变量的定义

指针变量定义的一般格式为:

<<存储类型>><类型> * <变量名 1><<, * <变量名 2>…>>;

- 在变量声明语句中,变量名前的星号(*)的意义是表明此变量是指针变量。星号不是此变量的一部分。
- 指针变量的值只能是某一个变量的地址(起始地址),在声明指针变量时,如果没有对其初始化,通常其值是不确定的。
- 编译程序也要为指针变量分配内存单元,因为指针变量的值是一个地址,通常用 4 个字节来表示地址值,与指针变量的类型无关。
- 定义指针类型变量时,其类型的意义为指针变量所指向的数据类型。
- 在声明指针变量的同时也可以对其进行初始化。通常是用与指针变量同类型的变量的地址来进行初始化。也可以通过强制类型转换将其他类型的变量甚至是地址常量初始化。

4.3.5　指针的运算

指针的运算(操作)有 3 种：赋值运算、算术运算和关系运算。

- 指针的赋值运算可以将 3 种形式的值赋值给指针变量。它们分别是:
  - ➢ 同类型变量的地址。
  - ➢ 同类型指针变量的值。
  - ➢ 0。这里的 0 称为 0 指针或空指针,值为空的指针变量不指向任何变量。
- 指针的算术运算通常只能是:
  - ➢ 加(减)一个数字,表示移动指针指向当前所指向的变量后面(前面)的变量(此变量可能不存在)。
  - ➢ ++(--),意义同前。

➢ 两个同类型指针变量相减,表示两个指针变量所指向的变量之间间隔的变量数。但是不允许两个指针变量相加。

· 指针的关系运算通常为:

➢ (不)相等比较。比较两个指针变量是否(不)指向同一个变量。

➢ 和 0 比较。判断该指针是否不指向任何变量。

➢ 大于(小于)比较。比较一个指针变量所指向的变量是否在另一个指针变量所指向的变量的后面(前面)。这种比较在字符串处理时经常用到。

温馨提示:不指向任何变量的指针称为空指针。

4.3.6 访问指针变量

当定义了一个指针变量,并对其赋初值后,就可以在程序中访问该指针变量。这里的"访问"可以理解为取值或赋值。对指针变量的访问一般有两种形式:一是访问指针变量的值;二是访问指针变量所指向的内存单元中的数据。第二种访问形式称为访问指针的内容。

访问指针的内容在形式上用星号(*)放在指针变量的前面。如果 p 为指针变量,x 为和 p 同类型的普通变量,p 指向 x,则 *p 在概念上可以就理解为 x,一般在使用 x 的地方就可以用 *p 来代替。这个理解在后面很有用处。

温馨提示:在指针操作时,"&"称为地址运算符,"*"为取内容运算符。

4.3.7 指向指针的指针

在 C++ 语言中,当定义了一个指针变量 P 时,系统要为指针变量 P 分配内存单元。如果再定义一个指针变量 PP,它指向指针变量 P,这时称 PP 为指向指针的指针变量,简称为二级指针。P 成为一级指针。定义二级指针的一般格式为:

<<存储类型>><类型> * * PP;

类似地,定义一个三级指针变量,则在指针变量前加上 3 个"*"。

<<存储类型>><类型> * * * PPP;

温馨提示:在 C++ 语言中,对定义指针的级数并没有限制。通常使用一级、二级、三级指针变量,更多级的指针变量很少使用。

4.3.8 指针和数组

在 C++ 语言中,当声明了一个数组后,数组名可以作为一个指针来使用,它的值为整个数组的起始地址,即数组的第 0 个元素的起始地址。

但数组名又不同于指针变量,指针作为一个变量,在内存中拥有自己的空间,但数组名没有内存空间,编译程序只是为每一个数组的元素依次分配一片连续的内存空间。因此在程序中可把数组名作为指针来使用,但不能对数组名进行赋值运算,也就不能进行自增(++)运算或自减(--)运算等有赋值意义的运算。

若使 point 指向数组 a 的第 0 个元素,则 point+i 等同于 a+i,其值为 a[i] 的地址,或者说是数组第 i 个元素的指针。此时指针变量名可以代替数组名使用。

温馨提示：如果 point 指向的是数组的其他元素，则指针变量名不能等同数组名。

温馨提示：在表达式 point＋i 中，point 本身的指向并没有改变。

4.3.9 指针和二维数组

与一维数组相同，在 C++ 语言中，允许这样来理解二维数组：一个二维数组名可以表示该二维数组的起始地址；并可将二维数组的每一行看成一个元素，即数组包含了若干个元素（数量等同于二维数组的行数），这些元素分别又是一维数组（一维数组的元素个数就是二维数组的列数）。

二维数组的名字类同于一个二级指针。

设数组 a 为二维数组的名字，则存在如下概念：数组的起始地址、行起始地址、元素地址、元素的值。使用数组名 a 来表示，对应的就是 a、a+i、a[i]、a[i][j]。可以看出，数组的起始地址和行地址都类似二级指针（地址），级别是一样的，元素地址类似一级指针（地址），元素类似元素指针所指向的变量，它们之间可以相互表达。规则可以概括为：

- 行地址前加"＊"号，就是该行第 0 个元素的地址，反过来，某行第 0 个元素的地址前面加"&"号就成了行地址。
- 元素的地址前加"＊"号就成了元素，元素前面加"&"就成了元素地址。
- 行地址前加"＊＊"就变成了该行第 0 个元素，但是注意：某行第 0 个元素前加"&&"不能表示该行地址。
- 行地址加数字还是行地址，元素地址加数字仍然是元素地址。

温馨提示：虽然二维数组名是一个二级指针，如果二级指针变量按常规定义，将不能将二维数组名直接赋值给二级指针变量，需要进行类型转换后才能赋值。

4.3.10 指针和字符串

通常，把字符串作为一个整体来使用，用指针来处理字符串更加紧凑和方便。这时并不关心存放字符串的数组的大小，而只关心是否已处理到了字符串的结束字符。

温馨提示：在 C++ 语言中处理字符串几乎全部都是使用指针来进行的。字符串处理有一些经典的算法，需要仔细理解和认真记忆。经常遇到的是动态字符串处理，就是使用 new 运算符，本章的习题解析部分将详细介绍。

4.3.11 字符串指针和字符数组

用字符数组和字符指针变量都可实现字符串的存储和运算。字符数组名可以理解成一个字符串指针变量，字符串指针变量也可以当作字符数组名使用。

温馨提示：字符串指针变量和字符数组之间是有区别的。

- 字符串指针变量本身是一个变量，用于存放字符串的首地址。而字符串本身是存放在以该首地址为首的一块连续的内存空间中并以"\0"作为字符串的结束。字符数组是由若干个数组元素组成的，它可用来存放整个字符串。
- 对字符串指针方式：

```
char *ps="C++ Language";
```

可以写为：

```
char *ps;
ps="C++ Language";
```

而对数组方式：

```
char st[]={"C++ Language"};
```

不能写为：

```
char st[20];
st={"C++ Language"};
```

即只能采用对字符数组的各元素逐个赋值的方法。

温馨提示：字符指针变量的初始化和字符数组的初始化的含义有所不同。

- 对字符串指针初始化：

```
char *p="C++ language";          //先存储字符串"C++ language",再指向它
char arr[20]={"C++ language"};   //先定义数组,再向其中存入字符串
```

4.3.12 指针数组

由若干个同类元素组成的一个集合构成一个数组。由若干个同类型的指针所组成的数组称为指针数组,数组的每一个元素都是一个指针变量。定义指针数组的格式为：

<<存储类型>><类型>*<数组名>[<数组的大小>];

例如：int * arr[20];

温馨提示：指针数组在某些处理中(例如字符串处理、结构处理或对象处理)用于排序时特别有效,这时候交换两个对象的开销可能较大,但是交换指针的开销却很小,提高了效率。

4.3.13 指向一维数组的指针

在定义了一个一维数组后,再定义一个指针变量,使指针变量指向该数组的起始地址后,则数组名可用指针变量来代替。

温馨提示：指向一维数组的指针变量和一维数组都是显式定义的。例如：

```
int arr[20];
int * p=arr;        //或 int * p=arr[0];
```

温馨提示：指向一维数组的指针是一级指针,一维数组名也是一级指针,让一个一级指针指向一个一维数组,可以直接将数组名赋值给指针变量,也可以将第 0 个元素的地址赋值给指针变量。

4.3.14 指向二维数组的指针变量

按照如下方式定义的指针：

<<存储类型>><类型>(＊<指针名>)[<数组的大小 N>]；

实际上是一个二级指针(行指针)，这个二级指针指向具有 N 列的二维数组。这样定义的指针是可以直接赋值二维数组名的(列数要为 N)。

温馨提示：假设此指针名为 P，这种指针的使用有两种方法，一种方法是将数组名赋值给 P 后，用指针名 P 代替数组名。另一种方法是在将 P 指向二维数组的某一行后，用(＊P)作为一维数组名使用。

```
int arr[4][3]={{1,2,3},{4,5,6},{7,8,9}};
int(＊p)[3]=arr;              //第 1 种情况,指针指向数组起始位置
cout<<p[2][2];               //输出的是 9
int(＊p1)[3]=arr+2;          //第 2 种情况,指针指向 arr 的第 2 行
cout<<(＊p1)[2];             //输出的是 9,不能去掉(＊p)的括号
```

4.3.15　指针和函数参数

当一个函数的形参定义为指针时，调用时的实参可以是变量的地址或指针。如果实参是地址，则调用属于"传地址调用"，如果实参是指针，就是传值调用了。实参为数组名时也属于传地址调用。

温馨提示：如果实参是指针，虽然所传递给形参的是指针的值，但是此时形参指针和实参指针均指向调用函数的同一对象，所以在被调用函数中修改形参指针所指向对象的值时，也就是修改了调用函数中实参指针所指向的对象。

4.3.16　函数返回值为指针的函数

定义返回值为指针的函数的格式为：

<类型> ＊ <函数名>(<形参表>)

温馨提示：返回指针的函数的用途十分广泛。事实上，每一个函数，即使它不带有返回某种类型的指针，它本身都有一个入口地址，该地址相当于一个指针。比如函数返回一个整型值，实际上也相当于返回一个指针变量的值，只不过这时的变量是函数本身而已，而整个函数相当于一个"变量"。当函数的返回值为指针时，返回的就是指向这个"变量"的指针，这在某些情况下有特殊的作用。

4.3.17　指向函数的指针

定义指向函数的指针的格式为：

<类型>(＊<函数名>)(<形参表>)

温馨提示：函数的代码也是存储在内存中的，起始的地址称为函数的入口地址，可以用一个指针指向它。当然这个指针是指向具有特定形参表和返回值的函数的指针。

温馨提示：这种指向函数的指针通常都只能进行赋值和关系运算。

温馨提示：指向函数的指针的主要用途是使用该指针来调用函数，它主要是作为函

数的参数来用的。

温馨提示：函数指针不能指向不同类型，或者是带不同形参的函数。

温馨提示：指向函数的指针不能这样定义：int * fp(int a);

这里是错误的，因为按照结合性和优先级来看就是先和()结合，然后变成了一个返回整型指针的函数了，而不是函数指针。

4.3.18 new 和 delete 运算符

在 C++ 语言中，new 运算符用于为指针变量动态分配内存空间。设 point 为已定义的指针，new 运算符为指针变量动态地分配内存空间的格式为：

```
pointer=new type;            //申请变量空间使指针指向它
```

或

```
pointer=new type(value);     //申请变量空间并初始化，使指针指向它
```

或

```
pointer=new type[<表达式>];  //申请数组空间并使指针指向它
```

温馨提示：动态分配存放数组的内存空间，或为结构体分配内存空间时，不能在分配空间时进行初始化。

delete 运算符用来将动态分配到的内存空间归还给系统，使用格式为：

```
delete pointer;              //释放一个堆上的变量空间
```

或

```
delete [ ]pointer;          //释放堆上的一维数组空间
```

或

```
delete[<表达式 N>]pointer;  //释放堆上的具有 N 行的二维数组
```

温馨提示：用 new 运算符分配的内存空间的指针值必须保存起来，以便可以用 delete 运算符释放已动态分配的内存空间。如果没有保存好指针或没有释放此空间，则会造成内存泄漏；如果在释放前，指针指向了别的地方，则会出现不可预测的错误。

4.3.19 常指针

在 C++ 语言中，存在着三种类型的常指针：

- 指针变量所指向的数据是一个常量，即不能通过该指针改变所指向的值，如果该指针指向一个变量，可以直接改变变量的值，例如：

```
int a,b;    const int * pi=&a;
* pi=5;     //错，不能通过该指针改变所指向的值
a=5;        //正确，可以不通过指针改变所指变量的值
pi=&b;      //正确，可以指向不同的变量
```

温馨提示：此时 const 要放在类型说明符之前。

- 指针变量的值是一个常量，不能改变这种指针变量的值，但可以改变指针变量所指向的数据值。

```
int i,j;    int * const pi=&i;
pi=&j;        //错，指针不能指向其他变量
* pi=5        //正确，可以通过指针改变所指变量的值
i=10;         //正确，也可以直接改变所指变量的值
```

温馨提示：此时 const 要放在 * 号之后，变量之前。

- 指针变量的值是一个常量，指针变量所指向的数据也是一个常量。因此不能改变指针变量的值，也不能改变指针变量所指向的数据值。

```
int j,k;
const int * const pp=&j;
```

温馨提示：此时要使用两个 const，分别按前两种情况放置。

4.3.20 引用

引用是一种特殊的数据类型。系统并不为此种类型的变量分配存储空间，只是使得引用型变量与其相关联的变量使用同一个内存空间。一个引用类型变量实际上是另外一个变量的别名。

定义引用类型变量的格式为：

<类型>&<引用变量名>=<变量名>;

温馨提示：定义引用类型变量时，必须要将其初始化。对于引用类型变量的初始化，必须做到以下几点。

- 为它初始化的变量必须与它的类型相同。
- 引用类型变量的初始化值只能是变量。
- 可以用一个引用类型变量来初始化另一个引用类型的变量。也就是为变量的别名再起别名，还可以继续延伸。
- 能声明为引用数组元素，不能声明为引用类型数组。
- 可以用在堆上动态申请的内存空间来初始化一个引用类型变量。

温馨提示：引用类型变量主要用在函数调用中。

温馨提示：前已述及，"&"是取地址运算，"*"是取内容运算，设 x 为一变量，则"*&x"相当于 x，也就是说"*"和"&"相互抵消了。但是"*&x"如果出现在函数的参数表中，意义就不是这样了。这时所表示的是"对实参指针的引用"。"&"的意义不是取地址，而是引用。

4.3.21 链表

整条链表由一个头指针和一条链组成，链是由节点按一定的规则组成的。节点可以是一个结构体类型变量，也可以是一个类类型的对象。每个节点由若干个数据域和若干

个指针域组成。每个数据域其实就是结构体类型变量的一个成员。

如果每个节点只有一个指针域,均指向其后的节点,所组成的链表就叫做单向链表,如图 4-1 所示。如果节点有两个指针,一个指向前面的节点,一个指向后面的节点,所组成的链表就叫做双向链表,如图 4-2 所示。

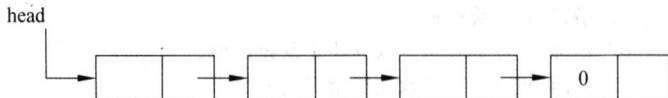

图 4-1　单向链表示意图

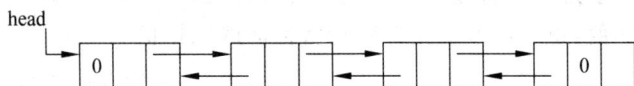

图 4-2　双向链表示意图

温馨提示:链表的操作有创建链表、删除链表、输出链表、删除节点、插入节点,链表排序、链表查找等基本操作。

温馨提示:链表操作具有很强的规律性,掌握了其规律性后,任何有关链表的编程都不再是难事了。在后面的内容中会介绍上述各种操作及其规律性。

4.4　习题解析

4.4.1　选择题

1. 设有如下定义:

```
int num=128;
int * ip;
float * fp;
```

则以下 _____ 是正确的。

　　A. * ip=&num　　　B. ip=&num　　　C. fp=float ip　　　D. fp=&ip

参考答案:B

解析:A 错误的原因是对指针 ip 赋值时使用了 * ip,这表示的是指针的内容,而不是指针的值,应该去掉 * (去掉后就是 B);C 用法的本意是将整型指针 ip 强制转换为实型指针后赋值给实型指针 fp,但是不能使用 float ip 的形式,正确的使用形式为:(float *)ip;D 的用法更是错误,将一个一级指针变量的地址赋值给另外一个一级指针变量是错误的,只能将一级指针变量的地址赋值给一个同类型的二级指针指针变量。

2. 设内存分配语句 int * p=new int _____ ,选择合适的填充使 p 所指的存储单元赋初值 56。

　　A. [56]　　　　　B. (56)　　　　　C. {56}　　　　　D. * 56

参考答案:B

解析:根据 new 运算符的格式,可知 A、C、D 都是错误的。

3. 已知某函数有如下定义,则 p+2 表示_____。

```
static int data[4][3]={1,3,5,7,9,11,2,4,6,8,10,12};
int(*p)[3];
p=data;
```

    A. 数组 data 的元素 2 的地址　　　　B. 数组 data 的元素 5 的地址
    C. 数组 data 的元素 12 的地址　　　D. 数组 data 的元素 6 的地址

参考答案:D

解析:本题的答案与定义数组时的"static"无关。

二维数组在内存中存储时,并非是排成多行的,而是排成一行。确定一个二维数组元素的位置,从本质上说就是计算这个元素在这一行中的序号。这里有一个把二维转为一维的问题。

执行"p=data;"语句后,p 指向数组 data 第 0 行的地址(行地址),p+2 使 p 指向了数组 data 的第 2 行地址,在数值上和数组 data 第 2 行第 0 个元素的地址相同,因此选 A。A 中的"元素 2"(就是值为 2 的元素,也就是 data[2][0])的地址表达式为 *(p+2)。如果要进一步用指针表示元素 2 本身,那就是"*(*(p+2));"。

对 B、C、D 解析类同 A。

4. 设有说明 int b[4][4],以下不能等价表示元素 b[3][3]的是_____。

    A. *&b[3][3]　　　　　　　　　B. (*(*(b+3))+3)
    C. *(b[3]+3)　　　　　　　　　D. *(*(b+3)+3)

参考答案:B

解析:可以这样理解 B:b+3 表示第 3 行地址,*(b+3)表示第 3 行第 0 个元素的地址,*(*(b+3))表示第 3 行第 0 列元素的值,这样 B 就相当于 b[3][0]+3,显然不是 b[3][3]。

在 A 中,"*&"相互抵消,*&b[3][3]就是 b[3][3];在 C 中,b[3]+3 表示的是数组 b 第 3 行第 3 列元素的地址,前面加上"*"号就是取该指针的内容,也就是 b[3][3];在 D 中 b+3 表示数组 b 第 3 行地址,*(b+3)表示第 3 行第 0 列元素的地址(行地址前加 * 号就是转换行地址为元素地址),*(b+3)+3 表示第 3 行第 3 列元素的地址,于是 *(*(b+3)+3)就是第 3 行第 3 列的元素了(元素地址前加"*"号就是转换元素地址为元素)。

5. 同一种数据类型的数组名和指针变量的内容都表示地址,它们之间的差别是_____。

    A. 数组名代表的地址值不变,指针变量存放的地址可变
    B. 数组名代表的存储空间长度不变,指针变量指向的存储空间长度可变
    C. A 和 B
    D. 没有差别

参考答案:C

解析:因为系统不为数组名分配内存空间,只为数组的各元素分配一片连续内存空

间,数组名只是代表了这片连续空间的首地址,这是不能改变的,指针变量可以指向不同的变量,也就是存放在指针变量中的地址是可以改变的,因此 A 正确。因为数组一旦定义,其大小就不能改变了,而指针变量由于可以指向不同的地方,其所指向的空间长度也就可变了,因此 B 正确。综合两者,也就是 C 正确。

6. 在下列四种字符串说明或赋值方式中,不正确的是 _____。

    A. char * p;p="You are student";

    B. char p1[8]={'s','t','u','d','e','n','t'};

    C. char p2[20];p2="I am a student";

    D. char p3[ ]="student",p4[ ]="teacher";

参考答案:C

解析:因为不能对数组进行整体赋值,因而 C 错误。

字符指针变量可以直接指向字符串,A 正确;对字符数组可以用字符进行初始化,B 正确;字符数组也可以用字符串进行初始化,D 也正确。

7. 为指针变量赋值,以下语句中不正确的是 _____。

    A. int * p=0;   B. float * p=(float *)50;

    C. int * p=new 50;   D. float * p=new float[50];

参考答案:C

解析:new 运算符的运算对象不能是常数,因而 C 错误。

A 给指针赋 0 值是正确的;B 将存放常数 50 的单元强制类型转换为实型指针也是可以的;D 将指针 p 指向在堆上申请的具有 50 个元素的实型数组也是可以的。

8. 设 s 和 t 分别为指向两个长度相同的字符数组的指针,则循环语句 while(_____);可以正确实现字符串 t 到 s 的完整复制功能。

    A. * s= * t && t!=0   B. s++=t++ && * t!=0

    C. * (++s)= * (++t)   D. * s++= * t++

参考答案:D

解析:将 D 嵌入循环语句就是 while(* s++= * t++)。系统将这样解释这个语句:①将指针 t 所指向的字符赋值给指针 s 所指向的位置;②判断指针 s 所指向位置的字符是否为字符串结束符"\0",如果不是就继续循环,如果是就退出循环;③无论第②步中判断的结果如何,指针 t 和 s 分别向后移动一个位置。这样就逐个字符的把 t 指向的字符串复制到指针 s 所指向的字符串。复制完成后,指针 s 和 t 分别指向各自所指字符串的结束后的位置上。

A 中指针 s 和 t 所指的位置没有改变过,只能复制一个字符,且为死循环;

系统是这样理解 B 表达式的:①计算表达式 t++ && * t!=0 的值(一定是逻辑值);②将计算的结果赋值给指针 s(这一步是错误的,不能把一个布尔值赋值给一个指针!);③s 和 t 各指向各自字符串的下一个字符。显然,这不可能实现字符串 t 到 s 的完整复制功能。

系统是这样理解 C 的表达式的:①t++;②++s;③将 t 所指字符赋值给 s 所指数组元素;④如果 s 所指字符不是字符串结束符,就继续循环,否则结束循环。因为 t 和 s 都先

++再取值,因而 t 所指字符串的第一个字符将不被复制,因而不是完整复制。

9. 设有 int arr[4][4]={1,2,3,4,5,6,7,8,9,10},* qa=arr[1],(* pa)[4]=arr;则以下不能访问数值为 7 的数组元素的表达式是_____。

    A. * (arr+1)+2   B. qa[2]

    C. * (arr[1]+2)   D. pa[1][2]

参考答案:A

解析:在 A 中,arr 表示数组 arr 第 0 行起始地址,地址 * (arr+1)表示第 1 行第 0 列元素的地址,* (arr+1)+2 表达的是第 1 行第 2 列元素的地址(数值为 7 的数组元素的地址),但不是该元素本身。

因为有 * qa=arr[1],就是说 qr 指向了数组 arr 第 1 行第 0 个元素(就是值为 5 的那个元素),qa[2]就是 5 后面的第 2 个,也就是值为 7 的数组元素,因此 B 能访问。

arr[1]表示第 1 行第 0 列元素的地址,arr[1]+2 是 arra 第 1 行第 2 列元素(值为 7)的地址,* (arr[1]+2)就是元素本身,因此 C 也可以。

pa[1][2]就是 arr[1][2],也就是值为 7 的元素。D 也可以。

10. 有说明语句 char * name="newspaper";则_____可获取串中字符"s"。

    A. name[0]+3   B. * name+3

    C. * (name+3)   D. name[4]

参考答案:C

解析:name 指向该字符串的首字符 n,name+3 就指向了字符 s,* (name+3)就是字符 s。

name[0]表示字符 n,name[0]+3 就是 n+3,即 113(n 的代码加 3),不是字符 s。因此 A 不能获取字符 s。

* name+3 和 name[0]+3 所表达的意思是一样的,B 也不能获取字符 s。

Name[4]所获取的字符是 p,D 也不能获取字符 s。

4.4.2 阅读程序并填空

1. 设有如下函数定义。如果在主函数中有语句 cout<<fun("goodbey!");则输出_____。

```
int fun(char * s){
    char * ps=s;
    while( * ps++);
    return(ps--s);
}
```

参考答案:9

解析:循环语句 while(* ps++);的执行过程是这样的:测试 ps 所指向的字符是否为字符串结束符,如果不是就继续循环。不管 ps 所指向的字符是否为字符串结束符,指针 ps 都要向后移动一个字符位置。因此当循环测到 ps 指向的字符是字符串结束符时,ps 还是继续向后移动一个字符位置,指向了字符串结束符后的位置。当所处理的字符串为"goodbey!"时,字符串结束符号在!之后,处理完时的 ps 所指向的位置在!后 2 个字符的位置上,和字符 g 的位置之差正好为 9。

2. 执行以下程序后,y 的值是 _____。

```
#include<iostream.h>
void main(){
    int arr[4]={2,4,6};
    int x=0,* p=arr;
    for(;* p++;)if(* p)x+=* p;          //A
    cout<<x<<'\n';
}
```

参考答案:10

解析:在表达式 * p++ 中,先求 * p 的内容,指针 p 再自增 1。

本题的关键是在 A 行语句中的两个 * p 的内容不是同一个内容。

初始的时候,for 语句中 * p++ 中的 * p 的内容是 2,取值后 p++,指向了元素 4,到了 if 语句时,变量 x+= * p 就相当于 x+=4,结果为 4。

然后再循环进入 for,p++ 后指向了元素 6,到了 x+= * p,就相当于 x+=6,结果为 10。

第 3 次进入 for 时,* p 为 6,再++后 * p 就为 0 了(越界),所以到了 if 语句中时,x 就没有再加进任何数字。

然后循环结束。输出结果 10。

3. 设有以下程序,则函数 swap( )中的输出是 _____;程序最后的输出是 _____。

```
#include<iostream.h>
void swap(int * p1,int * p2){
    int c,* p=&c;
        * p= * p1;* p1= * p2;* p2= * p;
        cout<< * p1<<'\t'<< * p2<<'\n';
        return;
}
void main(){
    int a=15,b=10;
        swap(&a,&b);
        cout<<a<<'\t'<<b<<'\n';
}
```

参考答案:10   15
          10   15

解析:显然,函数 swap 的功能是交换两个形参。在本题中函数接收到的实参是 15 和 10,在函数中输出的是交换后的数据,也就是 10 和 15。函数的形参是指针,而主函数所传递的是变量的地址,因此函数 swap 中所交换的就是主函数中的 a 和 b,在主函数中输出的也是 10 和 15。

4. 设有以下程序,则程序执行后输出的两个数分别是_____和_____。

```cpp
#include<iostream.h>
struct ks{
    int a, *b;
};

void main(){
    ks s[4],*p;
    int n=10,i;
    for(i=0;i<4;i++){
        s[i].a=n; s[i].b=&(s[i].a);
        n+=2;
    }
    p=&s[0];
    cout<<++(*p->b)<<'\t'<<*s[2].b<<'\n';        //先取值,后加1
}
```

参考答案：11　　14

解析：本题是一个指针和结构体相结合的例子。主要是表现如何通过指针来使用结构体变量(成员)。

结构体类型 ks 有两个成员,其中一个是指针。数组 s 有 4 个 ks 类型的元素。主程序使用一个循环对数组 s 的各元素进行赋值。各元素的成员 a 被依次赋值为 10、12、14、16(s[i].a＝n),每个元素的成员 b 都被赋予成员 a 的地址(指针)(s[i].b＝&(s[i].a))。

指针 p 指向数组 s 的第 0 个元素。p-> b 表示第 0 个元素成员 b 的值,即成员 a 的地址(指针),表达式 *p-> b 等价于 *(p-> b),即运算符"-> "的优先级高于运算符" * "的优先级。

* p-> b 表达的是指针 b 的内容,即成员 a 的值(10)。++(* p-> b)就是 11,因而所输出的第一个数为 11。s[2].b 所表示的是第 2 个元素的成员 a 的地址,因而 * s[2].b 就是第 2 个成员 a 的值,也就是 14。所以所输出的第二个数为 14。

5. 写出以下程序执行时的屏幕输出。

```cpp
#include<iostream.h>
void invert(char * a,int x,int y){
    char t,*p,*q;
    p=a+x; q=a+y;
    while(p<q){
        t=*p; *p=*q; *q=t;
        p++;q--;
    }
}
void main(){
    char dt[13]="GoodBookNice";
```

```
    int i=0,n=1;
    while(i<8){                //A
        invert(dt,i,i+5);
        cout<<"第"<<n++<<"次计算："<<endl;
        for(int j=i;j<=i+5;j++) cout<<dt[j]<<',';
        cout<<endl;
        i+=6;                  //B
    }
    cout<<"共执行了"<<i<<"次计算。"<<endl;
}
```

参考答案：第 0 次计算：
O,B,d,o,o,G,
第 1 次计算：
e,c,i,N,k,o,
共进行了 12 次计算。

解析：本题的考点为带指针参数的函数的参数传递。本题中被调用函数 invert 有指针形参，调用函数 main 中以一维数组作为实参调用 invert 函数。

函数 invert 有一个整型指针参数和两个整型参数。分析此函数，可知此函数的功能是将指针所指的一个字符串 a 中从位置 x 到 y 的一段子串反序。可以把此函数的功能叫作"子串反序"。

因为主函数中调用 invert 函数时传递给其参数指针的是数组 dt，因此函数 invert 所进行的子串反序就是在主函数的数组 dt 中进行的。

从 A 行和 B 行的对照可以看出，主函数调用了此子串反序函数 invert，第 1 次调用 i＝0（就是传给 invert 函数参数 x 的为 0，传给 y 的为 5），第 2 次调用 i＝6（就是传给 invert 函数参数 x 的为 6，传给 y 的为 11）。

第 1 次调用函数 invert，将 dt(GoodBookNice)中的子串"GoodBo"反序，反序的结果将该子串变为"oBdooG"，将 dt 改为"oBdooGokNice"。第 2 次调用函数 invert，将 dt (oBdooGokNice)中的子串"okNice"反序，反序的结果是将该子串变为"eciNko"，将 dt 改为"oBdooGeciNko"。

主函数中输出的是反序后的子串（字符间加了逗号），即参考答案所述的结果。

因为 B 行将 i 每次加 6，当 while 循环结束时，i 的值为 12。因此输出了"共进行了 12 次计算。"，其实实际的计算只有两次。

6. 写出执行下面程序的输出结果。

```
#include<iostream.h>
int take(int * a,int * b,int n,void(* g)(int * ,int)){
    int i=0,j=n-1, s=0;
    while(i<n){ s+=a[i];i++;}
    * b=s;
    g(b,4);
```

```
    return i==j;
    }

void pt1(int * w,int n){
cout<<"sum="<< * w<<endl;
    }

void pt2(int * w,int n){
    for(int j=0;j<n-1;j++)cout<<w[j]<<',';
    cout<<w[n-1]<<endl;
    }

void main(){
    int aa[3][4]={3,9,6,12,8,4,7,15,4,5,2,10};
    int tt[6], i, * p;
    p=tt;
    void( * f)(int * w,int n)=pt1;
    for(i=0;i<6;i++)tt[i]=0;
    for(i=0;i<3;i++)
        take( * (aa+i),p+2 * i,4,f);
    f=pt2; p=tt; f(p,3);
    p=tt+4; f(p,3);
    }
```

参考答案：sum＝30
　　　　　　sum＝34
　　　　　　sum＝21
　　　　　　30,0,34
　　　　　　21,0,3

解析：本题比较复杂，主要是涉及到指向函数的指针。

本题有 4 个函数：talk、pt1、pt2 和 main。在主函数中调用 talk 函数，在 talk 中调用 pt1 函数和 pt2 函数。函数 talk 中有一个参数，是一个指向函数的指针，主函数每次调用 talk 函数时，给定这个指针，在函数 talk 中通过这个指针调用预设的函数。

函数 talk 有 4 个参数，第 1 个是指向一维数组的指针，第 2 个是整型指针，第 3 个是数组的元素个数，第 4 个是指向函数的指针。本函数的功能是先计算第 1 个参数所指向的一维数组各元素值的和，然后将此和赋值给第 2 个参数指针所指的变量，再调用 pt1 或 pt2 函数向屏幕输出一些表达式。

主函数先让指向数组的指针分别指向二维数组 aa 的各行，指向函数的指针指向函数 pt1，然后循环 3 次调用函数 talk，计算并输出二维数组 aa 的各行元素的和并输出，因而有参考答案的前 3 行。

主函数接下来让指向函数的指针指向 pt2，指向数组的指针指向 tt，分两次间接调用函数 pt2。第 2 次调用输出 tt 的情况有些复杂，指向数组的指针 p 指向了 tt 的第 4 个元素,然后在 pt2 中输出从这个元素开始的 3 个元素。因为 tt 的最大下标为 5,从第 4 个元素开始只有两个元素(值分别为 21 和 0),tt 中从第 4 个元素算起的第 3 个元素其实已经下标越界。在内存中,数组 aa(定义在前)的地址比 tt 的大,tt 向后越界就进入了 aa 的地址范围,所以指向数组的指针在 tt 中从第 4 个元素算起只能向后移动 3 次,再移动就进入 aa 的地址范围。

4.4.3 完善程序题

1. 下列函数检查给定的字符串左括号和右括号的使用是否合法。判别条件是:左括号的个数应与右括号的个数相同;右括号的个数在任何时候均不得超过左括号的个数;若字符串同时满足上述两个条件,函数返回值 1,否则返回值 0。

```
int check(char * s){
    int lt=0;rt=0;
    while(  ①  )
    {  if(* s=='(') lt=++;
       else if(* s==')')
          { rt++;              //A
            if(  ②  ) return 0;
          }
       (  ③  );
    }
    return(  ④  );
}
```

参考答案: ① * s 或 * s!='\0'   ② rt>lt
③ s++;   ④ lt==rt

解析: ①所在的循环是要把每个字符都检查一次,一直检查到字符串结束符。while(* s)的意思就是只要指针 s 所指向的字符不是字符串结束符,就继续执行循环。

函数中用变量 lt 表示左括号"("的个数,用变量 rt 表示右括号")"的个数。在检查时,考虑每个字符有 3 种可能:左括号、右括号和其他字符。在 A 行处,rt++表示又增加了一个右括号,此时应检查右括号的数量是否多于左括号的数量,再结合题目要求中关于返回 0 指的含义,可以确定②处为 rt>lt。

到了③处,就该换一个字符了,就是指针要指向下一个字符,因此有③处应为 s++。

到了④处,左、右括号的数量已经统计完毕,而且右括号的数目也不比左括号的数量多,此时如果左括号多于右括号,就应该返回 0,如果二者相等,就应该返回 1。综合这两种可能,返回的应该是表达式 lt==rt。

2. 设有下列结构说明:

```
typedef struct node
{   int factor,degree;
    struct node * next;
}NODE;
```

下面函数的功能是建立一个链表，其中 factor 存放正整数 x 的质因子，degree 存放该质因子在 x 中出现的次数。例如：120 可分解为 2 * 2 * 2 * 3 * 5，2 是 120 的一个质因子，出现的次数为 3。

```
NODE * f(int x){
    NODE * p,* q,* r=0;              //p 为链首指针,q 为新节点指针,r 为链尾指针
    int d=2,n=0;
    while(x>1){
        while(x%d&&d<x)d++;          //找出一个因子(如果有的话)
        while(x%d==0){               //计算此因子出现的次数(如果有的话)
            n++;
            ( ____①____ );
        }
        if(n>0){                     //如果找到了一个因子
            ( q=____②____ );
            if(q==0) return 0;
            q->factor=d; q->degree=n;    //将因子和个数存入节点
            n=0;                     //将因子个数清 0,准备处理下一个因子
            if(r==0) p=r=q;
            //如果是第 1 个因子,链首链尾都指向这个节点
            else {                   //如果不是第 1 个因子,就将新节点介入链尾
                ( ____③____ );
                r=q;
            }                        //结束 else
        }                            //结束 if
    }                                //结束 while(x>1)
    ( ____④____ );                   //处理链尾节点指针
    return p;
}                                    //函数结束
```

参考答案：① x=x/d　　　② new node

　　　　　　③ r->next=q　　④ r->next=0 或 r->next=NULL

解析：本题的考点是链表操作和整数的因子分解，属于较难的题。

要想能正确完善该程序，必须了解其算法。从程序的详细注释中，可以大致了解其算法概要。第一步是要找到一个 x 的因子，第二步是计算此因子出现的次数，第三步是将此因子存入新节点中。存完因子后再找下一个因子，周而复始的循环这三步。

①处是要计算当前因子出现次数的，其实就是看 x 能整除几次当前因子，每除一次，计数器 n 就加 1。放在一个循环中，就是 x=x/d。当然，这是在能整除的前提下进行的。

对于②所在代码段，是要将因子存入一个新节点。新节点必须在堆上申请，自然就是 new node。这里没有考虑是否能申请成功，总是假设申请成功。

③处是将新节点链入链表的链尾，链尾的指针是 r，新节点的指针是 q，链入的代码自然就是 r->next=q。存入后，新节点就取代原链尾，就是 r=q。

④处是建立链表结束时的收尾工作，即将链尾节点的指针域置空。常规的做法是

r->next=0 或 r->next=NULL。此做法为链表的其他使用做了准备工作,以后从链首开始,逐个扫描节点时,遇到指针域为空时就知道到了链尾。

3. 下面是一个对 10 个整型数排序的程序。

```
#include<iostream.h>
_____①_____ ;


void main()
{       int a[10]={2,12,4,23,76,45,43,34,1,10},* p;
        sort( _____②_____ );
        for(p=a;p<a+10;)cout<< * p++<<'\t';
        cout<<endl;
        return;
}


void sort(int * p,int n)
{    int i,j, _____③_____ ;
        for(i=0;i<n- 1;i++)
            for( _____④_____ )
                if(* (p+i)> * (p+j))
                { _____⑤_____ ;
                        * (p+i)= * (p+j); * (p+j)=temp;
                }
        return;
}
```

参考答案:① void sort(int * ,int)   ② a,10   ③ temp
④ j=i+1;j<n;j++   ⑤ temp= * (p+i)

解析:此排序使用两个函数来完成。函数 sort 是一个采用选择排序法来排序的函数,因为主函数在前,sort 函数在后,必须要在主函数前面对 sort 函数进行原型声明,由此可知①处为 void sort(int * ,int)。

根据函数 sort 的定义,可知在主函数中调用参数的形式,由此可知②处为 a,10。③处于一个变量定义语句中,它一定是一个变量名,往后观察可知,它应该是 temp。

根据选择排序法的格式,可知它是一个二重 for 循环,内层 for 循环的循环变量初值是外层 for 循环的循环变量的值加 1,终值比外层 for 循环的终值多 1。因而④处的参考答案为 j=i+1;j<n;j++。

交换两个指针变量内容的方法是常规的,可知⑤处应为 temp= * (p+i)。

4. 下面程序的功能是:主函数定义了一个整型数组 data,从键盘上输入一个数 x,调用函数 fsum()判断该数 x 是否在数组 data 中。如果 x 在数组中,则得到 x 在 data 中第一次出现时的下标值 p,同时求出下标从 0 到 p 之间所有元素之和,函数返回 x 的下标值 p;否则,x 不在数组中,函数 fsum()返回-1,主函数提示相应信息。主函数输出计算结果。

```
#include<iostream.h>

int fs(int * a,int n,int x,int &sum){
        sum=0;
        for(int i=0;i<n;i++){
        sum=     ①     ;
        if(x==a[i])     ②     ;
        }
        return- 1;
}

void main(){
    int data[]={12,31,16,28,7,29,35,18,40};
    int x,s,index;
    cout<<"请输入要找的数：";
    cin>>x;
    index=fs(     ③     );
    if(     ④     ) cout<<x<<"不在数组中"<<endl;
    else{
        cout<<     ⑤     <<"是数组中下标为"<<index<<"的元素。";
        cout<<"数组中前"<<     ⑥     <<"项之和为:"<<s<<endl;
    }
}
```

参考答案：① sum+a[i]　　② return i　　③ data,10,x,s
　　　　　　④ index==-1　　⑤ data[index]　　⑥ index+1

解析：对于①处的理解比较简单，它是为 sum 求和的，应该为 sum+a[i]。在②处，已经在数组中找到了要找的 x，按照题目要求，此处应该返回 x 在数组中的下标，因而②处为 return i。

③处为函数实参，根据函数 fs 的形参表。可知它应该是 data,10,x,s。④处处理标记 index，index 用于标记在数组中是否找到 x。根据题目对找不到的描述，可知它为 index==-1。⑤处要表示的是已经找到的那个数组元素，当然就是 data[index]。⑥处要使用的是数组元素的项数，根据 C++ 语言中项数和下标（序号）的关系，可知此项数为 index+1。

5. 设有一个 n 行 n 列的二维数组 data 和两个一维数组 m[n] 和 s[n]，均为整型。sum 函数统计数组 data 中每行偶数的个数并计算每行偶数之和，结果分别存入数组 m 和 s 的相应变量中。设数组 data 中存储的数据是随机的。

```
#include<stdlib.h>
#include<iostream.h>
# define MAX 3

void sum(int a[][     ①     ],int m[],int s[],int n){
```

```
        int i,j,*p;
        p=a[0];
        for(i=0;i<n;i++){
            s[i]=0;m[i]=____②____;
            for(j=0;j<n;j++){
                if( *____③____==0 ) {
                    s[i]+= * (p+____④____ );
                    m[i]++;
                }
            }
        }
}


void main(){
    int data[MAX][MAX],m[MAX],s[MAX];
    int n,i,j;
    n=MAX;
    cout<<"请为 data 数组输入数据:"<<endl;
    for(i=0;i< n;i++)
        for(j=0;j<n;j++)cin>>data[i][j];
    cout<<"各行偶数的个数与和:"<<endl;        //A
    sum(data,m,s,n);
    for(i=0;i<n;i++)
        cout<<____⑤____<<' '<<____⑥____<<endl;
}
```

参考答案:① MAX   ② 0   ③ (p+i*n+j)％2
         ④ i*n+j   ⑤ m[i]   ⑥ s[i]

解析:①处比较简单,作为形参的二维数组只能省略第 1 维,根据主函数中对实参数组的定义,可知①处为 MAX。②处是初始化偶数个数的数组元素的,只能为 0。

③处的计算有点难度。指针 p 的初始值指向是二维数组的 0 行 0 列元素,然后此指针要逐个指向二维数组的每一行的每一个元素。计算指针索引时需要将双下标转换为单索引(下标),根据二维数组中元素是按行排列的规律,可以推断出按行列双下标转换为单一下标的公式为 i*n+j,再将此表达式作为指针索引,就是 p+i*n+j。③处还要判断此指针所指变量是否为偶数,综合起来就有③处为(p+i*n+j)％2。

④处的分析类同于③处。

⑤处和⑥处比较简单,根据 A 行的提示,容易得出参考答案的结论。

4.5   精典算法解析

建立一个无序链表系统。每个节点包含:姓名、学号、数学、英语和 C++ 成绩。

解析:链表系统的功能,应当包括:建立链表、输出链表、删除链表、添加节点、修改节点、删除节点和查找节点等。如果进一步，还可以包括链表排序等。

1. 节点算法

关于节点的算法，有添加节点、修改节点、删除节点和查找节点等。为了说明方便，下面的叙述均假设节点只有一个数据域。对于多数据域的节点，这些算法描述也均适用。

设有如下单向链表：

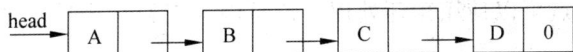

为了叙述方便，下面有时将数据域数据为 D 的节点称为 D 节点，依次类推。

（1）在 C 节点和 D 节点之间添加一个新节点的函数

步骤如下：

① 用 NEW 动态生成一个新节点 p，将数据 E 放入新节点 p 的数据域中。

② 从 head 开始搜索到 C 节点（此操作需要一段代码）。

③ 从 C 节点（地址为 p1）的 link 域里取出 D 节点的地址，赋值给 p2。

④ 断开 C 节点和 D 节点的联系。代码可以为 p1-> link＝NULL。

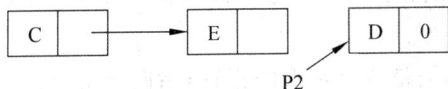

⑤ 将新节点 p 接在 C 后面，就是在 C 节点的 link 域填入指针 p。

⑥ 再将 D 接在新节点 E 后面，就是将 p2 填入 p 的 link 域。

⑦ 在链表中插入一个节点，如果是插在第一个节点之前，就会改变 head 的值，因此此函数必须返回一个新的 head。也就是说此函数的返回值必须是节点类型的指针。

（2）删除一个指定节点 C 的函数

步骤如下：

① 从 head 搜索到 C 节点的前一个节点 B（地址设为 p1）。

② 从 C 节点（地址设为 p）的 link 域找到 D 节点（地址设为 p2）。

③ 将 D 节点的地址直接放入 B 节点的 link 域中。

④ 用 Delete 回收 C 节点。

⑤ 由于删除的节点有可能是第一个节点，也会改变 head 的值，此函数的返回值必须是节点类型的指针。

（3）查找一给定的节点 x 的函数

从 head 起找到第一个节点（当前节点），查看其数据域数据是否为要找的，如果是，查找成功。如果不是，就依据当前节点的 link 域指针找到下一个节点，再核对其数据域数据，依次类推，直到找到（或找遍整个链表也没找到）为止。

查找到节点后，应该返回其地址，找不到返回 NULL 地址。因此函数的返回值应该是节点类型的指针。

2. 链表算法

（1）创建链表的函数

本函数没有调用插入节点的函数，为的是体现另一种算法。

创建一个链表，就是逐个向链表中添加节点。链表的第一个节点称为链首节点，简称链首；正在添加的节点称为当前节点；链表的最后一个节点称为链尾节点。链首节点需要单独处理，其他的节点可以使用循环处理。这是因为对第一个节点的处理和对其他节点的处理有所不同。

在链尾加入一个节点的步骤很简单：申请一个节点 p1；在 p1 节点的数据域中输入数据；将 p1 链接到链尾 p2 中。用代码表示如下：

```
p1=new node;          //申请节点
cin>>p1->data;        //输入数据
p2->link=p1;          //接入链尾
```

控制循环结束可以使用"标记法"，即输入一个特殊的数据来表示创建结束。由于是先申请节点后输入数据，因此创建结束时的那个节点的数据是无效的，需要将这个节点释放回收。

这个函数的返回值必须是节点类型的指针，指向该链首。

（2）删除链表的函数

删除链表就是从链首节点开始，逐个删除每一个节点，直至链尾。在删除一个节点前，需要把该节点 link 域中的指针（即下一个节点的地址）保存起来。这个函数比较简单。

因为链表删除后就什么都不存在了，此函数的返回值类型为 void。

（3）输出链表的函数

输出链表就是从链首节点开始，逐个节点输出其数据域中的数据，直到链尾。每输出一个节点的数据后，就取出其 link 域中的指针，并将该指针所指的节点作为当前节点，循环直至链尾。

输出链表不改动链表的任何内容，返回值类型为 void。

3. 参考程序代码

本代码段中关于节点的设置和前面算法描述中节点有些不同，就是数据域多些。但是仍然可以看得明白。程序中加了大量的注释，有助于读者阅读。清华大学出版社网站上本书附带的软件上有此代码。

4.6 同步练习

4.6.1 选择题

1. 有关指针的说法中，_____ 是错误的。

A. 赋予一个指针变量的值只能是一个在有效范围内的地址

B. 只有先定义一个基本类型的变量,然后才能定义指向该变量的指针

C. 一个指针变量的值可以是 NULL

D. 对指针变量可以进行关系运算和逻辑运算

2. 有关内存分配的说法中,_____是错误的

   A. 指针变量可以保存动态分配的存储空间

   B. 用 new 为指针变量分配的存储空间在堆区

   C. 数据元素存储在堆区的数组在建立时就被初始化(清零)

   D. 指向静态变量的指针不必用 delete 释放

3. 设有声明:int a[][4]={10,9,8,7,6,5,4,3,2,1},* p= *(a+1);
   以下可得数值为 3 的表达式是_____。

   A. p+=2,* p++   B. p+=2,*(p++)

   C. p+=2,* ++p   D. p+=2,++ * p

4. 设函数声明语句中的参数表为(int &a,int &b,int C),函数体中 a、b、C 三个变量
   的值都发生变化;主函数中调用此函数的实参表为(x,y,z),调用函数语句执行
   后,以下叙述正确的是_____。

   A. 变量 x 和 y 的值发生变化   B. 变量 x 和 y 的值不发生变化

   C. 变量 x、y、z 的值都发生变化   D. 只有变量 z 的值发生变化

5. 运行以下程序时,函数 fun() 的返回值是_____。

   A. 数据 99   B. 形参 a 的地址

   C. 变量 x 的地址   D. 变量 t 的地址

   ```
   int * fun(int * a)              void main()
   {int * t;* a=99;t=a;return t;}  {int x,* y; y=fun(&x);}
   ```

6. 设有声明:struct{int x,y;}s[2]={{1,2},{3,4}},* p=s,* q=s;则表达式
   ++p->x 和 (++q)->x 的值依次是 _____。

   A. 1 1   B. 3 3   C. 1 3   D. 2 3

7. 对于下列指针运算,正确的是_____。

   A. int * p;p++;

   B. int x=5;int * p;p=x;

   C. int x=5;int * p=&x;

   D. int x=5;int * p;p=&x;p++;,则 p 的值一定为 5

8. 若有以下声明和定义,则在必要的赋值之后,对 myfun 函数不正确的调用语句
   是 _____。

   ```
   void main(){
       int * b,arr[10],c;
       ⋮
   }
   myfun(int * p){
   ```

$\vdots$

```
}
```

A. myfun(&c);   B. myfun(b);

C. myfun(arr[0]);   D. myfun(arr);

9. 若有声明 char * s[]={"234","5678","9012","3456","7890"};,则表达式
   * s[1]> * s[3]比较的是 _____。

A. "1234"和"9012"   B. '5'和'3'

C. '1'和'9'   D. "5678"和"3456"

10. 设 s 和 t 分别为指向两个长度相同的字符数组的指针,则循环语句 while(____);
    可以正确实现字符串 t 和 s 进行比较功能。循环结束后检查字符串是否到达结
    束符即知。

A. *s== * t&& * t!=0   B. s++==t++ && * t!=0

C. *s++== * t++   D. *(++s)== * (++t)

4.6.2 阅读程序题

1. 下列程序的输出结果是 _____。

```
#include<iostream.h>
    void main(){
    int a[3]={0,1,2}, * p=&a[1];
    cout<< * (p+1);
}
```

2. 阅读下列程序,指出运行结果。

```
#include<iostream.h>
struct book{
    int id;
    char name[40];
};

void main(){
    book book1={1," C++  programing parse"}, * p;
    p=&book1;
    cout<<p->name<<'\n';
}
```

3. 下列程序执行后第一行、第二行结果分别是 _____。

```
    #include<iostream.h>
    void swap(int * a,int * b){
        int * p;
        p=a; a=b; b=p;
        cout<< * a<<"和"<< * b<<'\n';
```

```
    }
    void main(){
        int x=3,y=4;
        swap(&x,&y);
        cout<<x<<"和"<<y<<'\n';
}
```

4. 下列程序执行后结果分别是 _____。

```
#include<iostream.h>
void fun1(int * s,int x,int y){
    * s=x+y;
    x++;y++;
}


void fun2(int * s,int x,int y){
    * s+=x * y;
}


void main(){
    int x=3,y=4,z=5, * p;
    void(* pf)(int * ,int,int);
    pf=fun1;
    (* pf)(&z,x,y);
    cout<< "x="<<x<<" y="<<y<<" z="<<z<<endl;
    pf=fun2;
    p=&z;
    (* pf)(p,x,y);
    cout<< "x="<<x<<" y="<<y<<" z="<<z<<endl;
}
```

5. 写出执行下面程序的输出结果 _____。

```
#include<iostream.h>
char * readstr(char * a,int &k,int m,int n){
    char * s, * p;
    int i=0;
    s=new char[n];
    p=a+k;
    while(i<m){
        s[i]= * p;
        p++;i++;
    }
    s[i]='\0';
    return s;
}
```

```
void main(){
        char * t,d[15]="JiangsuNanjing";
    int i=0,k=3,n=12;
    while(k<6){
        t=readstr(d,k,n/2,12);
        cout<<t<<endl;
        k+=2;
    }
}
```

6. 使用以下程序求三角函数的值,请计算 x 为 45°时的函数值。

```
#include<iostream.h>
#include<math.h>
double func(double(* f)(double),double y){
    return(* f)(y);
}
void radian(double &x){
    x=3.1415926/180.0 * x;
    return;
}
void main(){
    double sin(double),cos(double);
    double x,s;
    cout<<"请输入一个角度值 x=";
    cin>>x;
    radian(x);
    s=func(sin,x);
    cout<<"x 的正弦值为: "<<s<<endl;
    cout<<"x 的余弦值为: "<<func(cos,x)<<endl;
}
```

4.6.3 完善程序题

1. 以下程序是在给定的字符串 s 中统计并返回某个字符 c 出现的次数,并把自此字符最后一次出现后的余串输出。

```
#include<iostream.h>
int strfind(char * &s,char c){
    int num=0;
    char * p;
        while(* s){
            if( ___①___ ==c){
            num++;
            p=s;
```

```
            }
        }
    s=p;
                _____②_____ ;
}

void main(){
    int num;
    char s[20],c, * p=s;
        cout<<"请输入一个字符串: ";
        cin>>s;
        cout<<"\n请输入一个被查找的字符: ";
        cin>>c;
    if(num=strfind(p,c)){
        cout<<"字符"<<c<<"在字符串"<<s<<"中出现的次数为: "<<num<<'\n';
        cout<<"余串: "<<_____③_____ <<endl;
    }
    else cout<<"串: "<<s<<"中无字符: "<<c<<'\n';
}
```

2. 有 10 人参加期中考试,学号分别为 1,2,3…10。考试科目有语文、数学、政治,各科及格者的名单如表 4-1 所示。要求统计出三门课全都及格的学生代号。

以下程序中,数组 a 存储表中全部数据,数组 b 存储三门课全及格的学生代号。请完善程序。

表 4-1 考试成绩名单

语文	1,2,4,5,6,7,8,9
数学	2,3,4,5,7,10
政治	2,3,1,5,7,8,9

```
#include<iostream.h>
void input(int * p, _____①_____ )
{
    for(int i=0;i<n;i++){
        * p=0;
        p++;
    }
}

void count(int a[], int b[], int m, int n)
{
    for(int i=0; i<m; i++)
        b[a[i]]=_____②_____ +1;
```

```
        for(int j=0; j<n; j++)
            if(b[j]==3) cout<<_____③_____  <<endl;
    }
    void main(){
        int b[10], a[20]={1,2,4,5,7,8,9,2,3,4,5,7,10,2,3,1,5,7,8,9};
        int m=20, n=10;
        input(b, n);
        count(_____④_____);
    }
```

3. 设计一程序,输入两个字符串,把这两个字符串拼成一个新的字符串,然后输出这3个字符串。

```
#include<iostream.h>
char * copy(char * to,char * from){  //复制字符串 from 到字符串 to
    char * p=to;
        while(* to++=_____①_____);
        return p;
}


char * stringcat(char * to,char * from){
//将字符串 from 拼接到字符串 to 的后面
    char * p=to;
    while(* to++);
    _____②_____ ;
    while(_____③_____ = * from++);
    return p;
}


void main(){
    char s1[100],s2[100],s3[200];
    cout<<"输入第一个字符串:";
    cin.getline(s1,100);
    cout<<"输入第二个字符串:";
    cin.getline(s2,100);
    copy(s3,s1);
    cout<<"s1="<<s1<<'\n';
    cout<<"s2="<<s2<<'\n';
    cout<<"拼接后的字符串为:"<<stringcat(s3,s2)<<'\n';
}
```

4. 设计一程序,将输入的一个字符串按逆序输出。

```
#include<iostream.h>
char * flip(char * ptr){
        char * p1,* p2,temp;
```

```
            p1=p2=ptr;
            while(* p2++);
            _____①_____ ;
        while(p1<p2){
            temp=* p2; * p2-=* p1;  _____②_____ ;
        }
        return ptr;
    }


void main(){
    char str[200];
    cout<<"输入一个字符串：";
    cin.getline(str,200);
    cout<<str<<'\n';
    cout<<flip(str)<<'\n';
}
```

5. 输入一个字符串，串内有数字和非数字字符。例如：abc2345 345rrf78 jfkld945。
将其中连续的数字作为一个整数，依次存放到另一个整型数组 b 中。如对于上面的
输入，将 2345 存放到 b[0]、345 放入 b[1]…统计出字符串中的整数个数，并输出这些整
数。要求在主函数中完成输入和输出工作。完善下面的函数。

```
# include<iostream.h>
int cton(char * p1,int * p){        //转换函数,返回值是提取数字的个数
    int m,n=0;
    char c;
    while( _____①_____ )
        if(c>='0'&&c<='9'){         //遇到了一串数字的第一个
            _____②_____ ;        //将这个字符转换为一位数字
            while((c=* p1++)&&c>='0'&&c<='9')m=m* 10+(c- 48);
            //将这一串数字字符都转换为数字
            p[n]=m;                 //将转换好的字符放入数组
            _____③_____ ;        //提取出的数字增加 1
        }
    return n;
}


void main(){
    int i,n,a[20];
    char p[200];
    cout<<"请输入带有数字的字符串：";
    cin.getline(p,200);
    n=cton(p,a);
    cout<<"\n 字符串："<<p<<"中包含 "<<n<<"个数字：\n";
```

```
for(i=0;i<n;i++)cout<<a[i]<<'\t';
    cout<<endl;
}
```

4.7 同步练习参考答案

选择题答案

1. D   2. C   3. C   4. A   5. C   6. D   7. C   8. C   9. B
10. C

阅读程序题答案

1. 2
2. C++ programing parse
3. 4 和 3   3 和 4
4. x=3   y=4   z=7
   x=3   y=4   z=19
5. ngsuNa   SuNanj
6. x 的正弦值为：0.707107
   x 的余弦值为：0.707107

完善程序题答案

1. ① ﹡s++   ② return num   ③ p
2. ① int n   ② b[a[i]]   ③ j   ④ a,b,m,n
3. ① ﹡from++   ② to--   ③ ﹡to++
4. ① p2-=2   ② ﹡p1++= temp
5. ① c=﹡pq++   ② m=c-48   ③ n++

第 5 章　C++ 语言基础的综合训练

5.1　习 题 解 析

5.1.1　阅读程序并填空

1. 下列程序的输出结果是_____。

```cpp
#include<iostream.h>

void main(){
    char ch[2][5]={"6934","8254"}; char * p[2]; int i,j,s=0;
    for(i=0;i<2;i++)p[i]=ch[i];
    for(i=0;i<2;i++)
        for(j=0; p[i][j]>'\0'&&p[i][j]<='9';j=2 )          //A
            s=10 * p[i][j]---'0';                           //B
    cout<<s<<endl;
}
```

参考答案：－38

解析：本题的考点是指针数组和字符与其代码的转换。使用指针数组来处理二维字符数组。理解本题有一定难度。

本题定义了一个二维字符数组 ch 和一个指针数组 p，让 p 的每一个元素指针对应指向 ch 的行地址（p 的第 0 个元素指针指向 ch 的第 0 行，依次类推）。

A 行的循环由于 for 循环的表达式 3 为 j＝2，表达式 2 中的字符 p[i][j]位置固定，很容易造成死循环。这个死结通过 B 行得以很巧妙地解决。

B 行的表达式 10 * p[i][j]---'0'的计算颇为精致，它的执行过程是这样的：首先将字符 p[i][j]转换为对应的 ASCII 代码，然后将此代码乘 10，再减去字符"0"的 ASCII 代码（为 48），最后执行 p[i][j]--（字符 p[i][j]的代码--）。

也就是"p[i][j]--"起着关键作用，因为 i 和 j 的值不变，因此在"for (j=0;…)"循环中每次"--"的都是同一个字符（i＝0 时是 p[0][2]，i＝1 时是 p[1][2])。不管它们原来是什么字符，经过不断的"--"后，最终都变为"0"。

而 s 的值随着字符 p[i][j]的变化也在不停地变化,循环"for(j=0;…)"结束的条件是 "p[i][j]>'\0'",也就是字符 p[i][j]的代码为 0。

s 的最后一次取值是 p[i][j]变为"\0"的前一次,也就是 p[i][j]的 ASCII 码为 1 时, 这时 s 的值为 10 * 1－48=－38。for(i=0;…)循环了 2 次,每次所计算出的 s 都是－38,屏 幕输出的是后一次,也就是 i=1 时所计算出的 s。

2. 写出以下程序执行时的屏幕输出。

```cpp
# include<iostream.h>
int sum(int p[],int * w,int n){
    int i,s=0,m=0;
    for(i=0;i<n;i++){
        s+=p[i];
        if(p[i]>m){
            m=p[i];       * w=i;
        }
    }
    return s;
}
void main(){
    int aa[3][3]={2,4,8,7,5,3,2,6,9};
    int row[3],col[3]={0,0,0};
    for(int i=0;i<3;i++){
        row[i]=sum(aa[i],col+i,3);
        cout<<"row("<<i<<")="<<row[i]<<endl;
    }
    for(i=1;i<3;i++)
        cout<<"第"<<i<<"行位置："<<col[i]<<endl;
    return;
}
```

参考答案：row(0)=14

row(1)=15

row(2)=17

第 1 行位置：0

第 2 行位置：2

解析：本题的考点是指针作为参数的函数调用。

本题有两个函数,函数 sum 有 3 个参数,第一个为一维数组,第二个为指针,第三个 指出第一个参数数组的大小。函数 sum 的功能是求一维数组各元素的和(s)及数组中最 大元素(值为 m)的下标(* w)。s 的值通过 return 语句传回主函数。

因为形参指针等于实参指针,即形参指针和实参指针指向同一个变量(主函数中的 col[0]、col[1]和 col[3]),因此在函数 sum 中对形参指针内容 * w 的赋值就是对主函数中数组 col 诸元素的赋值。这样就巧妙地通过指针传递的方式把多个值传回了主函数。

主函数中定义了 3 个数组：aa、row 和 col。主函数通过一个循环,将二维数组 aa 每行元素值的和,调用函数 sum 计算并通过函数值传回存放于一维数组 row 的各元素中。同时通过函数 sum 找出 aa 数组每行中最大元素所在的列下标,通过指针传回存放于一维数组 col 的各元素中。

显然,aa 各行元素值的和分别为：14、15 和 17,因此在屏幕上有参考答案所述的输出。主函数只输出了 aa 的 1 行和 2 行最大元素所在的列下标,对照 aa 的定义,很容易知道有参考答案给出的两行输出。

3. 运行以下程序时,如果从键盘输入 ABCDE<回车>,则输出结果为_____。

```cpp
# include<iostream.h>
func(char str[],int num){
    while(* (str+num ))num++;
    return(num);
}
void main(){
    char str[10], * p=str;
    cin>>p;cout<< func(p,0);
}
```

参考答案：5

解析：在本题的假设中,函数 func 收到的实参是字符串"ABCDE"和数字 0。在循环语句 while 中,表达式 *(str+num) 中的 num 依次为 0、1、2、3、4、5,共 6 次,*(str+num) 依次为'A'、'B'、'C'、'D'、'E'、'\0'。前 5 次循环 num 都加了 1,最后 1 次因为循环条件表达式的值为"\0"而结束,num 没能加 1,因而函数返回的是 5。

5.1.2　完善程序题

1. 下面的程序打印杨辉三角形的前 10 行。

杨辉三角形的前 10 行如下所示：

```
                1
              1   1
            1   2   1
          1   3   3   1
        1   4   6   4   1
      1   5  10  10   5   1
    1   6  15  20  15   6   1
  1   7  21  35  35  21   7   1
1   8  28  56  70  56  28   8   1
1   9  36  84 126 126  84  36   9   1
```
 ____①____

```cpp
# include <iomanip.h>
# define N 11
```

```
void main(){
    int i,j;
    int a[N+1][N+1];
    for (i=1;i<=N;i++){
        a[i][i]=1;      //A
        ____②____ ;
    }
    for (i=2;i<=N;i++)
        for (j=2;j<1;j++)____③____ ;
    for (i=1;i<N;i++)
    {   j=N-i;
        while (j>0){cout<<' '; j--;}
        for (j=1;j<=i;j++)cout<<setw(4)<<____④____ ;
        cout<<'\n';
    }
    cout<<'\n';
}
```

参考答案：① ＃include<iostream. h>　　　　② a[i][1]=1

③ a[i][j]=a[i-1][j-1]+a[i-1][j]　　④ a[i][j]

解析：杨辉三角形有两个特点：一是两个边上的值均为1；二是三角形内部的每个元素值均为其两个肩膀上元素值之和。

A行是在对三角形的"右腰"元素赋值，②处是对"左腰"元素赋值，就是 a[i][1]=1。

③处是对三角形内部各元素赋值的，根据"双肩"元素的表示规则，就是答案 a[i][j]=a[i-1][j-1]+a[i-1][j]。

④处是输出杨辉三角形各元素的，就是 a[i][j]。

2. 下面程序中的函数 substr 将字符串 s1 中所包含的第一个子字符串 s2 删除。如果 s2 包含在 s1 中，则函数返回值就是从 s1 的字符串中删除第一个 s2 后的字符串。如果 s1 中不包含 s2，则返回一个空指针。

例如 s1 字符为"abcdefg"，s2 字符串为"def"，则返回值为"abcg"。

```
# include<iostream.h>
# include< string.h>
char * substr(char * s1,char * s2){
    char * t, * p1=s1, * p2;
    int i=0,len=strlen(s2);
    if(p2=____①____){            //如果 s1 中包含 s2
        t=new char[strlen(s1)-len+1]; //申请堆空间
        while(p1<p2)             //此循环将 s1 中的 s2 之前的字符复制到新对象中
            ____②____ ;
        p1+=len;                 //移动指针到 s1 中 s2 之后的位置
        while(t[i++]= * p1++);    //A
```

```
        //将 s1 中 s2 之后的字符添加复制到新对象中
    }
    else {    //如果 s1 中不包括 s2,就将 s1 整个的赋值到新对象中
        t=new char[strlen(s1)+1];
        strcpy(t,s1);                    //赋值字符串
    }
        ③   ;
}
void main(){
    char ch1[20],ch2[10],* p1;
    cout<<"请输入母串: ";
    cin>>ch1;
    cout<<"\n 请输入子串: ";
    cin>>ch2;
    p1=substr(ch1,ch2);
    if(p1!=NULL)cout<<p1<<'\n';
    else cout<<"母串"<<ch1<<"中没有子串"<<ch2<<endl;
}
```

参考答案：① strstr(s1,s2)　　② t[i++]=* p1++　　③ return t

解析：在①处,判断 s1 中是否包含 s2,本来使用函数 strstr 就可以了,因为如果包含,要将子串在母串中的位置指针赋值给 p2,所以将这两个要求结合在一起就有 p2=strstr(s1,s2)。

赋值字符的操作应该是：源指针(p1)和目标指针指向开始的位置;复制一个字符;指针向后移动一个字符位置。循环下去,一直到源指针移动到 p2 位置为止。这里目标采用的是字符数组形式,指针移动用下标增值来实现,这就是 t[i++]=* p1++。类似的边复制边移动的例子还有 A 行。

函数 substr 的返回值是一个字符指针,该指针指向一个"差串",t 就是这样一个指针。

5.1.3　改错题

1. 下列程序用来向已有 n 个已排序的元素的数组 x 中插入一个数 key,插入 key 后使数组 x 保持仍然有序。使用的方法为前插法。

此程序存在一些错误,要求将错误找到并改正,只允许在原语句上进行修改,可以增加个别说明语句,但不能增加或删除整条程序语句或修改算法。

```
# include<iostream>                    //A
void sort(int x[],int n,int key);
{
    for(int i=0;i<n;i++)              //找出 key 要插入的位置 i
        if(key<=x[i]) return;         //B
    if(i=n) x[n]=key;                 //C
    //如果 key 大于数组 x 中的每一个数,则将 key 插入到位置 n
```

```
        else{
            for(int j=n;j>i;j--)                    //空出位置 i
                x[j]=x[j-1];
            x[i]=key;                               //在 i 位置上插入数 key
        }
}

void main(int){
    int i,y[20]={1,3,5,7,9,11,13,15,17,19};
    cout<<"插入 12 前的十个数为：";
    for( i=0;i<10;i++)cout<<x[i]<<" ";    //D
    cout<<endl;
    sort(y,10,12);
    cout<<"插入 12 后的十一个数为：";
    for( i=0,i<11;i++)cout<<y[i]<<" ";
    cout<<endl;
}
```

　　参考答案：① A 行,改"iostream"为"iostream. h"
　　　　　　　② B 行,改"return"为"break"
　　　　　　　③ C 行,改"i=n"为"i==n"
　　　　　　　④ D 行,改"x[i]"为"y[i]"

　　解析：本题的插入算法为：将 key 与数组中的每一个元素从前往后依次比较,若小于或等于某一元素,则将 key 插入到该元素的前面。例如：欲在 1、3、5、7、9 中插入数值 8,将 8 与 1~9 的每个数比较,由于 8 小于 9,则应插到 9 的前面。插入步骤分为三步：第一步,找出 key 要插入的位置;第二步,将此位置空出来;第三步,将 key 插入到此位置。

　　A 行是一个语法错误,容易看出。D 行类似,误将数组 y 写成了 x。

　　B 行是逻辑错误,该循环是找一个适合插入的位置,找到后应该停止查找,使用了 return 意即找到后什么也不做,改成 break 符合题意。

　　C 行是语法错误,判断相等应该使用运算符"=="。

　　2. 求二维数组的鞍点及其所在的行号和列号。二维数组的鞍点是指该元素在其所处行上最大,且在其所处列上最小。算法是：先求出第 i 行的最大值,(i=0,1,2,…,M−1),M 是二维数组的行数,然后再判断该最大值在它所在的列中是否为最小值。其中函数 int saddle(int a[3][4],int &row,int &col),通过第二个、第三个参数带回鞍点所在的行号和列号,如果有鞍点,函数返回 1,否则返回 0。

　　以下是程序正确的运行结果：

```
1 2 6 4
3 2 5 3
4 8 6 7
row=1,col=2
value=5
```

含有错误的源程序如下：

```cpp
# include <iostream.h>
int saddle(int a[3][4],int &row,int &col){
    int i,j,flag,max;
    for(i=0;i<3;i++){
        max=a[i][0];
        col=0;
        for(j=1;j<4;j++)              //A
            if(a[i][j]>max)
                max=a[i][j];col=j;    //B
        flag=0;
        for(j=0;j<3;j++)
            if(max<a[j][col])         //C
            {  flag=1;break;}
        if(flag=0)                    //D
        {  row=i;return(1);}
    }
    return(0);
}

void main(){
    int a[3][4]={{1,2,6,4}{3,2,5,3}{4,8,6,7}};
    int i,j,row,col;
    for(i=0;i<3;i++){
        for(j=0;j<4;j++)cout<<a[i][j]<<'\t';
        cout<<endl;
    }
    if saddle(a,row,col){
        cout<<"row="<<row<<','<<"col="<<col<<endl;
        cout<<"value="<<a[row][col]<<endl;
    }
    else cout<<"Not found! \n";
}
```

参考答案： ① A 行，改"for(j= 1;j< 4;j++)"为"for(j= 0;j< 4;j++)"
　　　　　② B 行，改"max= a[i][j];col= j;"为"{max= a[i][j];col= j;}"
　　　　　③ C 行，改"max< a[j][col]"为"max> a[j][col]"
　　　　　④ D 行，改"if(flag= 0)"为"if(flag==0)"

解析： A 行的 j＝1 将会漏掉第 0 列。B 行少了花括号将不能记录行最大值所在的列号。C 行使用小于号(<)测试的是行最大值是否也是所在列的最大值。D 行是语法错误。

本题使用了函数参数的引用传递。

5.1.4 算法解析

1. 用迭代法编程求 $x=\sqrt{a}$,求平方根的迭代公式为

$$x_{n+1} = \frac{1}{2}\left(x_n + \frac{a}{x_n}\right)$$

解析:使用 C++ 语言来实现数学上此类迭代公式是有一定定式的。编程时有两个要点:一是设置结束条件的循环(一般使用 do 或 while),二是变量迭代。在数学上计算时,可以使用 $x_0,x_1,x_2,\cdots,x_n,x_{n+1}$ 等多个变量。但是从编程的角度看,只要两个变量 x0 和 x1 就够了,x0 用来表示计算前项(相当于迭代公式中的 x_n),x1 表示计算后项(相当于迭代公式中的 x_{n+1})。在计算 x1 时,x1 就是后项,计算完毕,它立刻又成为前项(x0=x1),这就是所谓的"变量迭代"。这样的迭代在编程中经常使用。

本例中的循环结束条件是 $|x_{n+1}-x_n|<\varepsilon$($\varepsilon$ 是一任意小的正数),此条件用 C++ 语言来表示就是 fabs(x1-x0)<EP,fabs 是定义在头文件 math.h 中一个求绝对值的函数,EP 是一个常数。

使用迭代法时,首项 x0(称为初值)不是计算出来的,需要指定。指定初值时要注意所指定的值对本迭代公式是否有意义,例如本例中就不能指定 x0 为 0,因为有 a/x0 存在。本例中指定其值为 0.5。

本例中使用了函数 fabs,因而包含了头文件 math.h,因为使用函数 setprecision 指定了输出精度,又包含了头文件 iomanip.h。

根据上述解析所设计的程序代码如下:

```
#include<iostream.h>
#include<iomanip.h>
#include<math.h>
#define EP 1e-8

void main(){
    double x0,xn=0.5,x;      //为了迭代方便,初值要先赋值给后项 xn
    cout<<"x=";
    cin>>x;
    do{
        x0=xn;
        xn=0.5*(x0+x/x0);
    }while(fabs(xn-x0)>EP);
    cout<<"xn="<<setprecision(20)<<xn<<endl;
}
```

2. 统计数字和串中 0 的个数以及各位数字的最大值。

解析:本程序统计一个数据中各位数字值为 0 的个数,以及各位数字的最大值。例如,若输入字符串"abc103de4060x",则数字值为 0 的个数为 3,各位上数字值最大的是 6。

要求可以统计的数据类型包括整数、实数(包括小数部分 0 的个数)、复数(实部和虚

部合成统计)和字符串。

编写函数 fun,用来统计整数中各位数字值为 0 的个数,通过引用类型的形参传回主函数,找出该整数中各位上最大的数字值作为函数值返回。

为了处理不同的数据类型,fun 函数有 5 种重载形式。

参考代码如下,注意阅读其中的注释。

```cpp
# include<iostream>
# include<cmath>
using namespace std;
struct complex{
    double real,image;
};

int fun(int n,int &zero){          //完成统计功能的函数,引用作形参,传回统计结果
    int count=0,max=0,t;
    do{
        t=n%10;                    //由低位开始逐个取出各位数字
        if(t==0)                   //如果该位为 0,则计数
            count++;
        if(max<t)max=t;            //max 始终保持当前找到的最大值
        n=n/10;
    }while(n);
    zero=count;
    return max;                    //返回最大值
}

int fun(double d,int &zero){       //重载函数,统计双精度数据
    int n;
    while(d!=int(d))d*=10;         //连续乘 10,直到所有小数成为整数
    n=int(d);
    return fun(n,zero);            //调用重载函数 fun(int,int&)完成统计,返回最大值
}

int fun(complex c,int &zero){      //重载函数,统计复数
    int d,zero1,max,max1;
    max1=fun(c.real,zero1);        //调用重载函数 fun(int,int&)统计实部
    max=fun(c.image,zero);         //调用重载函数 fun(int,int&)统计虚部
    zero+=zero1;                   //计算实部 0 个数和虚部 0 个数之和
    return (max>max1? max:max1);
}

int fun(char * p,int &zero){       //重载函数,统计字符串
    int max=0;
    zero=0;
```

```
    while(* p){
        if(* p=='0')zero++;
        if(* p>='0'&&* p<='9')
            if((* p-'0')>max)max=* p-'0';
        p++;
    }
    return max;                        //返回最大值
}
void main(){
    int inum, zero,max;
    double dnum;
    char cnum[40];
    complex c;
    cout<<"输入一个整数: ";
    cin>>inum;
    cout<<"输入一个实数: ";
    cin>>dnum;
    cout<<"输入一个复数(实部  虚部): ";
    cin>>c.real>>c.image;
    cout<<"输入一个字符串: ";
    cin>>cnum;
    max=fun(inum,zero);
    cout<<"\n整数 "<<inum<<" 的结果为: max="<<max<<" zero="<<zero;
    max=fun(dnum,zero);
    cout<<"\n实数 "<<dnum<<" 的结果为: max="<<max<<" zero="<<zero;
    max=fun(c,zero);
    cout<<"\n复数 ("<<c.real<<','<<c.image<<") 的结果为: max="<<max
    <<" zero="<<zero;
    max=fun(cnum,zero);
    cout<<"\n字符串 "<<cnum<<" 的结果为: max="<<max<<" zero="<<zero;
}
```

5.2 同步练习

5.2.1 阅读程序题

1. 有下列程序,则程序的运行结果是_____ _____。

```
# include<iostream.h>
void main(){
    int i, * i_pointer=&i;
    i=10;
    cout<<"Output int i="<<i<<endl;
    cout<<"Output int pointer i="<< * i_pointer<<endl;
```

```
}
```

2. 阅读下列程序,指出运行结果。

```cpp
#include<iostream.h>
 int add(int a,int b){return a+b;}
 int max(int a,int b){return (a>b? a:b);}
void main(){
    int x,(*p)(int,int);            //定义了一个指向函数的指针 p
    p=add;                          //将函数 add 的入口地址赋给 p
    x=(*p)(10,20);                  //调用指针 p 所指向的函数
    cout<<x<<endl;
    p=max;                          //将函数 max 的入口地址赋给 p
    x=(*p)(10,20);
    cout<<x<<endl;
}
```

5.2.2　完善程序题

1. 用递归方法求两个数的最大公约数。

```cpp
#include<iostream.h>
long gcd(int,int);
void main(){
    long x,y;
    cout<<"x,y=";
    cin>>x>>y;
    cout<<"x,y=="<<____①____<<'\n';
    cout<<4%5<<5%4<<'\n';
}
long gcd(int x,int y){
    if (x%y==0) return y;
    return gcd(y,____②____);
}
```

2. 若正整数 n 是它平方数的尾部,则称 n 为同构数。例如,6 是其平方数 36 的尾部, 76 是其平方数 5776 的尾部,6 与 76 都是同构数。找出 1000 以内的所有同构数。

```cpp
#include<iostream.h>
#include<math.h>
const int N=1000;
void main(){
    int i,j,m;
    float x;
    for(i=10;i<N;i++){
        x=____①____;            //同构数的平方根必然是整数
```

```
        if(x==int(x)){              //如果其平方根是整数
            k=i;j=10;
            while(j<i){             //因为不知尾部数字有几位数字,就进行逐位试探
                m=_____②_____;    //取出尾部 n 位数字 (n=1,2)
                if(m==x)cout<<i<<"是同构数! \t";
                _____③_____;
            }
        }
    }
    cout<<'\n';
}
```

5.2.3　改错题

1. 以下程序为字符串升序排序。在程序中用一组指针指向一组字符串,用交换指针而不是交换字符串的方式来排序。程序中存在错误,请改正。

```
# include<iostream.h>
# include<string.h>
void main(){
    char * str[5],p;          //* str[5]为指针数组,每个元素是字符型指针
    int i,j,k;
    for(i=0;i<5;i++){         //输入 5 行字符串
        cout<<"String"<<i+1<<": ";
        str[i]=new char[100];
        cin.getline(str[i],100);
    }
    for(i=0;i<4;i++){
        k=i;
        for(j=i+1;j<5;j++)
            if(strcmp(str[k],str[j])>0) k=j;
            if(k==i){
                p=str[k]; str[k]=str[i]; str[j]=p;
            }
    }
    cout<<"Output: "<<endl;
    for(i=0;i<5;i++){         //输出排序后的字符串
        cout<<str[i]<<endl;
        delete []str[i];
    }
}
```

2. 这是一个删除有序数组中元素的程序,程序中的函数 sub(float &p,float x)用于

把数组中的数 x 删除,数 x 删除后,数组还应保持有序。

含有错误的源程序如下:

```
# include< iostream.h>
void sub(float * p,float x){
    while(p!=x&& * p!=0)p++;
        //查找 x,如果指针 p 指向的内容不是 x,继续往后查找
    if(* p=x){                    //如果找到,即 p 指针所指向的内容和 x 相同
        while(* p){               //后面的数往前移动一个数字
            * p= * (p-1);
            p++;
        }
    }
}
void main(){
    float x,f[20]={2,4,6,8,10,12,14,16,18};
    int j=0;
    cin>>x;                       //输入数据为 0 时程序结束
    while(x!=0){                  //可以连续删除多个数字
        sub(f[],x);
        cin>>x;
    }
    for(j=0;j<20;j++)
        cout<<f[j]<<'\t';
    cout<<endl;
}
```

5.2.4　上机编程题

1. 数字处理

(1) 定义一个函数 int digit(int x),功能是分别取 x 的最高位数字 a 和 x 的最低位数字 b,然后交换 a 和 b 的位置,例如:对 3568 处理得到 8563。先检查 x 值,若 x 为 4 位数则返回处理结果,否则返回 0。

(2) 主函数负责测试。从键盘输入 5 个各不相同的 4 位正整数,调用函数 digit 对数据进行处理。若返回结果非 0,则屏幕输出返回的结果信息,若返回 0 则提示重新输入一个数进行处理。

(3) 输出格式为:swap(<x 值>)=<结果值>。

2. 建立一个 4 行 N 列的二维整型数组 int data[4][N],并赋初值给第 0 行、第 1 行和第 2 行,其中 N 是宏定义的标识符,其值不小于 5。调用函数 max(…)求各列三个元素中的最大值,并将结果存入数组 data 第 3 行该列的变量中。按 4 行 N 列的格式输出数组 data 的数据,并控制每列数据对齐,如图 5-1 所示。

1	2	13	4	15
11	7	8	9	5
6	12	3	14	10

图 5-1　输出格式

提示

（1）设计一个函数 int max(int a,int b,int c)参数为 3 个整型变量 a、b 和 c,功能是求出并返回这三者中的最大值。

（2）结果存入数组 data 第 3 行该列的变量中 r 的方法可以是:

```
data[3][j]=max(data[i][j],data[i+1][j],data[i+2][j])
```

3. 验证哥德巴赫猜想。

哥德巴赫猜想:任何一个大偶数(大于 2 的偶数)都可以分解为两个素数之和。例如:$4=2+2,12=5+7,20=3+17$。编写一个程序,对于一个任意由键盘输入的大偶数(正整数)找出可以验证哥德巴赫猜想的一对素数并输出。输出的格式类似"$6=3+3$"。

提示

（1）设计一个函数 int detect(int d),用来测试一个整数是否为素数。

（2）主函数中用循环来逐个测试可能为素数并小于该偶数 x 的数字 f,每次测试调用函数 detect 完成。如果所测试的数字是素数,就计算 $s=x-f$,并测试 s 是否为素数,如果是,程序结束,否则弃 f 不用,继续循环测试 f 的下一个数字。

4. 学生成绩排序问题。

编写一个程序,使用结构数组存储数据,使用指针处理数据,实现学生按字典顺序排序。

提示

（1）定义一个如下的结构来表示一个学生:

```
struct student{
    char name[9];
    int score;
};
```

（2）在主函数中定义一个具有 10 个元素的结构数组,初始化给出 10 个无序的学生数据。并定义一个指针指向该数组。

（3）在排序前先输出学生列表,每行一个学生,有列标题。

（4）定义一个排序函数:void nsort(student s[],int row),对所传递过来的结构数组进行排序,排序结果用参数传回主函数。

（5）主函数调用排序函数对结构数组进行排序,然后输出已排序结构数组,具体要求同前。

5. 阿拉伯数字形式的人民币数字转换为汉字大写数字。

在许多情况下,需要将阿拉伯数字形式的人民币数字转换为汉字大写形式。要求编写一个通用函数,能实现这种转换,假设数字在千万元以内,带有两位小数。

提示

(1) 设计一通用函数 char * dx(int x)完成转换。

(2) 在主函数内输入阿拉伯数字,调用函数 dx 来转换。并在主函数中输出转换结果。格式为:

小写:109.05

大写:壹佰零玖圆零伍分整

(3) 主函数可以连续多次输入阿拉伯数字,输入负数表示结束。

(4) 汉字大写数字使用:零壹贰叁肆伍陆柒捌玖拾万仟佰拾圆。

(5) 汉字大写必须以汉字"整"结尾。汉字大写读起来必须符合习惯。

5.3　模 拟 试 卷

5.3.1　模拟试卷一

一、选择题

1. 若有整型变量 a 和 c,c 的当前值是 5,则执行下列语句后 a 的值是_____。

   a=2+(c+=c++,c+8,++c);

   A. 13　　　　　　B. 14　　　　　　C. 15　　　　　　D. 16

2. 下面的常量表示有一个是不正确的,不正确的是_____。

   A. −0　　　　　　B. 0x203　　　　　C. '\55'　　　　　D. '103'

3. 在 C++ 语言中,int、float 和 long int 这 3 种类型数据所占用的内存是_____。

   A. 均为 4 个字节　　　　　　　　B. 由用户自己定义

   C. 由所用机器的机器字长决定的　　D. 任意的

4. 若有 a=13,b=5,c=3 则 a%b * c 的值是_____。

   A. 6　　　　　　　B. 9　　　　　　　C. 7.8　　　　　　D. 8

5. 下列表达式中,错误的是_____。

   A. 4.0%2.0　　　　　　　　　　　B. k+++j

   C. a+b>c+d?a:b　　　　　　　　　D. x * =y+25

6. 若有声明 char * str1="copy",str2[10],str3="hijklmn", * str4, * str5="abcd";则_____是对 strcpy()函数的正确调用。

   A. strcpy(str2,str1)　　　　　　　B. strcpy(str3,str1)

   C. strcpy(str4,str1)　　　　　　　D. strcpy(str5,str1)

7. 设有变量声明:char * p="abcded\0fg";则 sizeof(p)的值是_____。

   A. 1　　　　　　　B. 4　　　　　　　C. 6　　　　　　　D. 10

8. 函数 main(argc,argv)命令行参数 argv 的正确声明格式是_____。

A. char * argv[]   B. char argv   C. char argv[]   D. char * argv

9. 设有变量定义 int a[3][3]={0};，则下述描述正确的是_____。

    A. a[0][0]=0，其他值为随机值   B. a[3][3]=0，其他值为随机值

    C. 数组中所有的值为 0   D. 语法错

10. 设有变量定义 char a[]="abc",b[]={'a','b','c'};，以下叙述正确的是_____。

     A. 两数组内容完全相同

     B. 数组 a 元素个数大于数组 b 元素个数

     C. 数组 b 元素个数大于数组 a 元素个数

     D. 上述说法都不对

二、填空题

1. 若有以下程序，则程序执行后，共输出_____①_____个数，最后输出的数是_____②_____。

```cpp
# include<iostream.h>
void main(){
    int y=9;
    for( ; y>0; y--)
      if(y%3==0)
          cout<<--y<<'\t';
}
```

2. 若有以下程序，则程序执行后，第一行输出_____①_____，第二行输出_____②_____。

```cpp
# include <iostream.h>
struct ab{
    int a, * b;
};
int x[]={1,2},y[]={3,4};

void main(){
    ab a[]={20,x,30,y}, * p;
    p=a;
    cout<< * (p++-> b)<<endl;
    cout<<p->a<<endl;
}
```

3. 若有以下程序，则程序执行后，第一行输出_____①_____，第二行输出_____②_____。

```cpp
# include<iostream.h>
void main(){
    int s[3][3]={ {1,2,3},{1,2},{1}};
    int ( * ptr)[3];
    ptr=s;
    cout<< * * ptr++<<'\n';
    cout<< * ( * (ptr++)+1)<<'\t';
```

```
    cout<< * ( * (ptr++)+2)<<'\n';
}
```

4. 若有以下程序,则程序执行后,第一行输出_____①_____,第二行输出_____②_____。

```
#include<iostream.h>
#define A hex
#define B oct
#define C x+x
#define D C*C
void main(){
    int x=8;
    cout<<A<<C<<'\n';
    cout<<B<<D<<'\n';
}
```

5. 若有以下程序,则程序执行后,共输出_____①_____行,第三行输出_____②_____,最后一行输出_____③_____。

```
#include<iostream.h>
void main(){
    int s=0,key=1;
    while(key<25 && s<20){
        cout<<"k="<<key<<',';
        switch(key) {
            case 1:
            case 5: s+=2;
            case 9: cout<<"s="<<s<<','<<endl; break;
            case 13: key+=3;
            case 17: s+=4; cout<<"s="<<s<<','<<endl; break;
            case 20: key+=5;
            case 25: s+=6; cout<<"s="<<s<<','<<endl; break;
            default: s+=8;
        }
        key+=4;
    }
    cout<<"s="<<2*s<<endl;
}
```

6. 若有以下程序,则程序执行后输出_____。

```
#include <iostream.h>
#include <string.h>
void main(){
    char p1[10]="abc", * p2="ABC",str[50]="xyz";
    strcpy(str+2,strcat(p1,p2));
    cout<<str<<endl;
```

```
}
```

7. 若有以下程序,则程序执行后,第一行输出_____,第二行输出_____。

```cpp
#include<iostream.h>
void fun1(char* str1,char* str2){
    int i=0;
    while(*str1++);
    str1--;
    while(*str2++) i++;
    str2-=2;
    for(;i>0;i--)
        *str1++=*str2--;
}

void fun2(char* str1,char* str2){
    while(*str1++);
    str1-=2;
    while(*str1++=*str2++);
}

void main(){
    char A[10]="abc";
    char B[10]="ABC";
    void (*f)(char*,char*);
    f=fun1;
    f(A,B);
    cout<<A<<'\n';
    f=fun2;
    f(A,B);
    cout<<A<<'\n';
}
```

8. 若有以下程序,则程序执行后,第一行输出_____,第二行输出_____。

```cpp
#include <iostream.h>
void swap(int x,int& y){
    int temp;
    temp=x;
    x=y;
    y=temp;
    cout<<"x="<<x<<"y="<<y<<'\n';
}

void main(){
    int x=30,y=40;
```

```
        swap(x,y);
        cout<<"x="<<x<<"y="<<y<<'\n';
}
```

9. 若有以下程序,则程序执行后输出_____。

```
#include<iostream.h>
void sub (int * x,int n,int k){
        if(k<=n) sub(x,n,3 * k);
        * x+=k;
}
void main(){
        int x=0;
        sub(&x,27,1);
        cout<<x<<endl;
}
```

10. 若有以下程序,则程序执行后,共输出_____行,第一行输出_____,最后一行输出_____。

```
#include<iostream.h>
int c=-1;
void f(int * a,int b){
        static int c=2;
        (* a)++;
        c--;
        cout<< * a<<'\t'<<b<<'\t'<<c<<'\n';
}
void main(){
        int i;
        for(i=0;i<=1;i++)
            f(&i,c);
        cout<<"c="<<c<<'\n';
}
```

三、完善程序题

1. 实现对一字符指针数组的排序,要求采用选择排序法,按数组中字符指针所指向的字符串大小由大至小排序。

```
#include<iostream.h>
        ①
void main()
{
        ②        ={"C++ LANGUAGE",
                    "CHINESE",
```

```
                        "MATH" ,
                        "ENGLISH" ,
                        "BIOLOGY" };
    for(int i=0;    ③    ;i++)
        for(int j=    ④    ;j<5;j++)
        {
            if(    ⑤    ){
                char * temp=array[i];
                    ⑥    ;
                    ⑦    ;
            }
        }
    for(i=0;i<5;i++)
        cout<<array[i]<<'\n';
}
```

2. 实现一字符串比较函数,要求当两字符串相等时,返回 0;当第一个字符串比第二个字符串小时,返回负值;当第一个字符串比第二个字符串大时,返回正值。

```
# include<iostream.h>
int MyStrCmp(char * str1,char * str2){
    while(    ①    ){
        if(* str1++!= * str2++)
            ②    ;
    }
    return    ③    ;
}
void main(){
    char STRA[]="abcd";
    char STRB[]="abcde";
    int a=MyStrCmp(    ④    );
    if(a==0)
        cout<<"两字符串相等\n";
    if(a<0)
        cout<<"字符串 1 小于字符串 2\n";
    if(a>0)
        cout<<"字符串 1 大于字符串 2\n";
}
```

3. 下面的程序建立一个通信录链表,要求循环输入人名和电话号码,创建节点,并按节点中人名字符串的大小插入链表。当人名输入为"end"时,退出循环,并输出整个链表中的信息。链表中节点的类型定义如下:

```
struct node {
    char name[40];
    char telno[20];
```

```
        struct node * next;
};
```

注意：人名中可能包含空白符，如"John Smith"。

```
# include< iostream.h>
# include< string.h>
    _____①_____
struct node{
    char name[40];
    char telno[20];
    node * next;
};
node * InsertToList(node * head,node * p);
void output(node * head);
void  main(){
    node * head=_____②_____;
    node * p;
    char name[40];
    cout<<"请输入人名:";
    cin.getline(name,40);
    if(strcmp(name,"end")){
        p=_____③_____;
        strcpy(p->name,name);
        cin.getline(p->telno,20);
        p->next=NULL;
        head=_____④_____;
        cin.getline(name,40);
    }
    output(head);
}


node * InsertToList(node * head,node * p){
    if(head==NULL||_____⑤_____){
    _____⑥_____;
        head=p;
    }
    node * q;
    q=head;
    while(q->next!=NULL&&_____⑦_____)
        q=q->next;
    _____⑧_____;
    q->next=p;
```

```
        return head;
    }


void output(node * head){
    node * p;
    p=head;
    cout<<setw(40)<<"姓名"<<setw(20)<<"电话号码"<<'\n';
    while(p){
        cout<<setw(40)<<p->name<<setw(20)<<p->telno<<'\n';
        ____⑨____;
    }
}
```

5.3.2 模拟试卷二

一、选择题

1. 下面 4 个用户定义的标识符中,只有_____是正确的。

    A. case   B. _53   C. a&b   D. ab－c

2. 已知 a=4,b=6,c=8,d=9,则(a++,b>a++&&c>d)?++d:a<b 的值为_____。

    A. 9   B. 6   C. 8   D. 0

3. 设有声明 int a, b;,执行语句 b=(a=3*5,a*4),a+15;之后,b 的值为_____。

    A. 15   B. 30   C. 60   D. 90

4. 退出一个循环语句(不终止函数的执行)的有效措施是_____。

    A. 用 break 语句   B. 用 continue 语句

    C. 用 return 语句   D. 用 exit

5. 已知函数原型 struct tree f(int,int * ,struct tree, struct tree *);,其中 tree 是经声明的结构类型。且已有下列定义的变量 struct tree pt, * p; int i ;,则_____是正确的函数调用语句。

    A. &pt=f(10,&(i+2),pt,p);   B. pt=f(i++,(int *)p,pt,&pt);

    C. p=f(i+1,&i,pt,p);   D. &p=f(10,&i,pt,p);

6. 设有变量声明 int a[3][4],(* p)[4]=a;,则与表达式 * (a+1)+2 不等价的是_____。

    A. p[1][2]   B. * (p+1)+2   C. p[1]+2   D. a[1]+2

7. 设有变量声明 char a[6], * p=a;,则下列表达中正确的赋值语句是_____。

    A. a[6]="Hello";   B. a="Hello";

    C. * p="Hello";   D. p="Hello";

8. 设有数组声明 int a[4][4];,则不能等价表示数组元素 a[3][3]的是_____。

    A. * (a[3]+3)   B. * (* (a+3)+3)

    C. * &a[3][3]   D. (* (a+3))+3

9. 设有如下定义 struct data{int i; char ch; double f;}s;,若字符型变量占 1 字节, 整型变量占 4 字节,双精度变量占 8 字节,则结构变量 s 占用的字节数是_____。

　　A. 8　　　　　　　B. 13　　　　　　　C. 15　　　　　　　D. 16

10. 设有变量定义 char * s[]={"hello,world"};,则 sizeof(s) 的值是_____。

　　A. 1　　　　　　　B. 4　　　　　　　C. 12　　　　　　　D. 13

二、填空题

1. 设有以下程序,则程序执行后输出的结果是 a＝_____,b＝_____。

```cpp
#include<iostream.h>
void main(){
    int a,b;
    for(b=1,a=1;b<=50;b++) {
        if(a>=10) break;
        if(a%2==1){
            a+=5;
            continue;
        }
        a-=3;
    }
    cout<<a<<'\t'<<b<<'\n';
}
```

2. 设有以下程序,则程序执行后,第一行输出_____,最后一行输出_____。

```cpp
#include<iostream.h>
struct person{
    char name[9];
    int age;
};
void main(){
    person clas[10]={"Jone",17,"Paul",19,"Mary",18,"Adam",16}, * p;
    int i;
    p=clas;
    for(i=0;i<3;i++)
        cout<<p++->name+i<<endl;
}
```

3. 设有以下程序,则程序执行后,第一行输出_____,第二行输出_____。

```cpp
#include<iostream.h>
void main(){
    int s[2][2]={{12},{14,16}};
    int * ptr=s[0];
```

```
    cout<< * ptr<<'\n';
    cout<< * (ptr+1)<<'\t'<< * (ptr+2)<<'\n';
}
```

4. 设有以下程序,则程序执行后,输出_____。

```
#include<iostream.h>
#define f(x) x * x
void main(){
    cout<<f(5+5);
}
```

5. 设有以下程序,则枚举元素 mon,tues,wednes 的值依次是_____;运行程序的输出结果是_____;程序运行结束时,变量 k 的值是_____。

```
#include <iostream.h>
void main(){
    enum w{mon,tues,wednes= 3 };
    w week; int k;
    for(k=mon;k<=wednes;k++){
        switch(k){
            case 0: week=mon; break;
            case 1: week=tues; break;
            case 2: week=wednes;break;
        }
        switch(week){
            case mon: cout<< (int)mon;break;
            case tues: cout<< (int)tues;break;
            case wednes:cout<< (int)wednes;break;
        }
    }
}
```

6. 设有以下程序,则程序执行后输出_____。

```
#include <iostream.h>
void main(){
    char str1[10]="abc",str2[10]="ABC";
    char * p1=str1, * p2=str2;
    while(* p1++);
    while(* p1++= * p2++);
    cout<<str1<<endl;
}
```

7. 设有以下程序,则执行程序后输出的结果是 u=_____,v=_____。

```
#include<iostream.h>
double f(double);
```

```
double g(double);
double t(double a, double (* f)(double));
void main(){
    double x,u,v;
    x=4.0;u=t(x,f); v=t(x,g);
    cout<<"u="<<u<<'\t'<<"v="<<v<<'\n';
}
double t(double a, double (* f)(double )){
    return (* f)(a * a);
}
double f(double x){
    return 2.0 * x;
}
double g(double x){
    return 2.0+x;
}
```

8. 设有以下程序,则程序执行后,第一行输出_____,第三行输出_____。

```
# include< iostream.h>
void fun(char str[]){
    int a[128]={0};
    for(int i=0;str[i];i++) {
        a[str[i]]++;
    }
    for(i=0;i<128;i++){
        if(a[i]!=0)
            cout<<char(i)<<'\t'<<a[i]<<'\n';
    }
}
void main(){
    char s[40]="hello";
    fun(s);
}
```

9. 设有以下程序,则程序执行后,第一行输出_____,最后一行输出_____。

```
# include< iostream.h>
void f(int b, int t){
    int m;
    if(b<t){
        m= (b+t)/2;
        cout<<m<<'\n';
        f(b,m-1);
        f(m+1,t);
```

```
        }
    }
void main(){
    f(1,6);
}
```

10. 设有以下程序,则程序执行后,共输出_____行,第一行输出_____,最后一行输出_____。

```
#include<iostream.h>
int fun(int i);
int i=1;
void main(){
    switch(i){
        default: i++; break;
        case 2: i++;fun(i);
        case 1: i++;fun(i);
        case 0: i++;fun(i);
    }
    cout<<i<<'\n';
}
int fun(int i){
    static k=10;
    i++;k++;
    cout<<k<<'\n';
    return k;
}
```

三、完善程序题

1. 输入 10 个浮点数,用选择法将这些数从小到大排序,然后再输入一个数,在有序的 10 个数中寻找是否存在这个数。

```
void main(){
    float a[10],temp;
    int i,j,mid;
    cout<<"Input 10 numbers please:\n";
    for(i=0;i<10;i++)
        cin>>a[i];
    for(i=0;    ①    ;i++)
        for(j=    ②    ; j<10;j++)
            if(    ③    ){
```

```
                        temp=a[j];
                        ____④____ ;
                        a[i]=temp;
                    }
        cin>>temp;
        i=0;j=9;mid=(i+j)/2;
        while(____⑤____){
            if(a[mid]==temp){
                cout<<"The a["<<mid<<"] is result "<<a[mid];
                return;
            }
            else if(a[mid]>temp)
                ____⑥____ ;
            else
                ____⑦____ ;
            mid=(i+j)/2;
            }
            cout<<"Not found\n";
}
```

2. 将一字符串转为一正整数并输出，例字符串“123”转换为整数 123。

```
#include<iostream.h>
void main(){
        ____①____ ;
    int flag=1;
    char str[8];
    int i=0;
    cin>>str;
    if(str[0]=='-') {
        ____②____ ;
        flag=____③____ ;
    }
    for(;____④____;i++){
        num=____⑤____ ;
    }
    num=flag*num;
    cout<<num;
}
```

3. 建立一成绩管理链表，要求首先循环输入学生的学号、姓名以及成绩，建立链表。

当学生学号为－1时,结束链表创建。再输入一成绩,将链表中低于此成绩的节点删除。链表中节点的类型定义如下:

```
struct node{
    char studyno[20];
    char name[40];
    int   score;
    struct node * next;
};
```

注意:本程序中将使用带首节点的链表。

```
# include< iostream.h>
struct node{
    int studyno;
    char name[40];
    int score;
    struct node * next;
};
void main(){
    node * head,tail;
    head=tail=    ①    ;
    int studyno;
    cin>> studyno;
    while(studyno!=-1){
        node * p=    ②    ;
        p->studyno= studyno;
        cin>>p->name;
        cin>>p->score;
            ③    ;
        tail=p;
    }
        ④    ;
    cin>> score;
    node * p=head;
    while(p->next!=NULL){
        if(    ⑤    <score){
            q=p->next;
                ⑥    ;
                ⑦    ;
        }
    }
```

```
        else
            ⑧        ;
    }
}
```

5.4　同步练习和模拟试卷参考答案

5.4.1　同步练习参考答案

阅读程序题答案

1. Output int i=10　　　Output int pointer i=20

2. 30　　20

完善程序题答案

1. ① gcd(x,y)　　　　② x%y

2. ① sqrt(i)　　　　② i%j　　　③ j * =10

改错题答案

1. 第 4 行,改"char * str[5],p;"为"char * str[5], * p;"

   第 9 行,改"cin. getline(str[i],100);"为"cin. getline(str,100);"

   第 15 行,改"if(k==i)"为"if(k != i)"

   第 18 行,改"str[j]= p"为"str[i]= p"

2. 第 3 行,改"while(p != x&& * p != 0)"为"while(* p != x&& * p != 0)"

   第 5 行,改"if(* p=x)"为"if(* p==x)"

   第 19 行,改"sub(f[],x)"为"sub(f,x)"

上机编程题答案(略)

5.4.2　模拟试卷一参考答案

选择题答案

1. B　　2. D　　3. C　　4. B　　5. A　　6. A　　7. B　　8. A　　9. C

10. B

填空题答案

1. ① 3　　② 2

2. ① 1　　② 30

3. ① 1　　② 2　0

4. ① 10 　　② 120

5. ① 6 　　② k=9,s=4, 　　③ s=28

6. xyabcABC

7. ① abcCBA 　　② abcCBABC

8. ① x=40 　y=30 　　② x=30 　y=30

9. 121

10. ① 2 　　② 1 　−1 　1 　　③ c=−1

完善程序题答案

1. ① ＃include<string.h> 　　② char＊array[5] 　　③ i<4 　　④ i+1
　　⑤ strcmp(array[i],array[j])<0 　　⑥ array[i]=array[j]
　　⑦ array[j]=temp

2. ① ＊str1(或＊str2) 　　② break 　　③ ＊str1−＊str2 　　④ STRA,STRB

3. ① ＃include<iomanip.h> 　　② NULL 　　③ new(node)
　　④ InsertToList(head,p) 　　⑤ strcmp(p->name,head->name)<0
　　⑥ p->next=head 　　⑦ strcmp(p->name,q->next->name)>0
　　⑧ p->next=q->next 　　⑨ p=p->next

5.4.3 模拟试卷二参考答案

选择题答案

1. B 　　2. D 　　3. C 　　4. A 　　5. B 　　6. A 　　7. D 　　8. D 　　9. D
10. B

填空题答案

1. ① 10 　　② 6

2. ① John 　　② ry

3. ① 12 　　② 0 14

4. 35

5. ① 0 1 3 　　② 0133 　　③ 4

6. abc

7. ① 32 　　② 18

8. ① e 1 　　② 1 2

9. ① 3 　　② 5

10. ① 3 　　② 11 　　③ 3

完善程序题答案

1. ① i<9 　　② i+1 　　③ a[i]>a[j] 　　④ a[j]=a[i] 　　⑤ i<j

⑥ j=mid-1　　⑦ i=mid+1

2. ① int num=0　　② i++　　③ -1　　④ str[i]　　⑤ num * 10+str[i]-'0'

3. ① new(node)　　② new node　　③ tail->next＝p

④ tail->next=NULL　　⑤ p->next->score

⑥ p->next=q->next　　⑦ delete q　　⑧ p=p->next

第一部分

面向对象的程序设计

第 **6** 章

类 和 对 象

6.1 简 介

通过前面章节的学习知道,当很难用基本数据类型简单描述一个复杂的事物时,可考虑采用结构数据类型来解决这个问题。例如,描述一个学生属性时,姓名应为字符数组型;学号可为整型或字符数组型;年龄应为整型;性别应为字符型或枚举类型;成绩可为整型或实型。

通过进一步研究发现,各个事物也有自己的行为,如球的滚动、弹跳和缩小,汽车的加速、刹车和转弯,等等。

面向对象编程将大千世界的各个事物看成是不同的对象。人、动物、工厂、汽车、植物和建筑物等都是对象,现实世界是由对象组成的。在 C++ 语言中,每个对象都由数据和函数两部分组成,面向对象程序设计的基本要求就是将描述某一事物的数据与处理这些数据的函数封装成一个整体。在类的定义中,数据称为成员数据,函数称为成员函数。

面向过程的程序设计是以算法为主体的,算法和数据结构两者是互相独立、分开设计的,可以用这样的公式来表述:

程序=算法+数据结构

在实践中人们逐渐认识到算法和数据结构是互相紧密联系不可分的。与面向过程的程序不同,面向对象的程序是以类和对象为基础的,程序的操作是围绕对象进行的。在此基础上利用了继承机制和多态性,就成为面向对象的程序设计,其实质就是把一个算法和一组数据结构封装在一个对象中,可以用这样的公式来表述:

程序=对象 S+消息

"对象 S"表示多个对象。消息是对对象的控制。

面向对象程序设计的主要特点包括:封装性、继承性和多态性。

可以对一个对象进行封装处理,把它的一部分属性和功能对外界屏蔽。例如"傻瓜相机"就是运用封装原理的典型,使用者可以对相机的工作原理和内部结构一无所知,只需知道按下快门就能照相即可。也就是说,把对象的内部实现和外部行为分隔开来,这就是类的"封装性"。它有两方面的含义:一是将有关的数据和操作代码封装在一个对象中,形成一个基本单位,各个对象之间相对独立、互不干扰;二是将对象中某些部分对外隐蔽,即隐蔽其内部细节,只留下与外界的接口。

继承就是在已有类的基础上增加一些新的属性和行为,形成一个新的类。例如"白猫"继承了"猫"的基本特征,又增加了新的特征,从而构建了一个新的类。继承机制使得程序员可以重用已有软件中的一部分甚至大部分,大大减少编程工作量。

多态性是指由继承而产生的相关的不同的类,其对象对同一消息会作出不同的响应。例如,在 Windows 环境下,双击一个文件对象,如果对象是一个可执行文件,则会执行此程序,如果对象是一个文本文件,则会启动文本编辑器并打开这个文件。多态性是面向对象程序设计的一个重要特征,能增加程序的灵活性。

6.2　知　识　点

- 对象和类
- 成员数据和成员函数
- 成员属性
- this 指针

6.3　概　念　解　析

6.3.1　对象和类

类(class)是对事物的抽象。抽象的过程就是将有关事物的共性归纳、集中的过程。对一个问题的抽象一般包括两个方面:数据抽象和代码抽象(或称为行为抽象)。前者描述的是某类对象的属性或状态,后者描述的是某类对象的共同行为特征具有的共同功能。

声明类型的方法与声明一个结构体类型相似,例如:

```
class Student{                        //以 class 开头
private:                              //私有访问属性
    int num;
    char name[20];
    char sex;                         //以上 3行是成员数据
public:                               //公共访问属性
    void display(){                   //是成员函数
        cout<<"num:"<<num<<endl;
        cout<<"name:"<<name<<endl;
        cout<<"sex:"<<sex<<endl;      //函数表明对数据的具体操作
    }
};
```

类与对象(object)的关系就像前面讲过的结构体变量与结构体类型关系一样,类的对象就是具有该类类型的某一特定实体。换句话说，就是类型与变量之间的关系。

完成类类型的声明后就可以像定义结构体类型变量一样来定义类的对象，方法是：

class 类名 对象名

如：class Student stud1，stud2；

因此，类是对象的抽象，而对象则是类的特例或是类的具体表现。

温馨提示：类是抽象的，不占用内存，而对象是具体的，占用存储空间。定义对象时，可以省略类名前面的"class"。

温馨提示：类可以嵌套定义，即在定义一个类时，在其类体中又包含另一个类的定义。

温馨提示：类与结构体的对比：类的成员包括成员数据和成员函数，而结构体中通常只存放成员数据。

类中成员的定义可以有 public，private，protected 访问权限控制，类定义中的访问权限控制默认情况下为 private，而在结构体定义中默认的访问权限控制为 public，通常不设置访问属性。

C++ 程序设计中选择类 class 还是结构体 struct 的原则：仅需要描述数据结构时，使用结构体；既要描述数据又要描述对数据进行处理的方法时，建议使用类。

6.3.2 成员数据和成员函数

在 C++ 语言中，每个对象都是由数据和函数两部分组成。数据体现了事物的属性，称为成员数据。如一个矩形对象，它的一对边长就是它的属性。函数是用来对数据进行操作的，以便实现某些功能，称为成员函数，例如可以通过边长计算出矩形的面积，并且输出矩形的周长和面积。

```
class CRect{
    int left,top,right,bottom;        //成员数据
    void display(){                   //成员函数
        cout<<" Perimeter="<<2 * (right-left)+2 * (bottom-top)<<'\n';
        cout<<"Area="<<fabs(right-left) * fabs(bottom-top)<<'\n';
    }
};
```

如果在类的声明之外定义成员函数，必须在函数名前面加上类名和作用域运算符"::"，予以限定。例如，若上面的 display( )成员函数放在类声明之外定义，则应写成：

```
void CRect::display(){               //函数表明对数据的具体操作
    cout<<" Perimeter="<<2 * (right-left)+2 * (bottom-top)<<'\n';
    cout<<"Area="<<fabs(right-left) * fabs(bottom-top)<<'\n';
}
```

定义了类及其对象以后，就可以通过对象使用其公有成员，从而对对象内部属性进行了解和改变。这种访问，可以用成员运算符"."或"->"实现。

对于一般对象,访问其成员方式为:

对象名.公有成员名(或公有成员函数名(参数表))

对于指向对象的指针,访问其成员方式为:

对象指针->公有成员名(或公有成员函数名(参数表))

温馨提示:成员函数的存储方式与成员数据不同,当用类定义了类的多个对象后,不同对象的成员数据存放在不同的存储单元中,而这些对象的成员函数对应的是同一个函数代码,这个函数代码是存储在对象空间之外的,为各个对象所共用,如图 6-1 所示。

温馨提示:成员函数与普通函数一样可以重载。

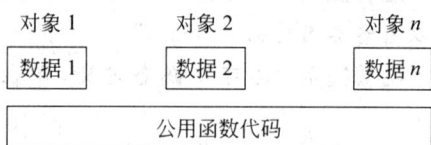

图 6-1　成员函数与成员数据的存储方式

6.3.3　成员属性

类声明的一般形式如下:

```
class 类名{
    private:
        私有的成员数据和成员函数;
    public:
        公有的成员数据和成员函数;
    protected:
        保护的成员数据和成员函数;
};
```

其中,private、public 和 protected 称为成员访问限定符,用它们来声明各成员的访问属性。

- private:私有成员,只能被本类中的成员函数引用,类外不能引用(友元函数例外)。
- public:公有成员,既可以被本类中的成员函数所引用,也可以被类外的其他函数引用。
- protectd:保护成员,不能被类外访问(与私有成员类似),但可以被派生类的成员函数访问。

关于私有、公有和保护的概念在日常生活中也有。以个人为例:他(她)的某些信息,例如姓名,是公开的,因此是公有成员;他(她)的某些信息,例如小时候考试得 0 分这一信息,是隐私,是不愿意公开的,不仅不让外人知道,而且不让自己的子女知道,是私有访问属性;而祖传的珍宝这一信息则只能由自己和自己的子女(继承类)掌握,是保护访问属性。

温馨提示:类体声明中如果没有说明成员的属性,则默认为 private;成员函数可以访问本类中的任何成员(包括私有、公有和保护的成员)。

6.3.4　this 指针

当不同对象的成员函数引用数据成员时,为保证引用的是所指定对象的数据成员,在每一个成员函数中都包含一个特殊的指针,这个指针的名字是固定的,称为 this 指针,它是指向本类对象的指针,它的值是当前被调用的成员函数所在对象的起始地址。6.3.2 小节提及的 display 函数实际内容为:

```
void CRect::display(){
    cout<<"Perimeter="<<2*(this->right-this->left)+2*(this->bottom-this->top)<<'\n';
    cout<<"Area="<<fabs(this->right-this->left)*fabs(this->bottom-this->top)<<'\n';
}
```

例如,矩形类 CRect 对象 a,当调用对象 a 的成员函数 a.display()时,编译系统就把对象 a 的起始地址赋给 this 指针,于是在成员函数引用数据成员时,就按照 this 的指向找到对象 a 的数据成员。

因此,所谓"调用对象 a 的成员函数 display()",实际上是在调用成员函数 display()时使 this 指针指向对象 a,从而访问对象 a 的成员。在使用"调用对象 a 的成员函数 display()"时,应当对它的含义有正确的理解。

温馨提示:this 指针是编译系统自动实现的,不必人为地将对象 a 的地址传给 this 指针。

6.4 习题解析

6.4.1 选择题

1. 有关类的说法不正确的是_____。
    A. 类是一种用户自定义的数据类型
    B. 只有类中的成员函数才能存取类中的私有数据
    C. 在类中,如果不作特别说明,所指的数据均为私有类型
    D. 在类中,如果不作特别说明,所指的成员函数均为公有类型

参考答案:D

解析:类是一种用户自定义的数据类型,如果不作特别说明,所有的数据和成员函数均为私有类型,私有成员只能由类中的成员函数才能访问。因此选 D。

2. 关于成员函数特征的下述描述中,_____是错误的。
    A. 成员函数可以设置参数的默认值
    B. 成员函数可以重载
    C. 成员函数一定是内联函数
    D. 成员函数可以是静态的

参考答案:C

解析:成员函数不一定是内联函数,其函数体可以放在类外构成非内联函数。

3. 类中定义的各个成员需要设置被访问的权限,以下给出的关键字中,_____不能用于限定成员的访问权限。

A. private   B. extern   C. protected   D. public

参考答案：B

解析：成员的属性只有公有（public）、私有（private）和保护（portected）3 种，extern 不能用作成员的属性。

4. 类的封装性体现在用户只能通过公共的接口使用类中定义的具有私有性的数据成员，这里的"公共接口"是指_____。

     A. 成员函数   B. 非成员函数

     C. 构造函数   D. 指向函数的指针

参考答案：A

解析：在类之外要访问类的私有成员可以通过类的公有成员函数来实现。而非成员函数除友元函数外，均不能直接访问类的私有成员。构造函数也是成员函数。

5. this 是分配给被调用的成员函数的指针，那么 * this 表示_____。

     A. 成员函数的形参   B. 对象所调用的成员函数

     C. 成员函数中的数据成员   D. 调用成员函数的对象

参考答案：D

解析：this 是指向当前正在进行操作的对象的指针，因此，* this 就表示当前对象。* this 无法代表成员函数，或成员函数中的数据成员；this 指针是编译系统自动实现的，不必人为地将对象的地址传给 this 指针；* this 也不可能成为成员函数的形参。

6. 已知一个类 Sample 有 3 个公有成员：

```
class Sample{
public:
    int a;
    void f1(void);
    void f2(void);
};
```

则_____是定义指向类 Sample 成员函数的指针。

     A. Sample * P

     B. int Sample∷ * pc= &Sample∷a

     C. void(Sample∷ * pa)( )

     D. Sample * p[10]

参考答案：C

解析：A 定义了一个 Sample 类对象指针 p；B 定义了一个 Sample 类数据成员指针，并初始化指向数据成员 a；C 定义了一个 Sample 类成员函数指针，所指向的成员函数没有参数且返回值类型为 void；D 定义了一个 Sample 类对象指针数组。

6.4.2 填空题

1. 以下程序的运行结果是_____。

```
# include<iostream. h>
```

```
class P{
    char c1, c2;
public:
    void Set(char c)
    { c1=1+ (c2=c); }
    void Print(void)
    { cout<<c1<<'\t'<<c2<<'\n';}
};
void main(void) {
    P a, b;
    a.Set('A'); b.Set('B');
    a.Print(); b.Print();
}
```

参考答案：B   A

C   B

解析：类 P 的成员函数 Set(char) 的功能是将字符型参数 c 的值传递给字符成员数据 c2，同时，将其 ASCII 值加 1 后再赋值给字符成员数据 c1，而字符的加 1 运算可实现取下一个字符的功能，因此，在 main 函数中当调用 a.Set('A') 后，字符 A 传递给对象 a 的数据成员 c2，加 1 后就变成字符"B"并赋值给对象 a 的数据成员 c1。同理，b.Set('B')将字符 B 传递给对象 b 的数据成员 c2，加 1 后就变成字符"C"并赋值给对象 b 的数据成员 c1。

2. 以下程序的执行结果是_____。

```
#include<iostream.h>
class Sample{
    int x;
public:
    void setx(int i){x=i;}
    Sample * getptr(){return this;}
    int putx() { return x;}
};
void main(void){
    Sample A[3];
    A[0].setx(5);
    A[1].setx(6);
    A[2].setx(7);
    cout<< (A[0].getptr()+1)->putx();
    cout<<endl;
}
```

参考答案：6

解析：程序中使用了对象指针和对象数组，与普通一维数组及指针的用法类似。A[0].getptr()返回的是 this 指针，此时的 this 指针指向 A[0]。而(A[0].getptr()+1)

指向的是 A[1]。

6.4.3 完善程序题

定义描述复数的类,用成员函数将本复数对象的值传送给另一个复数对象。

```
# include <iostream.h>
class Complex{
    ____①____
    float Real,Image;              //定义复数的实部与虚部
public:
    void Copy(____②____)          //定义复制函数
    {  c.Real=Real;
       c.Image=Image;
    }
};
void main(void)
{  Complex c1={100,200},c2;
   c1.Copy(c2);                    //将 c1 的成员变量的值赋给
   cout<<"c2="<<c2.Real<<"+"<<c2.Image<<"i"<<endl; // A
}
```

参考答案:① public: ② Complex & c

解析:复数是由实部 Real 与虚部 Image 构成,在 main 函数的最后一行程序,通过直接成员操作符,直接访问 c2 对象的 Real 和 Image 成员变量,因此 Real 和 Image 成员变量的访问属性为公有的,而在 Complex 类中,Real 和 Image 变量定义前未给出访问属性,若不给出,则默认的访问属性为私有的,因此,第一空填 public:。

从 Complex 中 Copy 函数定义和 main 函数中 c1 对象对 Copy 函数的调用中可知以下信息:

- Complex 的 Copy 函数中,有一个形参且形参变量名为 c。
- 该形参为 Complex 型的变量或是 Complex 型的引用。

根据题意的要求,在调用 c1.Copy(c2);后,c2 的数据成员被改变,因此 Copy 函数是引用传递而不是值传递,因此第一空填 Complex & c。

6.5 同步练习

6.5.1 选择题

1. 有关类和对象的说法不正确的是_____。

    A. 对象是类的一个实例

    B. 任何一个对象只能属于一个具体的类

    C. 一个类只能有一个对象

    D. 类与对象的关系和数据类型与变量的关系相似

2. 面向对象程序设计的核心是类和对象，类＝_____。

    A. 数据＋对数据的操作   B. 对象＋对象＋…＋对象

    C. 对象＋算法   D. 算法＋数据结构

3. 已知 f1(int)是类 A 的公有成员函数，P 是指向成员函数 f1()的指针，以下值语句正确的是_____。

    A. p=f1;   B. p=A::f1;   C. p=A::f1();   D. p=f1();

4. 已知 s 是类 Sample 的一个对象，p 是一个指向 s 对象的数据成员 m 的指针。如果要给 m 赋值为 5，_____是正确的。

    A. s.p=5   B. s->p=5   C. ＊p=5   D. ＊s.p=5

5. 下列定义中，Sample 是一个类，_____是定义指向对象数组的指针 p。

    A. Sample ＊ p[5]   B. Sample（＊p）[5]

    C. （Sample＊）p[5]   D. Sample＊p[]

6. 以下代码要定义一个链表节点类：

```
class block{
    int data;
    _____;
}
```

其中的填充项要定义指向下一个节点的指针，正确的定义是_____。

    A. int ＊ link;   B. int link;

    C. block link;   D. block ＊ link;

7. 关于类的下列说法中，_____是正确的。

    A. 在程序执行时，C++ 为类的对象分配存储空间

    B. 在程序运行时 C++ 为定义的类分配存储空间

    C. 只有在定义了类的对象后，C++ 才给类分配存储空间

    D. 一个类的所有对象(实例)共享同一块内存区域

8. 以下类中定义了 4 个函数(原型)，它们被调用时，不分配 this 指针的是_____。

```
class A{
public:
    int i;
    A(int);                 //1
    friend A data(A &);     //2
    void Show();            //3
    static void Print(A &); //4
};
```

    A. 3 4   B. 2 4   C. 1 3   D. 1 2

9. 若有类定义

```
class Term{
    …
```

```
public:
    int addterm();
};
```

作用域运算符"::"使用正确的是_____。

A. int::Term addterm(){…}　　　B. int Term::addterm(){…}

C. int Term addterm::(){…}　　　D. int Term addterm()::{…}

6.5.2　填空题

1. 下面程序的运行结果是_____。

```
#include<iostream.h>
class Complex{
public:
    float Real,Image;        //定义复数的实部与虚部
    Complex &Add();
    void print()
    {
        cout<<Real<<"+"<<Image<<"i"<<endl;
    }
};
Complex &Complex::Add()
{
    Real++;
    Image++;
    return *this;
}

void main(void)
{
    Complex c1={100,200};
    c1.Add().Add();
    c1.print();
}
```

2. 以下程序的执行结果是_____①_____和_____②_____。

```
#include<iostream.h>
class A{
public:
    int x;
    A(int i){ x=i;}
    void fun1(int j) { x+=j;cout<<"fun1: "<<X<<endl;}
    void fun2(int j) { x+=j;cout<<"fun2: "<<X<<endl;}
```

```
};
void main(void){
    A c1(2),c2(5);
    void(A∷ * pfun)(int)=A∷fun1;
    (c1.* pfun)(5);
    pfun=A∷fun2;
    (c2.* pfun)(10);
}
```

6.5.3　完善程序题

1. 设一个类的定义如下：

```
class T{
    char * p1,* p2;
public:
    void Init(char * s1,char * s2);
    void Print()
    { cout<< "p1= "<<p1<< '\n'<< "p2= "<<p2<< '\n'; }
    void CopyT(T &t);
    void FreeT(void);
};
```

成员函数 void Init(char * s1,char * s2)将 s1 和 s2 所指向的字符串分别送到 p1 和 p2 所指向的动态申请的内存空间中，函数 CopyT(T &T)将对象 t 中的两个字符串复制到当前的对象中，void FreeT(void)释放 p1 和 p2 所指向动态分本的内存空间。

```
# include< iostream.h>
    _____①_____
class T{
    char * p1,* p2;
public:
    void Init(char * s1,char * s2);
    void Print()
    { cout<< "p1= "<<p1<< '\n'<< "p2= "<<p2<< '\n';}
    void CopyT(T &t)
    {
        _____②_____
    }
    void FreeT(void)
    {
        _____③_____
        _____④_____
    }
```

```cpp
};

void     ⑤     (char * s1,char * s2) {
    p1=new char[strlen(s1)+1];
    p2=new char[strlen(s2)+1];
    strcpy(p1,s1);
    strcpy(p2,s2);
}
void main() {
    T t1,t2;
    t1.Init("abc","def");
    t1.CopyT(     ⑥     );
    t2.Print();
    t1.FreeT();
    t2.FreeT();
}
```

2. 设计一圆和圆柱体的类，其中圆柱体的类中包含一圆类的成员数据。

```cpp
# include<iostream.h>
class Circle{
    float r;
public:
    void SetR(     ①     ) { r=x; }
    float area() { return r * r * 3.14; }
};
class column{
    Circle c;
    float h;
public:
    void Set(float x,float y) {
        _____②_____
        h=y;
    }
    float volumn() {
        return     ③
    }
};
void main(void) {
    column c1;
    c1.Set(3,10);
    cout<<c1.volumn();
}
```

6.6 同步练习参考答案

选择题答案

1. C   2. A   3. C   4. C   5. B   6. D   7. A   8. B   9. B

填空题答案

1. 101＋202i
2. ① fun1：7   ② fun2：15

完善程序题答案

1. ① ＃include＜string. h＞   ② T. Init(p1,p2)；   ③ delete ［］p1；
   ④ delete ［］p2；   ⑤ T∷Init   ⑥ t2
2. ① float x   ② c. SetR(x)；   ③ c. area( )＊h；

第**7**章 构造函数与析构函数

7.1 简　介

在建立一个对象时,通常需要做一些初始化的工作,比如对象成员数据的初始化可以使用初始化数据列表的方法实现,但这种方法只适用于类的公有成员数据,而不适用于私有或保护成员数据。为此,C++语言提供了构造函数(constructor)来实现对象成员数据的初始化。构造函数是一种特殊的成员函数,在建立对象时系统会自动调用构造函数。构造函数的名字必须与类名相同,可以带参数或没有参数,不能有返回值,因此,构造函数可以重载。析构函数(destructor)也是一个特殊的成员函数,它的作用与构造函数相反,当对象的生命期结束时,系统会自动执行析构函数。

7.2 知　识　点

- 构造函数
- 缺省参数和默认参数的构造函数
- 析构函数
- new 和 delete 运算与构造和析构函数
- 完成复制功能的构造函数
- 浅复制与深复制
- 对象成员
- 构造函数和对象成员

7.3 概念解析

7.3.1 构造函数

类并不是一个实体,而是一种抽象的类型,不占用存储空间,因此,在定义类的类型时不能对其成员数据进行初始化操作。例如,下列写法是错误的：

```
class Birthday{
public:
    int year= 0;
    int month= 0;
    int data= 0;
};
```

而所谓初始化列表的方法，是指当类的所有成员数据均为公有时，可以使用如同结构体变量初始化的方法，在一个花括号内顺序列出各公有成员数据的值。例如：

```
Birthday B1={1992,1,3};          //将 B1 初始化为 1992 年 1 月 3 日
```

使用构造函数可以在创建类对象时自动为对象的成员数据进行初始化，构造函数的定义除函数名与返回值有明确的限定外，其他方面与一般成员函数一样，可以在类中定义，也可以在类外定义，其定义格式为：

```
ClassName(<形参表>)              //在类声明中定义
{ … }                           //函数体
ClassName::ClassName(<形参表>)    //在类外定义
{ … }                           //函数体
```

构造函数是在类对象进入其作用域时被自动调用的，它的作用是对对象进行初始化。构造函数一般声明为公有(public)，如果定义的类仅用于派生其他类时，则可将构造函数定义为保护(protected)的成员函数。

温馨提示：构造函数不需要用户调用，也不能被用户调用。例如，上例中若有如下的main()函数语句：

```
void main(void){
    Birthday t1;
    t1.Birthday();               //错误行
}
```

则系统编译时将出现如下错误：

```
error C2274: 'function-style cast' : illegal as right side of '.' operator
```

温馨提示：当用 new 运算符建立一个动态对象时，C++系统同样会自动调用构造函数来初始化对象的成员数据，然后返回该对象的起始地址。

7.3.2 缺省参数和默认参数的构造函数

如果用户没有定义构造函数，则 C++系统会自动生成一个构造函数，称为默认构造函数，只是这个构造函数的函数体是空的，也没有参数，不执行任何操作。

若定义了带参数的构造函数，但各参数均有默认值，则这个构造函数被看作为默认的构造函数。

因此，为了避免调用时的歧义性，同时定义了缺省参数的构造函数和带默认值参数的

构造函数是错误的。例如：

```
Birthday();                            //声明一个无参的构造函数
Birthday(int year=1990, int month=1, int data=1);
                                       //声明一个全部参数指定了默认值的构造函数
```

因为在建立对象时，如果写成：

```
Birthday t1;
```

C++ 编译系统将无法识别应该调用哪个构造函数，出现了歧义性。

温馨提示：定义了全部参数指定了默认值的构造函数后，就不能再定义重载构造函数。

7.3.3　析构函数

析构函数的作用并不是删除对象，而是在撤销对象占用的内存之前完成一些清理工作，使这部分内存可以被程序分配给其他对象使用。析构函数的名字是类名的前面加一个"～"符号，析构函数不返回任何值，也没有函数类型、没有参数，因此，析构函数不允许重载。一个类可以有多个构造函数，但是只能有一个析构函数。

如果用户没有定义析构函数，C++ 编译系统会自动生成一个析构函数，当然，这个析构函数同样不执行任何操作。其定义格式为：

```
~ClassName()                           //在类声明中定义
{ … }                                  //函数体
~ClassName∷ClassName()                 //在类外定义
{ … }                                  //函数体
```

7.3.4　new 和 delete 运算与构造和析构函数

new 和 delete 是动态建立和撤销对象的运算符，用 new 运算符建立对象时，new 运算符首先为对象分配一个存储空间，然后自动调用构造函数来初始化对象的成员数据，最后返回该动态对象的起始地址。若不再使用这种对象时，必须用 delete 运算符来释放对象所占用的存储空间。例如：

```
CRect * pd=new CRect(0,0,10,10);       //动态建立 CRect 类的对象并返回对象的地址
pd->display();
delete pd;                             //delete 运算符释放对象所占用的存储空间
```

delete 撤销单个对象与撤销对象数组时不同，撤销对象数组时在指针变量名前必须加上[ ]。例如：

```
CRect * pd=new CRect[5];               //动态建立包括 5 个元素的 CRect 类的对象数组
delete []pd;                           //delete 运算符释放对象数组所占用的存储空间
```

7.3.5　完成复制功能的构造函数

在建立对象时，可用同一类的另一个对象来初始化该对象，这时就需要使用复制构造

函数(copy constructor)。其一般定义格式为：

```
ClassName::ClassName(ClassName &c) {…}
```

复制构造函数的参数采用的是同类对象的引用。显然，用这种构造函数来创建一个对象时，必须用一个已产生的同类对象作为实参。与构造函数一样，如果类中没有定义复制构造函数，则编译器会自动生成一个默认的复制构造函数，以 CRect 类为例，其默认复制构造函数形式为：

```
CRect::CRect(CRect &C)
{ left=C.left; top=C.top; right=C.right; bottom=C.bottom;}
```

可见，默认的复制构造函数的功能是依次完成对象中对应成员数据的复制。

温馨提示：若产生对象时仅需复制同类型对象的部分成员数据，或类中的成员数据中使用 new 运算符动态地获得存储空间，则必须在类中显式地定义复制构造函数，以便正确实现成员数据的复制。

7.3.6 浅复制与深复制

默认的复制构造函数的功能是依次完成对象中对应成员数据的复制。如果类中成员数据定义中包含指针成员，则类的对象进行数据复制时，就有可能出现不同对象的同一指针成员指向同一个由 new 动态生成的存储区域，如图 7-1 所示，称为浅复制。

此时当用 delete 运算符释放对象 1 的指针 P 所指的自由存储区后，对象 2 的指针 P 所指的同样区域实际已经不复存在，若再用 delete 运算符释放此存储区域就必然产生错误。

解决上述问题的方法是，重新定义复制构造函数，给每个对象分配一个独立的自由存储区，当类的对象进行数据复制时，不同对象的同一指针成员就指向两个分别由 new 动态生成的不同的存储区域，如图 7-2 所示，称为深复制。

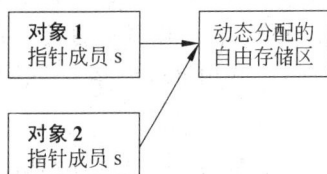

图 7-1　浅复制

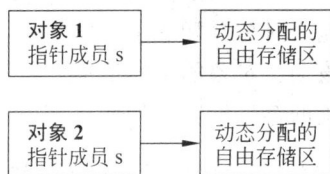

图 7-2　深复制

下面是一个自定义字符串类实现浅复制和深复制功能的构造函数的定义：

```
String(String &p){          //实现浅复制功能的构造函数的定义
    s=p.s;
}
String(String &p){          //实现深复制功能的构造函数的定义
    if(p.s){ s=new char[strlen(p.s)+1];
        strcpy(s, p.s);
    }
```

```
        else s=0;
    }
```

7.3.7　对象成员

在定义一个类时,可以把一个已知类的对象作为该类的成员,例如:

```
class point{
    double x, y;
      ⋮
};
class line{
    point pot1, pot2;          //由两个点类的对象组成的成员
      ⋮
};
```

两个点可以构成一条直线,直线类 line 的定义中,其成员数据就是由点类 point 的两个对象组成,由此,还可以定义三角形类:

```
class trigon{
    point pot1,pot2,pot3;      //由 3个点类的对象组成的成员
      ⋮
};
```

温馨提示:当类中的成员是对象时,不能指定这种对象的存储类型为 auto、register 或 extern。实际上,类中的任何成员均不能指定为这 3 种存储类型。

7.3.8　构造函数和对象成员

当一个类定义中包含有对象成员时,产生该类的对象时必须对它所包含的对象成员进行初始化,并且只能通过新类的构造函数来对它的所有成员数据初始化。此时,新类的构造函数定义的形式以上述三角形类为例:

```
trigon::trigon(args):pot1(args1),pot2(args2),…,potn(argsn) { … }
```

其中,pot1,pot2,…,potn 为类定义中所包含的对象成员名,pto1 (args1),pot22 (args2),…,potn(argsn)称为成员初始化列表,其中的参数表依次为调用相应成员所在类的构造函数时应提供的参数(实参)。这些参数可由构造函数的形参 args 给出,也可以是其他表达式或常数。

当建立类 trigon 的对象时,先调用各个对象成员的构造函数,完成对象成员的初始化,之后再执行 trigon 类的构造函数,完成对类中其他成员的初始化。析构函数的调用顺序与构造函数的调用过程相反。

温馨提示:对对象成员构造函数的调用顺序与这些对象在成员初始化列表中的顺序无关,只取决于这些对象在类中声明的顺序。

7.4 习题解析

7.4.1 选择题

1. 下列选项中，_____不是构造函数的特征。

　　A. 构造函数的函数名与类名相同　　　B. 构造函数可以重载

　　C. 构造函数可以设置默认参数　　　　D. 构造函数必须指定类型说明

参考答案：D

解析：根据构造函数的定义，不能为构造函数指定任何类型，因此是 D 错误的。构造函数是一种特殊的成员函数，其特征是名字与类名相同，可以重载，可以设置默认参数，没有返回值。因此 A、B、C 都是构造函数的特征。

2. 通常的复制初始化构造函数的参数是_____。

　　A. 某个对象名　　　　　　　　　　　B. 某个对象的成员名

　　C. 某个对象的引用名　　　　　　　　D. 某个对象的指针名

参考答案：C

解析：按照 C++ 语言的规定，复制初始化构造函数的参数只能是某个对象的引用名。故答案为 C，如果使用了对象名，编译就会出错。更不能使用对象的成员名或指针名。

3. 下列选项中，_____是析构函数的特征。

　　A. 一个类中只能定义一个析构函数

　　B. 析构函数名与类名不同

　　C. 析构函数的定义只能在类体内

　　D. 析构函数可以有一个或多个参数

参考答案：A

解析：析构函数是一种特殊的成员函数，其特征是一个类只能定义一个析构函数。因为析构函数没有参数，无法重载，故只能定义一个。从析构函数的定义可知，B、C、D 均为错误的。

4. 对于复制构造函数有深复制和浅复制之分，二者的区别在于_____。

　　A. 深复制能用"="运算符进行对象的复制，而浅复制不能

　　B. 深复制能对成员数据进行初始化，而浅复制不能

　　C. 浅复制不能复制指针型的成员数据，而深复制可以

　　D. 浅复制使对象共享动态分配的资源，而深复制为对象分配独自拥有的资源

参考答案：D

解析：从深、浅复制的规定可以看出，D 是正确的。D 中所指的共享就是指两个对象的指针指向同一个由 new 运算符所申请的堆空间。深、浅复制函数的使用方法是一样的，故 A 错误。深、浅复制函数的功能也是一样的，即都是用一个已经存在的对象初始化一个新对象，故 B 是错误的。应该说，浅复制是复制指针型的成员数据，而深复制的是指针所指向的内容，C 的说法正好相反，故错误。

5. 已知类 Sample 中的一个成员函数声明如下：

```
void Set(Sample &a);
```

其中,Sample &a 的含义是_____。

A. 指向类 Sample 的指针为 a

B. 将 a 的地址值赋给变量 Set

C. a 是类 Sample 的对象引用,用来作函数 Set()的形参

D. 变量 Sample 与 a 按位相与,作为函数 Set()的参数

参考答案：C

解析：Sample &a 表示 a 是类 Sample 的对象引用,用来作函数 Set()的形参。故 C 正确。a 不是指针,故 A 错误。在函数中是不能对函数名赋值的,故 B 错误。Sample 不是变量,也没有 D 的说法,D 错误。

7.4.2　填空题

1. 一个类的对象(能/否)_____成为另一个类的成员。

参考答案：能

解析：当一个类的对象成为另一个类的成员时,称为对象成员。

2. 对于如下的类定义：

```
class String{
    char * s;
public:
    ...
};
```

若类定义中没有定义完成复制功能的构造函数,则编译器产生的默认复制构造函数的形式为：

```
String(String &p)
{_____; }
```

参考答案：s=p. s

解析：默认的复制构造函数是浅复制,其功能就是将引用变量参数的各成员数据分别赋值给某个对象的对应成员数据。此类只有一个成员数据,故答案只有这一句。

7.4.3　阅读填空题

1. 阅读下列程序,写出执行结果。

```
# include<iostream.h>
class Sample{
    int x,y;
    public:
        Sample(){x=y=0;}
        Sample(int a,int b){x=a;y=b;}
        ~Sample(){
```

```
        if(x==y)
            cout<<"x=y"<<endl;
        else
            cout<<"x!=y"<<endl;
    }
    void disp()
    { cout<<"x= "<<x<<",y= "<<y<<endl; }
};
void main(void){
    Sample s1(2,3),* p=&s1;
    s1.disp();
    p->disp();
}
```

参考答案：x=2,y=3
　　　　　　x=2,y=3
　　　　　　x!=y

解析：本题说明了构造函数和析构函数的定义方法。程序中首先定义了一个类 Sample,在 main() 中定义了它的一个对象,定义 s1 对象时调用其重载构造函数使 s1.x=2,s1.y=3,然后,调用其成员函数输出成员数据,最后在退出程序时自动调用析构函数。本例同时说明了对象指针的使用方法。这里通过指向对象的指针来调用对象的成员函数,对象指针 p 指向对象 s,p->disp() 等价于 s.disp()。

构造函数是唯一不能被显式调用的成员函数,它在定义类的对象时自动调用,也称为隐式调用。析构函数在对象的作用域结束时被自动隐式调用。析构函数与构造函数不同,它既能被显式调用,也能被隐式调用。

2. 阅读下列程序,写出执行结果。

```
# include<iostream.h>
class Sample{
    public:
        int x;
        int y;
        void disp()
        {   cout<<"x= "<<x<<",y= "<<y<<endl; }
};
void main(void){
    int Sample:: * pc;
    Sample s;
    pc=&Sample::x;
    s.* pc=10;
    pc=&Sample::y;
    s.* pc=20;
    s.disp();
```

```
}
```

参考答案：x=10,y=20

解析：本题说明了类成员数据指针的使用方法。在 main()中定义的 pc 是一个指向 Sample 类成员数据的指针。执行语句 pc=&Sample∷x 时,pc 指向成员数据 x,语句 s.﹡pc=10 等价于 s.x=10,为了保证该语句正确执行,Sample 类中的 x 必须是公有成员;执行语句 pc=&Sample∷y 时,pc 指向成员数据 y,语句 s.﹡pc=20 等价于 s.y=20,同样, Sample 类中的 y 必须是公有成员。

3. 以下程序的执行结果是_____。

```cpp
#include<iostream.h>
class B{
    int x,y;
public:
    B() {
        x=y=0;
        cout<<"Constructorl"<<endl;
    }
    B(int i) {
        x=i; y=0;
        cout<<"Constructor2"<<endl;
    }
    B(int i,int j) {
        x=i; y=j;
        cout<<"Constructor3"<<endl;
    }
    ~B() { cout<<"Destructor"<<endl;}
    void print(){
        cout<<"x="<<x<<",y="<<y<<endl;}
};
void main(void) {
    B * ptr;
    ptr=new B[3];
    ptr[0]=B();
    ptr[1]=B(5);
    ptr[2]=B(2,3);
    for(int i=0;i<3; i++)
    ptr[i].print();
    delete[]ptr;
}
```

参考答案：

Constructorl	ConStructorl	Constructorl
ConStructorl	Destructor	Constructcor2
Destructor	Constructor3	Destructor

$$x=0,y=0 \qquad x=5,y=0 \qquad x=2,y=3$$
$$\text{Destructor} \qquad \text{Destructor} \qquad \text{Destructor}$$

解析：类 B 重载了构造函数,分别为:B(),B(int i)和 B(int i, int j),公有成员函数 print()实现对 B 类私有成员的输出。在 main 函数中,运用动态内存分配技术,由语句 ptr=new B[3]创建包含 3 个 B 类对象的数组,此时,B 类指针 ptr 指向该数组,数组的 3 个元素可分别由 ptr[0]、ptr[1]和 ptr[2]表示。因此 3 次调用默认的构造函数,产生前 3 行输出。在 main()函数的最后,由语句 delete[]ptr 释放该对象数组,并由此调用 3 次析构函数,产生最后 3 行输出。

语句 ptr[0]=B();由默认构造函数创建一个无名对象,并保存在 ptr[0]中,使得 ptr[0].x=0, ptr[0].y=0,该语句等价于以下操作:

```
B temp;
ptr[0]=temp;
释放 temp;
```

因此调用默认构造函数 1 次,调用析构函数 1 次。产生第 4 行和第 5 行输出。

语句 ptr[1]=B(5);创建一个无名对象,并保存在 ptr[1]中,由构造函数 B(int i)完成该对象的初始化,使 ptr[1].x=5, ptr[1].y=0。产生第 6 行和第 7 行输出。

语句 ptr[2]=B(2,3);创建一个无名对象,并保存在 ptr[2]中,由构造函数 B(int i,int j)完成该对象的初始化,使 ptr[2].x=2, ptr[2].y=3。产生第 8 行和第 9 行输出。

第 10 行、11 行、12 行输出由 for 循环语句 3 次调用 ptr[i].print()产生。

4. 以下程序的运行结果是_____。

```cpp
#include<iostream.h>
class A{
private:
    int x;
public:
    A(int a) {
        x=a;
        cout<<"x="<<x<<'\t'<<"class_A"<<'\n';
    }
    ~A() { cout<<"class_~A"<<'\n'; }
};
class B{
private:
    A y,z;
    int s;
public:
    B(int a,int b,int c): y(a+b+c),z(3-a)
    {   s=c-b;
        cout<<"s="<<s<<'\t'<<"class_B"<<'\n';
    }
```

```
    ~B( ) { cout<<"class_~B"<<'\n'; }
};
void main(void){
    B s(1,2,3);
}
```

参考答案：x=6　　class_A
　　　　　　x=2　　class_A
　　　　　　s=1　　class_B
　　　　　　class_ ～B
　　　　　　class_ ～A
　　　　　　class_ ～A

解析：在类 B 的定义中包含有类 A 的两个对象成员 y 和 z，因此，类 B 的构造函数包含了对象成员的初始化列表。当 main() 函数中创建 B 类的对象 s(1,2,3) 时，由 B 类的构造函数可知，首先执行初始化列表中的 y(a+b+c) 和 z(3−a) 引起对 A 类构造函数的两次调用，使 y.x=6，z.x=2，并产生第一行和第二行输出；随后执行 B 类构造函数的调用，使 s.s=1 并产生第三行输出，main() 函数的执行到此结束。在退出程序前，必须撤销对象 s，这是隐式调用的过程，从而引发析构函数的调用，并且其顺序与构造函数的调用顺序正好相反，产生最后三行的输出。

5．阅读以下程序，并回答提出的问题。

```
# include<iostream.h>
# include<string.h>
class String{                             //定义类 String
public:
    String(){Length=0; Buffer=0;}         //默认构造函数
    String(const char * str);             //构造函数
    void Setc(int index,char newchar);
    char Getc(int index)const;
    int GetLength()const{return Length;}
    void Print()const{                    //常成员函数
        if(Buffer==0)
            cout<<"empty.\n";
        else
            cout<<Buffer<<endl;
    }
    void Append(const char * Tail);
    ~String(){delete[]Buffer;}
private:
    int Length;
    char * Buffer;
};
```

```
String::String(const char * str){
    Length=strlen(str);
    Buffer=new char[Length+1];
        strcpy(Buffer,str);
}
void String::Setc(int index,char newchar){
    if (index>0 && index<=Length)
        Buffer[index-1]=newchar;
}
char String::Getc(int index)const {
    if (index>0&&index<=Length)
        return Buffer[index-1];
    else
        return 0;
}
void String::Append(const char * Tail){
    char * tmp;
    Length+=strlen(Tail);
    tmp=new char[Length+1];
    strcpy(tmp,Buffer);
    strcat(tmp,Tail);
    delete[]Buffer;
    Buffer=tmp;
}
void main(void){
    String S0,S1("a string.");
    S0.Print();
    S1.Print();
    cout<<S1.GetLength()<<endl;
    S1.Setc(5,'P');
    S1.Print();
    cout<<S1.Getc(6)<<endl;
    String S2("this ");
    S2.Append("a string.");
    S2.Print();
}
```

回答下列问题：

（1）该程序中调用哪些在 string.h 中所包含的函数？

（2）该程序的 String 类中是否用了函数重载的方法？哪些函数是重载的？

（3）Setc()函数有何功能？

（4）Getc() 函数有何功能？

（5）Append()函数有何功能？

（6）该程序的成员函数 Print()中不用 if 语句,行否？

（7）写出该程序执行后的输出结果。

解析：

（1）该程序中调用的 strcpy()～1 strcat()～string. h 中所包含的函数。

（2）该程序的 String 类中使用了函数重载的方法,构造函数是重载的。

（3）Setc(int index,char newchar)函数将 Buffer 字符串中第 index 位置处的字符用 newchar 替换。

（4）Getc(int index)函数返回 Buffer 字符串中第 index 位置处的字符。

（5）Append(const char * Tail)函数将 Tail 字符串连接到 Buffer 字符串的末尾。

（6）该程序的成员函数 Print()中不用 if 语句是不行的。因为如果未给 Buffer 设置字符串值,执行 cout<<Buffer<<endl;语句会出现致命的错误。

（7）该程序执行后的输出结果如下：

```
empty
a string.
9
a stPing.
1
this a string.
```

7.4.4　完善程序题

1. 下面是一个 Test 类,输出结果是：10－6＝4,请完善程序。

```
#include<iostream.h>
class Test{
    int x,y;
        ①
    Test(int a,int b){    ②    }
    void Print(){ cout<<    ③    <<x-y<<endl;}
};
void main(void)
{
    Test t(10,6);
        ④    ;
}
```

参考答案： ① public:　　　　　　② x=a;y=b;

③ x<<'－'<<y<<'='　　④ t. Print()

解析： 一般说来,类的成员数据是私有的,成员函数是共有的,因此有答案①,使后面的成员函数成为公有的。②处是一个构造函数的函数体,构造函数通常就是将参数依次赋值给各成员数据,因此有答案②处的结果。③处是输出的一部分,显然,要按照题目规定格式输出,就只能是答案③处的结果。④处是负责输出的,很显然有此答案。

2. 完善下列程序,实现对象成员的初始化。

```
# include<iostream.h>
class A{
    int x,y;
    _____①_____ :
        A(int a,int b) { _____②_____ }
};
class B:{
    A a1;
    public:
        B(int x1,int y1,int x2,int y2): _____③_____ { }
        ~ _____④_____ {cout<<"析构函数";}
};
void main(void){
    B b(1,2,3,4);
}
```

参考答案: ① public

② x=a,y=b;

③ a1(x1,y1)

④ B()

解析: 答案①②处的理由同上一题。③处所在的函数是类 B 的构造函数,类 B 是一个含有类 A 的对象成员的类,在其构造函数的函数体前,要以"初始化列表"方式先初始化对象成员,故有答案③。根据④处所在行的第一个字符"~",可知此行是一个析构函数,再根据析构函数的特点,就有答案④。

3. 建立一个 student 类来实现如下功能:查找考试成绩在 80 分以上的学生及其编号,并统计这些学生的总人数。

```
# include <iostream.h>
class student{
    int i;
    int _____①_____ ;
    float stu[11];
public:
    student( ) {
        for(i=1; _____②_____ ;i++) cin>>stu[i];
        count=0;
    }
    void stat( ){
        for(i=1;i<=10;i++)
            if(stu[i]>=80)
                { count++; _____③_____ ; }
```

```
        }
        void Show(){
            cout<<"number: "<<i<<'\t'<<stu[i]<<'\n';
        }
        void print(){
            cout<<"total: "<<count<<endl;
        }
};
void main(void){
    student a;
    _____④_____
    a.print();
}
```

参考答案：① count　　② i<=10　　③ Show()　　④ a.stat();

解析：①处应该是一个成员数据,对比该类的构造函数,就有答案①,因为该函数中使用了一个未定义的变量 count,此变量显然就是①处的成员数据。在构造函数中,使用了一个循环来初始化实型数组成员,此数组只有 11 个元素,因此②处必为 i<=10。本题的功能是输出 80 分以上的学生资料,③处所在的位置是已经判别该生成绩为 80 分以上了,应该要输出该生的资料,所以该处应该是调用成员函数 Show。④处是调用一个函数来处理学生资料,所以是 a.stat();。

7.5　同步练习

7.5.1　选择题

1. 有关构造函数的说法不正确的是_____。
   A. 构造函数名字和类的名字一样
   B. 构造函数在说明类变量时自动执行
   C. 构造函数无任何函数类型
   D. 构造函数有且只有一个

2. 有关析构函数的说法不正确的是_____。
   A. 析构函数有且只有一个
   B. 析构函数无任何函数类型
   C. 析构函数和构造函数一样可以有形参
   D. 析构函数的作用是在对象被撤销时收回先前分配的内存空间

3. 下列给出的各类函数中,_____不是类的成员函数。
   A. 构造函数　　　　　　　　　　B. 析构函数
   C. 友元函数　　　　　　　　　　D. 复制初始化构造函数

4. 下列关于类的构造函数和析构函数的叙述不正确的是_____。
   A. 类的析构函数可以重载

    B. 类的构造函数可以重载

    C. 定义一个类时可以不显式定义构造函数

    D. 定义一个类时可以不显式定义析构函数

5. 构造函数的功能是_____。

    A. 为类名分配存储空间   B. 为类的实例分配存储空间

    C. 建立对象并初始化成员数据   D. 建立对象并初始化成员函数

6. 在下列函数中,_____不能重载。

    A. 成员函数   B. 非成员函数

    C. 析构函数   D. 构造函数

7. 复制构造函数可用于 3 个方面,其中,_____不能运用复制构造函数。

    A. 用基类的一个对象去初始化一个派生类的对象

    B. 函数的形参是类的对象

    C. 函数的返回值是类对象

    D. 用类的一个对象去初始化该类的另一个对象

7.5.2 填空题

1. _____是一种特殊的成员函数,它主要用来为对象分配内存空间,对类的成员数据进行初始化并执行对象的其他内部管理操作。

2. 一个类中有_____个析构函数。

3. 有以下矩形类的定义:

```
class Rectangle {
    int left=0, top=0;                          //A
    int right=0, bottom=0;                      //B
public:
    void Rectangle(int l, int t, int r, int b);  //C
    ~Rectangle(){ };
    ...
}
```

该定义中有两处错误,它们分别是____①____和____②____。

答案:①处是 A、B 两行,定义类时不为成员数据分配内存控件,所以不能对对类的成员数据赋值。②成员函数 Rectangle 没有完成定义。

7.5.3 阅读填空题

1. 以下程序的执行结果是_____。

```
#include<iostream.h>
class CSample {
    int i;
public:
    CSample();
```

```
    void disp();
    ~CSample();
};
CSample::CSample(){
    cout<<"Constructor"<<",";
    i=0;
}
void CSample::disp(){
    cout<<" i="<<i<<",";
}
CSample::~CSample(){
    cout<<" Destructor"<<endl;
}
void main(void) {
    CSample a;
    a.disp();
}
```

2. 以下程序的执行结果是_____。

```
# include<iostream.h>
class B{
private:
    int a,b;
public:
    B(){ };
    B(int i,int j){a=i; b=j;}
    void printb()
    { cout<<"a="<<a<<",b="<<b<<endl; }
};
class A{
    B c;
public:
    A(){ };
    A(int i,int j):c(i,j){ };
    void printa(){c.printb();}
};
void main(void){
    A a(7,8);
    a.printa();
}
```

3. 以下程序的执行结果是_____。

```
# include<iostream. h>
class CSample {
```

```cpp
    int i;
public:
    CSample();
    CSample(int val);
    void disp();
    ~CSample();
};
CSample::CSample(){
    cout<<"Constructorl"<<endl;
    i=0;
}
Csample::CSample(int val) {
    cout<<"Constructor2"<<endl;
    i=val;
}
void Csample::disp(){
    cout<<"i="<<i<<endl;
}
Csample::~CSample(){
    cout<<"Destructor"<<endl;
}
void main(void){
    CSample a,b(1 0);
    a.disp();
    b.disp();
}
```

4. 下面程序的执行结果是_____。

```cpp
#include<iostream.h>
class A{
    int z;
public:
    A(int x=0)
    {
        z=x+count;
        count++;
        cout<<z<<'\n';
    }
    static int count;
};
int A::count=1;
void main(void)
{
    A a(100);
```

```
    A b;
    A c(200);
    cout<<"count="<<b.count<<'\n';
}
```

5. 写出执行下面程序的输出结果_____。

```
#include<iostream.h>
#include<iomanip.h>
class Trig{
private:
    int height;
    int chnum;
public:
    Trig(int x=1){
        height=x;
        chnum=0;
    }
    void Disp();
};
void Trig::Disp(){
    int i, j;
    for(i=1; i<=height; i++){
        for(j=1; j<=2*i-1; j++)
            cout<<setw(2)<<height-i+1;
        cout<<endl;
        chnum=chnum+2*i-1;
    }
    cout<<"chnum="<<chnum<<endl;
}
void main()
{   Trig a(4);
    a.Disp();
    return ;
}
```

6. 以下程序定义了 3 个类,对象作为成员数据,输出结果是_____。

```
#include<iostream.h>
class Heart{
    int id;
    float freq;
public:
    Heart( int i=0, float f=30 ) { id=i; freq=f; }
    void set(int a, float b){
        id=a;
```

```
            if(b<50) freq=30;
            else freq=b;
        }
        int getid(){return id;}
        void getf(){cout<<freq;}
};
class Face{
        char flag;
        int weight;
public:
        Face(char c='\0', int w=0) {flag=c; weight=w; }
        void set(char a, int b) {flag=a; weight=b;}
        char getf(){return flag;}
        int getwt(){return weight;}
};
class Body {
public:
        Body( int, char, char, int);
        void SetBd( int a, float b) { ha.set(a, b); }
        void SetFa( char a, int b) {fb.set(a, b); }
        void Print();
private:
        Heart ha;
        Face fb;
};
Body::Body( int a, char b, char c, int d) : ha(a,b), fb(c,d)
{ }
void Body::Print(){
        cout<<ha.getid()<<',';
        ha.getf();
        cout<<','<<fb.getf()<<','<<fb.getwt()<<endl;
}
void main(){
    Heart h ;
    cout <<"H.id=" <<h.getid() <<"\nH.freq=" ;
    h.getf();
    cout<<endl;
    Body M1(101, 60, 'R', 100), M2(222, 45, 'W', 0) ;
    M1.Print();
    M2.SetBd(234, 0);
    M2.SetFa('G', 900);
    M2.Print();
    M1.SetBd(606, 75);
    M1.Print();
}
```

7.5.4　完善程序题

1. 下面是一个二维坐标的类,输出结果是:1,2。

```cpp
#include<iostream.h>
class Point{
    int x,y;
    _____①_____
    Point(int a,int b){____②____}
    void Print(){____③____}
};

void main(void)
{
    Point p1(1,2);
    _____④_____
}
```

2. 以下程序建立了一个学生类 student。主函数中建立了一个对象数组 A,用于存储 N 个学生的分数。程序运行时输入 N 个学生的英语和计算机成绩,然后按总分从高到低降序排序,输出排序后的结果。

```cpp
#include<iostream.h>
const N=5;
class student{
private:
    int english, computer, total;    //学生的英语、计算机学习成绩和总分
public:
    student(){english=computer=total=0;}
    void setscore();
    int getscore(){return ____①____;}
    void display();
};
void student:: ____②____ {
    cout<<"输入英语成绩";
    cin>>english;
    cout<<"输入计算机成绩";
    cin>>computer;
    total=english+computer;
}
void student::display(){
    cout<<"英语="<<english<<" 计算机="<<computer<<" 总分="<<total<<endl;
}
void main(void){
    student A[N], temp;
```

```
        int i, j ;
        for(j=0;j<N;j++)
        {
            cout<<"学生 "<<j+1<<": "<<endl;
            A[j].setscore();
        }
        for(j=N-1; j>0; j--)
            for(_____③_____)
                if( A[i]._____④_____ < _____⑤_____ )
                {
                    temp=A[i];
                    _____⑥_____
                    A[i+1]=temp;
                }
        cout<<endl<<"排序结果如下: "<<endl;
        for(i=0;i<N;i++)
            _____⑦_____
}
```

3. 以下程序中定义了一个电话簿类 TeleBook,成员数据 tbook 用于存储一个链表结构的电话簿,结构 item 定义了链表中的一个数据项。成员数据 number 表示电话簿中已存入的数据元素个数。程序运行时用户可以通过菜单选择成员函数提供的插入新号码、查找、打印清单和删除一个号码等操作。

选择输入时,要求输入姓名和对应的电话号码,新节点插在链首。选择删除时,输入一个姓名,先在表中查找该项,若找到则进行删除操作,否则给出提示信息。此链表不带附加的头节点。选择打印清单,则屏幕打印输出电话簿中存储的姓名和电话号码清单。

请填空以完善该程序。

```
# include<iostream.h>
# include<string.h>
struct item{
    char name[12];          //姓名
    char telnum[8];         //电话号码
    item * next;
};
class TeleBook{
private:
    item * tbook;           //电话号码
    int number;             //表中存入的电话号码个数
public:
    TeleBook(){tbook=NULL;number=0;}
    void Insert();
    void Delete();
    void Print();
```

```cpp
};
void TeleBook::Insert(){   //输入新数据项
    item* p;
    p=new item;
    if(!p)return;
    cout<<"Input name and telenumber: ";
    cin>>p->name>>p->telnum;
    P->next=_____①_____;
    _____②_____;
    number++;
}
void TeleBook::Delete(){   //删除数据项
    char ch[12];
    item* p,* q;
    p=tbook;
    cout<<"Input the name to be delete: ";
    cin>>ch;
    while(_____③_____){
        if(strcmp(p->name,ch)==0)break;
        q=p;
        p=_____④_____;
    }
    if(p==_____⑤_____){cout<<"Not found the name!"<<endl;return;}
    if(p==tbook)tbook=p->next;
    else _____⑥_____;
    number--;
    cout<<p->name<<"is deleted!"<<endl;
        delete p;
        return;
}
void TeleBook::print(){    //打印清单
    item* p;
    _____⑦_____;
    cout<<"All telenums: "<<number<<endl;
    while(p){
        cout<<p->name<<':'<<p->telnum<<endl;
        _____⑧_____;
    }
        return;
}
void main(){
    int ch;
    TeleBook myfriend;
    ch=1;
```

```
        while(ch<4){cout<<"1.输入,2.删除,3.打印清单,other-退出,
                        please choose!"<<endl;
            cin>>ch;
            switch(ch){
                case 1:myfriend. Insert();break;
                case 2:myfriend. Delete();break;
                case 3:myfriend. print();break;
            }
        }
    }
```

7.5.5 改错题

1. 阅读下面类的定义,找出程序中的错误,并说明错误原因。

```
#include<iostream.h>
class Sample{
private:
    int value;
public:
    int Sample(int a){value=a;}                    //A
    int Max(int x,int y){ return x>y ? x:y;}       //B
    int Max(int x,int y,int z=0) {                 //C
       if(x>y)
           return x>z?x:z;
       else
           return y>z?y:z;
    }
    ~Sample(int a){value=0;}                        //D
};
void main(void) {
    Sample s;
    s.Max(10,20);
}
```

2. 阅读下面类的定义,找出程序中的错误,并说明错误原因。

```
#include<iostream.h>
class Sample{
private:
    int x,y;
public:
    Sample(int a=0,b=1);
    disp();
};
Sample::Sample(int a=0,int b=1){x=a;y=b;}
```

```
void Sample::disp()
{  cout<<"X="<<x<<",y="<<y<<endl;}
```

3. 阅读下面类的定义，找出程序中的错误，并说明错误原因。

```
#include<iostream. h>
class sample{
      int x,y,c;
public:
      sample(int i=0,int j=0);          //A
      void f()const;
};
void sample::f()const{
      cout<<x<<"  "<<y<<endl;
      c++;                              //B
}
```

7.6　同步练习参考答案

选择题答案

1. D　2. D　3. C　4. A　5. C　6. C　7. A

填空题答案

1. 构造函数
2. 1
3. ① A、B 行　　② C 行

阅读填空题答案

1. Constructor,i=0,Destructor
2. a=7,b=8
3. Constructor1

   ConStructor2

   i=0

   i=10

   DeStructor

   DeStructor
4. 101

   2

   203

   count=4

5. 4
  3 3 3
  2 2 2 2 2
  1 1 1 1 1 1 1
  chnum=16
6. H. id=0
  H. freq=30
  101，60，R，100
  234，30，G，900
  606，75，R，100

完善程序题

1. ① public；   ② x=a；y=b；   ③ cout<<x<<'，'<<y<<endl；
   ④ p1. Print()；
2. ① total；   ② setscore()；   ③ i=0；i<j；i++；   ④ getscore()；
   ⑤ A[i+1]. getscore()；   ⑥ A[i]=A[i+1]；   ⑦ A[i]. display()；
3. ① tbook；   ② tbook=p；   ③ p；   ④ p=p->next；   ⑤ NULL；
   ⑥ q->next=p->next；   ⑦ p=tbook；   ⑧ p=p->next

改错题答案

1. 该类定义有如下 3 处错误：

(1) 类 Sample 的构造函数不能有返回值，A 行处构造函数的数据类型应改为 void。

(2) 由于 C 行的 Max 函数带有默认值，B、C 两行的 Max 成员函数重载会产生二义性。因为调用 Max(10,20)时，不能确定是调用 Max(10,20)还是 Max(10,20,0)。

(3) D 行处类 Sample 的析构函数不能有参数，应改为～Sample()。

2. 该类定义有如下 3 处错误：

(1) 构造函数说明错误，应将"Sample(int a＝0，b＝1)"改为"Sample(int a＝0，int b＝1)"。

(2) 构造函数在说明时已给出参数的默认值，因此在定义时不能再定义默认值，应将"Sample::Sample(int a=0，int b=1)"改为"Sample::Sample(int a，int b)"。

(3) 在类中说明 disp 时没有给出数据类型，在定义时也要一致，应将"void Sample::disp()"改为"Sample::disp()"，或者两处都不用 void。

3. Sample 类的成员函数 f() 被说明为常成员函数，因此它不能修改对象的成员数据，即在 f() 函数中 B 行处"c++"语句是不适合的。有下述两种修改方式：

• 把"c++"删除。

• 将 f()常成员函数改为普通成员函数。

本题的构造函数没有定义，如果在程序中添加主函数并定义对象，编译时不显示错误，但是在链接时会显示错误。应当补充定义该构造函数。

第 **8** 章 继承和派生

CHAPTER

8.1 简 介

继承(Inheritance)是面向对象程序设计的重要特征,它允许程序员在保持原有类特性的基础上进行扩展,增加功能,是程序代码可以重用的最重要手段之一。利用继承机制产生的新类称为派生类或子类(Subclass),被继承的类称为基类(Base class)。基类和派生类的集合构成类族。

如果一个派生类仅由一个基类派生,称为单一继承(Single Inheritance)。如果一个派生类由两个或多个基类派生,称为多重继承(Multiple Inheritance)。

由基类派生出派生类的定义格式为:

```
class Cname:<Access>BaseClass1, <Access>BaseClass2,…,
<Access>BaseClassN
{   private:
         成员列表;
    public:
         成员列表;
    protected:
         成员列表;
};
```

Access用于规定基类中的成员在派生类中的访问权限,包括私有派生(private),公有派生(public)和保护派生(protected)3种形式。

公有派生时,基类的公有成员和保护成员在派生类中保持原有访问属性,其私有成员仍为基类私有。

私有派生时,基类的公有成员和保护成员在派生类中成为私有成员,基类中私有成员在派生类中不可直接访问。

保护派生时,基类的公有成员和保护成员在派生类中成为保护成员,基类中私有成员在派生类中不可直接访问。

若定义的类只能用作基类来派生出新的类,而不能用作定义对象,则称这个类为抽象类。

8.2 知 识 点

- 继承与派生
- 派生方式
- 抽象类
- 派生类的构造函数与析构函数
- 单一继承与多重继承
- 冲突、支配规则和赋值兼容规则
- 虚基类

8.3 概 念 解 析

8.3.1 继承与派生

一个新类从已有的类那里获得已有特性,这种现象称为继承。从已有的类(父类)产生一个新的子类,称为类的派生。一个基类可以派生出多个派生类,每一个派生类又可以作为基类再派生出新的派生类,从而形成类的继承层次结构,构成一个类的家族,称为类族。类的每一次派生,都继承了其基类的基本特征,同时可根据需要调整和扩充原有的特征。派生类中的成员包括从基类继承过来的成员和自己增加的成员两部分。从基类继承的成员体现了派生类从基类继承而获得的共性,而新增加的成员体现了派生类的个性。

例如,定义描述二维平面中一个点的类,并以此为基类派生出平面上圆的类,程序代码如下:

```
class point{                    //描述二维平面中一个点的类
    double x, y;
public:
    point(float i=0, float j=0) { x=i; y=j; }
    double area( ) { return 0.0;}
};
class circle:public point {      //在点基类
的基础上增加半径成员,派生了圆类
    double radius;
public:
    circle(double r=0) { radius=r; }
    double area( ) { return PI * radius * radius; }
};
```

基类与派生类成员的分布情况如图 8-1 所示。

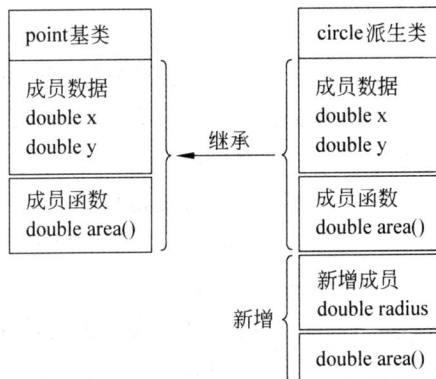

图 8-1　由 point 基类派生出 circle 类

可以对派生类做以下几种变化：

- 全部或部分继承基类的成员数据或成员函数。
- 增加新的成员数据或成员函数。
- 重新定义已有的成员函数。
- 改变现有的成员属性。

8.3.2　派生方式

派生有 3 种方式。公有派生时，基类的公有成员和保护成员在派生类中仍然保持基公有成员和保护成员的属性，而基类的私有成员在派生类中并没有成为派生类的私有成员，它仍然是基类的私有成员，只有基类的成员函数可以访问它们，而不能被派生类的成员函数访问，因此成为派生类中不可访问的成员。

私有派生时，基类的公有成员和保护成员在派生类中的访问属性相当于派生类中的私有成员，即派生类的成员函数能访问它们，而在派生类外不能访问它们。基类的私有成员在派生类中是隐蔽的不可访问的成员，只有基类的成员函数可以访问它们。

保护派生时，基类的公有成员和保护成员在派生类中都成为保护成员，其私有成员仍为基类私有。也就是把基类原有的公有成员也保护起来，不让类外任意访问。

基类成员在派生类中的访问属性如表 8-1 所示。

表 8-1　基类成员在派生类中的访问属性

基类中的成员	在公有派生类中的访问属性	在私有派生类中的访问属性	在保护派生类中的访问属性
私有成员	不可访问	不可访问	不可访问
公有成员	公有	私有	保护
保护成员	保护	私有	保护

表 8-1 说明，基类的私有成员被派生类继承后变为不可访问的成员，派生类中的所有成员均无法访问它们。如果需要在派生类中引用基类的某些成员，应该将基类的这些成员声明为保护的(protected)，而不能声明为私有的(private)。

8.3.3　抽象类

抽象类是指所定义的类只能用作基类来派生出新的类，而不能用来定义对象。

定义抽象类的方法如下：

(1) 把一个类的构造函数或析构函数的访问权限定义为保护的(protected)，此时，在定义对象时因类外无法访问保护型成员，调用不被允许，因此无法产生这种类的对象。析构函数的作用过程也是如此。但是，当用抽象类作为基类来产生派生类时，由于基类的保护成员在派生类中可以被调用，因此，无论是基类的构造函数还是析构函数都可在派生类中被正常调用来产生派生类的对象。

(2) 在类定义中至少包含一个纯虚函数，由于纯虚函数没有实现部分，所以不能产生对象，这样的类也是抽象类，只能作为派生类的基类，不能直接用来说明类的对象。

定义纯虚函数的一般格式为：

virtual<type>FuncName(<ArgList>)=0;

8.3.4 派生类的构造函数与析构函数

当用派生类产生派生类对象时，为了初始化基类成员，派生类的构造函数定义要考虑对基类构造函数的调用，其定义的一般格式为：

ClassName::ClassName(args):Base1(args1),Base2(args2),…,Basen(argsn)
{…}

其中，args1,args2,…,argsn 中的参数来自于 args 参数表中的参数。

当说明派生类对象时，系统首先调用各基类的构造函数，对基类成员进行初始化，之后执行派生类的构造函数。当撤销派生类的对象时，析构函数的调用顺序正好与之相反。

8.3.5 单一继承与多重继承

单一继承形成一棵倒挂的树，派生类继承了基类的所有成员数据和成员函数，并在派生类中增加新的成员数据和成员函数。多重继承是把两个以上的类作为基类，派生出新的派生类，在派生类中可以增加也可以不增加新的成员数据和成员函数。

多重继承的一般格式为：

class 类名：<Access>类名 1,<Access>类名 2,…,<Access>类名 n
{…};

Access 说明了继承的方式可以是公有继承（public）、私有继承（private）或保护继承（protected）之一。

8.3.6 冲突、支配规则和赋值兼容规则

多重派生时，两个或两个以上基类中存在同名的成员，并且访问权限均为公有（public），派生类使用到该基类中的成员时，将会出现不唯一性，这种现象称为冲突。

当派生类新增加的成员名与其基类的成员同名时，派生类的成员将覆盖基类中的同名成员，这种优先关系称为支配规则，即派生类中成员优先原则。如果需要使用基类中的成员，需使用作用域运算符，强调声明属于基类的成员。

温馨提醒：不同的成员函数，只有在函数名和参数个数相同、类型相匹配的情况下才发生同名覆盖。如果函数名相同，而参数个数或类型不同是函数重载。

基类与派生类对象存在赋值兼容关系，由于派生类中包含从基类继承的成员，因此可以将派生类对象的值赋给基类对象，称为赋值兼容规则。

该规则包括以下几点：

- 派生类的对象可以赋给基类的对象，实际是将派生类对象中从基类继承来的成员赋给基类的对象，反之不行。
- 可以将派生类对象的地址赋给指向基类对象的指针，即指向基类对象的指针变量

也可以指向派生类对象。
- 派生类对象可以初始化基类的引用。

8.3.7　虚基类

如果一个派生类有多个直接基类,并且,这些直接基类又有一个共同的基类,则在最终的派生类中会保留该共同基类数据成员的多份同名成员,在引用这些同名成员时可能会产生二义性(冲突)。为此,C++语言提供虚基类的方法,使得在间接继承共同基类时只保留一份成员。

声明虚基类的一般格式为:

class 派生类名: virtual <Access> 基类名
{…};

与一般基类的初始化过程相似,虚基类的初始化同样由构造函数实现。所不同的是,由虚基类经过一次或多次派生出来的派生类,在其每一个派生类的构造函数的成员初始化列表中必须给出对虚基类的构造函数的调用,如果未列出,则调用虚基类的默认构造函数。编译器约定,在执行直接派生类的构造函数时不调用虚基类的构造函数,而是在最终派生类的构造函数中直接调用虚基类的构造函数。例如:

```
class A{                      //基类 A
    A(int i){…}
     ⋮
};
class B: virtual A{           //类 B 的定义中,说明类 A 为虚基类
    B(int x):A(x){…}
     ⋮
};
class C: virtual A{           //类 C 的定义中,说明类 A 为虚基类
    C(int x):A(x){…}
     ⋮
};
class D: public B,public C{   //类 D 由类 B、C 公有派生
    D(int x):B(x),C(x),A(x){…}
    //最终派生类 D 的构造函数,在初始化列表中对所有基类初始化
     ⋮
};
```

8.4　习题解析

8.4.1　选择题

1. 在类的继承与派生过程中,对派生类不正确的说法是_____。
  A. 派生类可以继承基类的所有特性 B. 派生类只能继承基类的部分特性

C. 派生类可以重新定义已有的成员　　D. 派生类可以改变现有成员的属性

参考答案：B

解析：派生类可以全部或部分继承基类的成员数据或成员函数，可以增加新的成员数据或成员函数，可以重新定义已有的成员函数，可以改变现有的成员属性。

2. 设类 B 是基类 A 的派生类，并有语句"A a1, * pa=&a1; B b1, * pb=&b1;"，则正确的赋值语句是_____。

A. pb=pa;　　　　B. b1=a1;　　　　C. a1=b1;　　　　D. * pb= * pa;

参考答案：C

解析：根据赋值兼容规则，基类与派生类对象存在赋值兼容关系，由于派生类中包含从基类继承的成员，因此可以将派生类对象的值赋给基类对象，反之不行。

3. 下列叙述中不正确的是_____。

A. 含纯虚函数的类为抽象类　　　B. 不能直接由抽象类建立对象
C. 抽象类不能作为派生类的基类　　D. 纯虚函数没有其函数的实现部分

参考答案：C

解析：根据抽象类的定义可知，抽象类只能用作基类来派生出新的类，而不能用来定义对象。

4. 当定义派生类的对象时，调用构造函数的正确顺序的是_____。

A. 先调用基类的构造函数，再调用派生类的构造函数
B. 先调用派生类的构造函数，再调用基类的构造函数
C. 调用基类的构造函数和调用派生类的构造函数之间的顺序无法确定
D. 调用基类的构造函数和调用派生类的构造函数是同时进行的

参考答案：A

解析：当声明派生类对象时，系统首先调用各基类的构造函数，对基类成员进行初始化，之后执行派生类的构造函数。当撤销派生类的对象时，析构函数的调用顺序正好与之相反。

5. 关于多重继承二义性的描述中，_____是错误的。

A. 一个派生类的两个基类中都有某个同名成员，在派生类中对这个成员的访问可能出现二义性
B. 解决二义性最常用的方法是对成员名的限定
C. 基类和派生类中出现同名函数，也存在二义性问题
D. 一个派生类是从两个基类派生来的，而这两个基类又有一个共同的基类，对该基类成员进行访问时，也可能出现二义性

参考答案：C

解析：当基类和派生类中出现同名函数，不会造成二义性，例如以下程序输出结果为"class B"，即 b.disp();调用派生类的同名函数。

```
#include<iostream.h>
class A{
public:
```

```
    void disp() {cout<<"From: class A"<<endl; }
};
class B:public A{
public:
    void disp() {cout<<"From: class B"<<endl; }
};
void main(void){
    B b;
    b.disp();
}
```

8.4.2　填空题

1. 一个类的对象(能/否)＿＿＿＿＿成为另一个类的成员?

参考答案: 能

解析: 当一个类的对象成为另一个类的成员时,称为对象成员。

2. 若一个公有的派生类由两个或多个基类派生,当基类中成员的访问权限为public,且不同基类中具有相同名字的成员时,此时派生类使用到基类中的同名成员,出现不唯一性,这种情况称为＿＿＿＿＿。

参考答案: 冲突

解析: 省略

3. 在多重派生过程中,若欲使公共的基类在派生类中只有一个复本,则可以将这种基类声明为＿＿＿＿＿。

参考答案: 虚基类

解析: C++语言提供虚基类的方法,就是使得在继承间接共同基类时,在最终派生类中只保留共同基类的一份成员。

4. 在定义一个基类时,若无法定义基类中虚函数的具体实现,可以把虚函数定义为纯虚函数,定义纯虚函数的一般格式为＿＿＿＿＿。

参考答案: virtual<type>FuncName(<ArgList>)=0;

解析: 定义纯虚函数时不能定义虚函数的实现部分。函数名赋 0 值,本质上是将指向函数体的指针值赋为初值 0。

8.4.3　阅读填空题

1. 阅读下列程序,写出执行结果。第一行是＿＿＿①＿＿＿,第二行是＿＿＿②＿＿＿,第三行是＿＿＿③＿＿＿,第四行是＿＿＿④＿＿＿。

```
#include<iostream.h>
class A{
public:
    int i;
    void print(){cout<<i<<" inside A\n";}
```

```
};
class B:public A{
public:
    void print(){cout<<i<<" inside B\n";}
};
class C:private A{
public:
    C() { A::i=10;}
    int i;
    void print() {
    cout<<i<<" inside C\n";
    cout<<A::i<<" inside A::i\n";
    }
};
void main(void) {
    A a;
    A * pa= &a;
    B b, * pb;
    C c, * pc;
    c.i=1+ (b.i=1+ (a.i=1));
    pa->print();
    pb= &b;
    pb->print();
    pc= &c;
    pc->print();
}
```

参考答案：① 1 inside A ② 2 inside B ③ 3 inside C ④ 10 inside A::i

解析：程序中基类 A 的对象 a,指针 pa,公有派生类 B 的对象 b,指针 pb,私有派生类 C 的对象 c,指针 pc,各对象成员关系如图 8-2 所示。

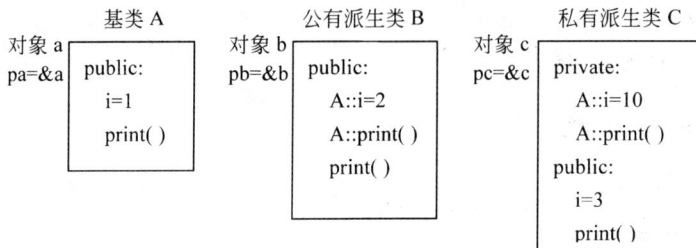

图 8-2 各派生类对象成员关系

main 函数中有语句:

c.i=1+ (b.i=1+ (a.i=1));

  c.i 表示的是公有派生类自己增加的公有成员数据 i,根据支配规则"当派生类新增加的成员名与其基类的成员名相同时,派生类的成员将覆盖基类中的同名成员",因此,派生类中的成员数据 i 的值被赋为 3。

  私有派生类 C 的构造函数中,语句:

  A∷i=10;

  表示对从基类私有继承来的成员数据 i 赋值 10。该公有成员数据经过私有继承后转变为派生类 C 的私有成员。

  2. 阅读下列程序,写出执行结果。第一行是_____①_____,第二行是_____②_____,第三行是_____③_____,第四行是_____④_____。

```
# include<iostream.h>
class A{
    int i,j;
public:
    A(int a, int b){i=a; j=b;}
    void add(int x, int y)
    {i+=x; j+=y;}
    void print(){cout<<"i="<<i<<'\t'<<"j="<<j<<'\n'<<'\n';}
};
class B:public A{
    int x, y;
public:
    B(int a, int b, int c, int d):A(a,b)
    {x=c;y=d;}
    void ad(int a, int b)
    {x+=a; y+=b; add(-a,-b);}
    void p(){A∷print();}
    void print(){cout<<"x="<<x<<'\t'<<"y="<<y<<'\n';}
};
void main(void) {
    A a(100,200);
    a.print();
    B b(200,300,400,500);
    b.ad(50,60);
    b.A∷print();
    b.print();
    b.p();
}
```

  参考答案:① i=100 j=200 ② i=150 j=240

       ③ i=450 j=560 ④ i=150 j=240

解析：类 B 是由基类 A 公有派生出的派生类,基类与派生类的各成员关系如图 8-3 所示。

main 函数中建立基类 A 的对象 a(100,200),通过基类构造函数初始化对象 a 的成员数据,使 a. i=100, a. j=200,并直接调用公有成员函数 a. print()产生第一行的输出结果。公有派生类 B 的对象 b(200,300,400,500)的产生是首先通过调用基类 A 的构造函数,初始化派生类中由基类继承来的私有成员,使 b. A::i=200, b. A::j=300;之后,调用派生类自己的构

图 8-3 基类 A 与公有派生类 B 的对象成员关系

造函数使 b. x=400, b. y=500。语句 b. ad(50,60);执行后,各成员数据结果变化为: b. x=450,b. y=560,b. A::i=150,b. A::j=240。由于函数在派生类中有两个不同的 print()函数,因此,执行语句 b. A::print()明确调用基类的 print()函数,此时产生第二行输出结果。 b. print()根据支配规则明确调用派生类的 print()函数,产生第三行输出结果。b. p()为派生类公有成员函数,借助对基类公有成员函数 print()的调用,产生第四行的输出结果。

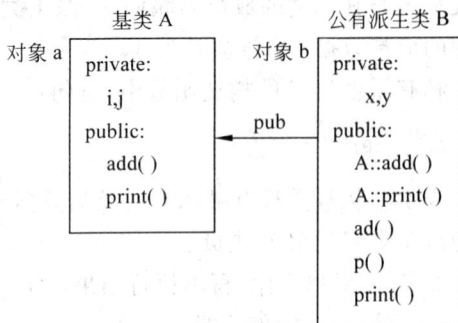

3. 阅读下列程序,写出执行结果。第一行是＿＿＿①＿＿＿,第二行是＿＿＿②＿＿＿。

```cpp
#include<iostream.h>
class Base{
    int y;
public:
    int x;
    Base(int b=10) {x=b;y=x+x;}
    int Gety(void) {return y;}
};
class A:virtual public Base{
public:
    A(int c) { };
    int Getx(void){return x;}
};
class B:virtual public Base{
public:
    B(int d) { };
    int Getx(){return x;}
};
class C:public B,public A{
public:
    C(int e):A(e+30),B(e+100){ };
};
void main(void) {
```

```
        C c(100);
        cout<<c.Gety()<<endl;
        cout<<c.A::Getx()<<'\t'<<c.B::Getx()<<endl;
}
```

参考答案： ① 20　　② 10　10

解析： 类 C 是由基类 A 和基类 B 直接公有派生，同时，类 A 和类 B 又是由一个共同的基类 Base 派生的，为避免在最终的派生类 C 中产生共同基类数据成员的多个同名成员，在此例中使用了虚基类方法，使得在继承间接共同基类 Base 时只保留一份成员。派生类的各成员关系如图 8-4 所示。

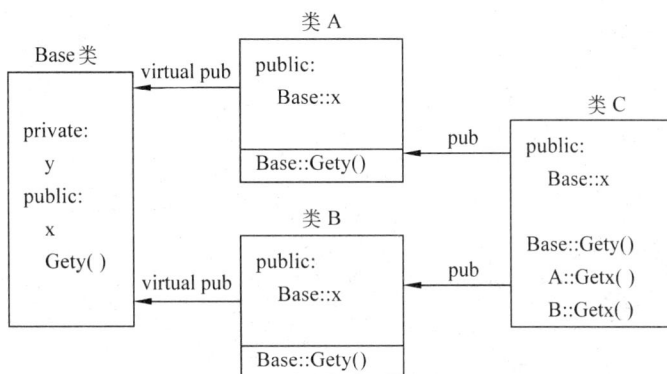

图 8-4　派生类的各成员关系

main()函数中的语句 C c(100);创建最终派生类对象 c，并借助其构造函数完成初始化任务。由虚基类构造函数的调用方法可知，最终派生类 C 的构造函数将直接调用虚基类 Base 默认的构造函数，初始化基类成员 c.Base::x=10,c.Base::y=20。c.Gety()语句等同于 c.Base::Gety()，产生第一行输出结果。c.A::Getx()和 c.B::Getx()语句产生第二行输出结果。

温馨提示： 此例中，如果虚基类没有提供默认的构造函数，那么在其所有派生类（包括直接派生或间接派生类）的构造函数中，都必须增加初始化列表，对虚基类进行初始化。即若虚基类的构造函数定义为：

```
Base(int b) {x=b;y=x+x;};
```

则各派生类的构造函数必须改写为：

```
A(int c):Base(c){ };                    //类 A 的构造函数
B(int d):Base(d){ };                    //类 B 的构造函数
C(int e):A(e+30),B(e+100),Base(e){ };   //最终派生类 C 的构造函数
```

8.4.4　改错题

指出下面程序中的错误，并说明理由，修改程序使之能正确执行。

```
#include<iostream.h>
```

```
class A{
protected:
    int n,m;
public:
    void set(int a,int b){
        m=a;n=b;
    }
    void show(){
        cout<<"m="<<m<<" , "<<"n="<<n<<endl;
    }
};
class B:public A{
    int s;
public:
    void sets(){
        s=m * n;
    }
    void show(){
        cout<<"s="<<s<<endl;
    }
};
void main(void){
    B b;
    b.set(4,5);
    b.show();
    b.sets();
    b.show();
}
```

解析：上述程序中由于派生类 B 中有一个同名的成员函数 show()，在调用 b.show() 时总是执行 B 类的成员函数，不能达到调用 A 类成员函数 show() 的目的。修改的方法有两种，第一种方法是将 main 函数中的第一个 b.show() 改为 b.A::show()，第二种方法是将 B 类的成员函数 show() 函数改为 shows()。

8.4.5 完善程序题

以下程序定义了一个二维坐标点类 Point，派生矩形类 Square。矩形左下角坐标从基类继承，矩形类只定义右上角坐标，还定义了表示颜色的字符串。执行下面的主程序将得到结果：

```
矩形 s1: x=1 y=3        width=5, high=6, color=red
矩形 s2: x=1 y=3        width=5, high=6, color=redYellow
```

请完善程序。

```
#include<iostream>
```

```
# include<cstring>
using namespace∷std;
class Point{                                              //二维坐标点类
private:
    double x, y ;
public:
    Point(double xv=0, double yv=0) {x=xv; y=yv; }
    double getx(){return x;}
    double gety(){return y;}
    void Show(){cout<<"x="<<x<<" y="<<y;}                 //输出对象信息
};
class Square : public Point{                              //带颜色的矩形 (square)类
    double hx, hy;                                        //矩形的右上角坐标
    char * color;                                         //矩形的颜色
public:
    Square(){hx=0; hy=0; }
    Square(double xv, double yv, double hxv, double hyv , char * s ) : ____①____
    {
        hx=hxv; hy=hyv;
        color=new char[9];
        strcpy(color, s );
    }
    Square(____②____) : Point(rr){
        hx=rr.hx; hy=rr.hy;
        ____③____ =new char[strlen(____④____)+7];
        strcat ( strcpy(____⑤____), "____⑥____" ) ;
    }
    void Show();
};
void Square∷Show(){        //输出矩形的左下角坐标、宽度、高度和颜色
    Point∷____⑦____;
    cout<<"\twidth="<<____⑧____<<','<<" high="<<____⑨____;
    cout<<", color="<<color<<'\n';
}
void main(){
    Square s1(1, 3, 6, 9, "red" ), s2(s1) ;
    cout<<"矩形 s1:"<<'\t';
    s1.Show();
    cout<<"矩形 s2:"<<'\t';
    s2.Show();
}
```

参考答案：① Point(xv,yv)   ② Square &rr

　　　　　　③ color   ④ rr. color

　　　　　　⑤ color,rr. color   ⑥ Yellow

　　　　　　⑦ Show()   ⑧ hx-getx()

⑨ hy-gety()

解析：① 在派生类的构造函数中,需要包含对基类构造函数的调用,实现对基类中数据成员的初始化,根据派生类中构造函数形参声明和对派生类自己新增成员的初始化综合分析,xv 和 yv 是为基类的构造函数提供数据的。

② 该函数名与类同名,也是一个构造函数。根据该函数的函数体分析,发现有对象 rr 没有定义,参数应该是该该类的对象。在构造函数函数中,复制功能的构造函数其参数可以是对象,但必须是对象的引用。

③ 构造函数中通过 new 运算符实现动态分配,左边肯定是指针成员,可知是 color。

④ 在 main() 函数中可以看到,定义对象 s2 时,把对象 s1 作为参数,根据输出结果看到,对象 s2 的 color 指正成员输出的前半部分和对象 s1 的一样,后半部分是"Yellow",刚好 6 个字符,和表达式后面＋7吻合,而 rr 是对对象 s1 的引用,所以应该 rr.color。之所以＋7 而不是＋6,是因为字符串结束符\o 还要占一个位置。

⑤ 根据④处的分析可知,前半部分是把对象 s1 的 color 成员所指向的字符串复制到 s2 对象中,即 strcpy(color,rr.color)。

⑥ 根据④处的分析,拼接在后面的是"Yellow"。

⑦ 根据题目中给定的输出结果,首先输出的是基类成员,应该调用基类中输出成员的函数 Show()。

⑧ 根据题目中给定的输出结果,输出的宽度应该是右上角坐标和左下角坐标中 x 坐标的差,而派生类中可以直接访问自己成员的右下角坐标,不可以访问基类的私有数据成员,需要通过基类的共有成员函数访问。

⑨ 和⑧处相仿。

8.5 同步练习

8.5.1 选择题

1. C++ 语言中的类有两种用法：一种是类的实例化,即生成类的对象,并参与系统的运行;另一种是通过_____,派生出新的类。

    A. 复用   B. 继承   C. 单继承   D. 多继承

2. 继承具有_____,即当基类本身也是某一个类的派生类时,底层的派生类也会自动继承间接基类的成员。

    A. 规律性   B. 传递性   C. 重复性   D. 多样性

3. 若类 A 和类 B 的定义如下：

```cpp
class A{
    int i,j;
public:
    void get();
    ...
};
```

```
class B: A{   //默认为私有派生
    int k;
public:
    void make();
    //…
};
void B::make(){
    k=i * j;
}
```

则下述定义中,_____是非法的表达式。

A. void get();   B. int k: C. void make();   D. k=i * j;

4. 在多重继承中,公有派生和私有派生对于基类成员在派生类中的可访问性与单继承的规则_____。

    A. 完全相同   B. 完全不同

    C. 部分相同,部分不同   D. 以上都不对

5. 下列对派生类的描述中,_____是错误的。

    A. 一个派生类可以作另一个派生类的基类

    B. 派生类至少有一个基类

    C. 派生类的成员除了它自己的成员外,还包含了其基类的成员

    D. 派生类中继承的基类成员的访问权限到派生类保持不变

6. 派生类的对象对它的基类成员中_____是可以访问的。

    A. 公有继承的公有成员   B. 公有继承的私有成员

    C. 公有继承的保护成员   D. 私有继承的公有成员

7. 对基类和派生类的关系描述中,_____是错误的。

    A. 派生类是基类的具体化   B. 派生类是基类的子集

    C. 派生类是基类定义的延续   D. 派生类是基类的组合

8. 派生类的构造函数的成员初始化列表中,不能包含_____。

    A. 基类的构造函数   B. 派生类中子对象的初始化

    C. 基类的子对象初始化   D. 派生类中一般数据成员的初始化

9. 设置虚基类的目的是_____。

    A. 简化程序   B. 消除二义性

    C. 提高运行效率   D. 减少目标代码

10. 为了实现代码重用,可以采用 C++ 语言提供的_____。

    A. 公共函数   B. 类派生   C. 内联函数   D. 虚函数

11. 设有以下定义:

```
class Circle: public Point{
    double r;
public:
    …
```

```
}
```

正确的描述为_____。

A. Point 是 Circle 的派生类　　　　B. r 是 Point 的数据成员

C. Circle 是 Point 的派生类　　　　D. r 是 Circle 和 Point 共同的数据成员

12. 在以下类定义中,_____的虚基类。

A. 类 B、类 C 是类 A　　　　　　B. 类 A 是类 B、类 C

C. 类 B、类 C 是类 D　　　　　　D. 类 A 是类 D

```
class A{
public:
    int x;
    A(int a=0){x=a;}
};
class B:public virtual A
{…};
class C:virtual public A
{…};
class D:public B,public C{
    A x;
public:
    int m;
    D(int a,int b,int c):B(a),C(b),x(c) //F
    {…}
};
```

13. 若一个应用程序中有类定义 class Person,在它的 public 成员中定义了若干成员函数,以下_____为纯虚函数。

A. void count( ){ };　　　　　　B. void count( )＝0;

C. virtual void count( ){};　　　　D. virtual void count( )＝0;

14. 若派生类对象 p 可以用 p.a 的形式访问的基类成员 a,则 a 是_____。

A. 公有派生的公有成员　　　　　B. 公有派生的私有成员

C. 私有派生的公有成员　　　　　D. 私有派生的保护成员

8.5.2　填空题

1. 用类类型声明创建一个类,此类可以说明____①____,也可以派生出____②____。

2. 用一个类定义了一个指针变量,但这个指针变量只能指向它的派生类的对象。这个类必定是_____。

3. 纯虚函数定义时在函数参数表后加＝0,它表明程序员对函数体不定义,其本质是将指向函数体的指针定为_____。

8.5.3　阅读填空题

1. 有 4 个类:data 为基类,它含有一个需传递一个参数的构造函数,用来为其私有成员 x 赋值,并显示一句话;类 a 中含有一个 data 类的成员对象;类 b 为类 a 的派生类,并在其中也含有一个 data 类的成员对象;类 c 是类 b 的派生类。类的构造如下,正确的输出结果是_____。

```cpp
#include<iostream.h>
class data{
    int x;
public:
    data(int x){
        data::x=x;
        cout<<"class data"<<endl;}
};
class a{
    data d1;
public:
    a(int x):d1(x){cout<<"class a"<<endl;}
};
class b:public a{
    data d2;
public:
    b(int x):a(x),d2(x){
        cout<<"class b"<<endl;}
};
class c:public b{
public:
    c(int x):b(x){
        cout<<"class c"<<endl;}
};
void main(void){
    c obj(5);
}
```

2. 以下程序的执行结果是_____。

```cpp
#include<iostream.h>
class A{
    int a;
public:
    void seta(int x){a=x;}
    void showa(){cout<<a<<endl;}
};
class B{
    int b;
public:
    void setb(int x){b=x;}
```

```
        void showb(){cout<<b<<endl;}
};
class C:public A,private B{
private:
    int c;
public:
    void setc(int x,int y,int z){
        c=z;
        seta(x);
        setb(y);
    }
    void showc(){cout<<c<<endl;}
};
void main(void){
    C c;
    c.seta(1);
    c.showa();
    c.setc(1,2,3);
    c.showc();
}
```

3. 以下程序的执行结果是_____。

```
#include<iostream.h>
class A{
private:
    int x1;
public:
    A() { cout<<"A Constructor1"<<endl; }
    A(int i) {x1=i; cout<<"A Constructor2"<<endl; }
    void dispa() {cout<<"x1="<<x1<<endl; }
};
class B:public A{
private:
    int x2;
public:
B(){cout<<"B Constructor1"<<endl;}
    B(int i):A(i+10) {x2=i;cout<<"B Constructor2"<<endl;}
    void dispb(){
        dispa();
        cout<<"x2=" <<x2<<endl;
    }
};
void main(void){
    B b(2);
```

```
        b.dispb();
}
```

4. 以下程序的执行结果是_____。

```
#include<iostream.h>
class A{
private:
    int a,b;
public:
    A(int i,int j){ a=i;b=j;}
    void move(int x,int y) { a+=x;b+=y;}
    void show()
    { cout<<"("<<a<<","<<b<<")"<<endl;}
};
class B:private A{
private:
    int x,y;
public:
    B(int i,int j,int k,int l):A(i,j) {x=k;y=l;}
    void show() {cout<<x<<","<<y<<endl;}
    void fun(){ move(3,5);}
    void f1(){ A::show();}
};
void main(void){
    A e(1,2);
    e.show();
    B d(3,4,5,6);
    d.fun();
    d.show();
    d.f1();
}
```

5. 以下程序的执行结果是_____。

```
#include<iostream.h>
class base{
public:
    void who(){cout<<"base class"<<endl;}
};
class derivel:public base {
public:
    void who(){cout<<"derivel class"<<endl;}
};
class derive2:public base {
public:
```

```
        void who() { cout<<"derive2 class"<<endl; }
};
void main(void) {
        base obj1, * p;
        derive1 obj2;
        derive2 obj3;
        p=&obj1;
        p->who();
        p=&obj2;
        p->who();
        p=&obj3;
        p->who();
        obj2.who();
        obj3.who();
}
```

6. 以下程序的执行结果是_____。

```
# include<iostream.h>
class Base{
public:
        Base(){cout<<"class Base"<<endl; }
};
class D1:virtual public Base{
public:
        D1() {cout<<"class D1"<<endl; }
};
class D2:virtual public Base{
public:
        D2(){cout<<"class D2"<<endl;}
};
class D3:public Base{
public:
        D3() {cout<<"class D3"<<endl;}
};
class D4:public D1,public D2,public D3{
public:
        D4(){cout<<"class D4"<<endl;}
};
void main(void){
        D4 d;
}
```

7. 下面程序的输出是_____。

```
# include <iostream.h>
```

```
class point{
private:
    float x, y;
public:
    void setcon(float i, float j){x=i; y=j;}
    float area() {return 0.0;}
};
const double PI=3.14159;
class circle : public point{
private:
    float radius;
public:
    void setsize(float r){radius=r;}
    float area() {return PI * radius * radius;}
};
void main(void){
    point p;
    float a=p.area();
    cout << "The area of the point p is " <<a <<endl;
    point * pp;
    circle c;
    c.setsize(1.0);
    a=c.area();
    cout << "The area of the circle c is " <<a <<endl;
    pp=&c;
    cout <<pp->area();
}
```

8. 以下程序的输出是_____。

```
# include <iostream.h>
class point{
private:
    float x, y;
public:
    void setpos(float i, float j){x=i; y=j;}
    float count() {return 0.0;}
    void getpos(){ cout<<x<<','<<y<<endl; }
};
const double Modulus=10;
class triangle : public point{
private:
    double length;
public:
    void setsize(float w){length=w;}
```

```
        double count() {return Modulus * 3 * length;}
    };
    void main(void) {
        point p;
        double m=p.count();
        cout <<"The length of the point p is " <<m <<endl;
        triangle S;
        S.setsize(2.0);
        m= S.count();
        cout <<"The edges_length of the S is " <<m <<endl;
        point * pp;
        pp= &S;
        pp->setpos(2,3);
        S.getpos();
        cout <<"The another is " <<Modulus+pp->count() <<endl;
    }
```

8.5.4 完善程序题

执行以下程序共输出 7 行,即:

类 A 的构造函数
类 B 的构造函数
x= 11   y= 22   z= 33
k= 44   x= 11   y= 22   z= 33
y= 22   z= 33
类 B 的析构函数
类 A 的析构函数

请根据以上输出结果完善下列程序:

```
# include <iostream.h>
class A{
    int x;
        ①
    int y;
public:
    int z;
    A(int a, int b, int c){
        ②
        cout<<"类 A 对象已构造 \n";
    }
    ~A(){cout<<"类 A 对象已析构 \n";}
    int Getx(){    ③    }
    int Gety(){    ④    }
    void ShowB()
```

```
    {
        cout<<"x="<<x<<" y="<<y<<" z="<<z<<'\n';
    }
};
class B:public A
{
    int w;
public:
    B(int a,int b,int c,int d) : _____⑤_____ {
    w=d;
    cout<<"类 B 对象已构造\n";
    }
    ~B(){cout<<"类 B 对象已析构\n";}
    void Show(){
    cout<<"w="<<w<<" x="<<_____⑥_____<<" y="<<y<<" z="<<z<<'\n';
    }
};
void main(void)
{
    B s(1,2,3,4);
    s.ShowB();
    s.Show();
    cout<<"y="<<s.Gety()<<'\t';
    cout<<"z="<<s.z<<'\n';
}
```

8.6　同步练习参考答案

选择题答案

1. B　　2. B　　3. D　　4. A　　5. D　　6. A　　7. B　　8. C　　9. B

10. B　　11. C　　12. B　　13. D　　14. A

填空题答案

1. ① 对象　　② 子类

2. 抽象类

3. 0

阅读填空题答案

1. class data

　　class a

　　class data

class b

class c

2. 1

   3

3. A Constructor2

   B Constructor2

   x1=12

   x2=2

4. （1，2）

   5，6

   （6，9）

5. base class

   base class

   base class

   derive1 class

   derive2 class

6. class Base

   class D1

   class D2

   class Base

   class D3

   class D4

7. The area of the point p is 0

   The area of the circle c is 3.14159

8. The length of the point p is 0

   The edges_length of the S is 60

   2，3

   The another is 10

完善程序题答案

① protected：   ② x=a；y=b；z=c；   ③ return x；   ④ return y；

⑤ A（a，b，c）   ⑥ Getx（）

第 9 章 类的其他特性

CHAPTER

9.1 简　介

类具有封装性和隐藏性,对于类中私有或保护访问权限的成员,只能在类中访问;在类外,只能通过该类的、具有公有访问权限的成员函数来访问。对此用法,有时觉得不够方便;而把类的成员均声明为公有访问权限,类又失去了封装隐藏的特性。为此,C++语言引入友元函数。

多态是面向对象程序设计中,一个很重要的特性。在 C++语言中,多态分为两种:编译时多态和运行时多态。

编译时多态是在编译过程中,就可以根据操作对象,确定具体操作。编译时的多态是通过函数重载和运算符重载实现的。

运行时的多态是在程序运行过程中,才能确定操作所针对的对象,完成具体的操作,在程序执行之前无法确定。运行时多态是通过类的继承关系和虚函数来实现的。

在类和对象中,每个对象都具有各自独立的数据成员,如果希望整个类中的每个对象共享使用这个成员,可以把该数据成员声明为静态成员。

9.2 知　识　点

- 友元函数的概念
- 友元函数的定义和使用
- 友元类的概念及使用
- 虚函数的概念和应用
- 纯虚函数
- 静态成员
- 静态数据成员
- 静态函数成员

9.3 概念解析

9.3.1 友元函数的概念

友元函数是一种特殊函数,它不是类的成员函数。在类的外面需要访问类中的私有或保护成员时,就可以通过友元函数来访问。由于友元函数可以访问类中所有不同访问权限的成员,也就打破了类的封装性,因此应慎重使用友元函数。使用友元函数的目的是提高程序的运行效率。

9.3.2 友元函数的定义及使用

定义友元函数的格式:

friend <返回值类型><函数名>(<参数表>){…}

把一个函数声明为一个类的友元函数时,可以在类体中任何位置声明,不受访问权限的限制,也可以在类中只声明该函数的原型,其函数的定义在类外面进行。也可以在类中直接定义友元函数,但并不声明是该类的成员函数,其他类的成员函数也可以作为友元函数。

温馨提示:定义和调用友元函数的方法和普通函数一样。

温馨提示:友元函数是一种能够访问类中所有访问权限成员的非该类成员函数。

温馨提示:友元函数不是类的成员函数,不可以直接使用类中的成员,应通过对象或对象指针引用类中的成员。因此,友元函数访问类中成员时,其参数应该包含该类的对象、对象的引用或对象指针。

9.3.3 友元类的概念及使用

可以把整个类作为友元,称为友元类。若声明类 A 是类 B 的友元,则类 A 中的所有成员函数都是类 B 的友元,类 A 中的所有成员函数可以直接访问类 B 中的所有成员。

温馨提示:类 A 是类 B 的友元并不说明类 B 是类 A 的友元,友元不具有交换性。

9.3.4 虚函数的概念和应用

虚函数存在于继承与派生过程中的多态性,离开了继承与派生,就没有虚函数。

虚函数必须是类的成员函数。

定义虚函数的格式:

virtual <返回值类型><函数名>(<参数表>){…}

当一个类中的成员函数声明为虚函数,则由该类派生的所有派生类中,该函数都具有虚函数的特性。

温馨提示:应在基类中用关键字 virtual 声明虚函数,派生类中其对应的函数可以声明,也可不必声明为虚函数。

虚函数的特性主要从以下两个方面去理解:

- 在继承与派生过程中,如何判定是否是虚函数? 在继承与派生过程中,如果基类的一个成员函数定义为虚函数(用关键字 virtual 修饰),则在派生类中,与该函数名相同、参数个数和类型相同、返回值相同,不论有无关键字 virtual,都是虚函数,反之不然。
- 调用虚函数时,必须通过基类的对象指针(或引用)调用虚函数,才能体现虚函数的特性。
  - ➢ 调用一般成员函数时,不管是通过对象、对象指针或引用调用成员函数,都是根据对象、对象指针或引用归属于哪个类,就调用该类的成员函数。
  - ➢ 通过基类的对象指针(或引用)调用虚函数时,不是由对象指针(或引用)归属于哪个类来确定的,而是由对象指针所指向的对象(或所引用的对象)归属于哪个类来确定的。如果对象指针所指向的(或所引用的)是基类的对象,则调用基类的虚函数。
  - ➢ 如果对象指针所指向的(或所引用的)是派生类的对象,则调用派生类的虚函数。但如果派生类没有重新定义该虚函数,则调用基类的虚函数。

温馨提示:虚函数是在程序运行过程中确定调用哪个函数,所以会降低程序运行效率。

温馨提示:在 C++ 语言中不能定义构造函数为虚函数,但是可以定义析构函数为虚函数。

9.3.5　纯虚函数

在定义基类时,在基类中无法定义虚函数的具体实现部分,可以把虚函数声明为纯虚函数。定义纯虚函数的一般格式如下:

```
virtual <返回值类型><函数名>(<参数表>)=0;
```

由于纯虚函数没有实现部分,具有纯虚函数的类就不能产生对象,只能作为基类派生子类,因此该类也是一个抽象类。

温馨提示:在基类中,纯虚函数没有实现部分,在派生类中就必须对该函数重新进行定义。

9.3.6　静态成员

类的静态成员包括静态数据成员和静态函数成员。

在声明一个类时,C++ 语言编译器并不为类中数据成员分配空间,而是在定义类的对象时,才会依次为对象的每一个成员分配存储空间。对同一个类的对象,每一个对象都有自己独立的成员。而静态成员是该类所有对象共享的成员,C++ 语言编译器需要为类的静态数据成员分配空间。在定义对象时,并不为对象的静态数据成员分配空间。

9.3.7　静态数据成员

静态数据成员是类中所有对象共享使用的成员,当该类的任一对象修改了静态数据成员后,其他对象中该数据成员同时被改变。

静态数据成员主要用于在类的各对象间交换信息。

在类中声明静态数据成员时,前面用关键字 static 修饰。静态数据成员与一般数据成员不同,必须在类外文件作用域位置对静态数据成员作引用性声明,并可以初始化。其格式如下:

<数据类型><类名>::<静态数据成员>=<值>;

温馨提示:静态数据成员是类的成员,在类外对静态数据成员进行引用性声明时,静态数据成员名前需通过域运算符来声明所属类。在引用性声明时如不进行初始化,静态数据成员也有确定的值,如是数值类型则为 0。

9.3.8　静态函数成员

静态函数成员和静态数据成员一样,属于类的成员,调用静态函数成员时,通过类名和作用域运算符,直接调用。由于静态函数成员可直接通过类调用,所以静态成员函数只能直接使用该类的静态数据成员或静态函数成员,不能直接使用非静态的成员数据。

静态函数成员不能声明为虚函数。

9.4　习题解析

9.4.1　选择题

1. 类的友元函数能够访问该类的_____。
    A. 所有成员　　　　　　　　　　B. 私有成员
    C. 保护成员　　　　　　　　　　D. 公有成员

参考答案:A

解析:一个类的友元函数,对类中成员的访问能力与类的成员函数相同,可以访问类中所有具有不同访问权限的成员,包括公有成员、私有成员和保护成员。

2. 关于友元函数,下面描述中不正确的是_____。
    A. 类的友元函数可以访问该类的所有成员
    B. 类的友元函数不受访问权限限制,可以在类体中的任何位置声明
    C. 类的友元函数是该类一个特殊的成员函数
    D. 友元函数可以提高程序的运行效率

参考答案:C

解析:类的友元函数可以访问该类的所有成员,但友元函数不是类的成员函数,正因为如此,在类体中声明友元函数时,不受访问权限限制,友元函数可以在类体中的任何位置声明。友元函数的主要作用是可以提高程序的运行效率。

3. 关于虚函数,下列描述不正确的是_____。
    A. 虚函数不可以是 static 类型的成员函数
    B. 虚函数必须是成员函数

C. 基类中声明了虚函数后,派生类中其对应的函数可不必声明为虚函数

D. 派生类的虚函数与基类的虚函数必须具有相同的函数名和返回值,而参数个数和类型可以不同。

参考答案：D

解析：虚函数必须是成员函数,不能是 static 类型的成员函数。对于基类中的虚函数,在派生类中被重新定义时,其函数名、函数返回值、参数个数和类型,必须与基类中声明的虚函数都相同。在派生类中,可不必用 virtual 声明,也自然是虚函数。

4. 关于静态数据成员,描述不正确的是_____。

A. 静态数据成员是属于类的成员,不是某一个对象的成员

B. 静态数据成员不需要在类外初始化,也不用作定义性声明

C. 类外使用静态数据成员,成员名前通过作用域运算符来声明所属类

D. 在类中声明静态数据成员用关键字 static 修饰

参考答案：B

解析：静态数据成员是类中所有对象共享使用的成员,是属于类的成员,不是某一个对象的成员。类外使用静态数据成员时,通过作用域运算符来声明所属类。声明静态数据成员用关键字 static 修饰,在类外需要进行一次且仅一次定义性声明。

9.4.2　填空题

1. 在 C++ 语言中,多态性分____①____和____②____两种。

参考答案：① 编译时(或静态)　　② 运行时(或动态)

解析：在 C++ 语言中,多态分为两种：编译时(或静态)多态和运行时(或动态)多态。

2. 在 C++ 语言中,编译时多态是通过____①____实现,运行时的多态是通过____②____实现。

参考答案：① 函数重载和运算符重载　　② 继承关系和虚函数

解析：

① 在 C++ 语言中,编译时多态是通过函数重载和运算符重载实现。

② 运行时多态是通过类的继承关系和虚函数来实现。

9.4.3　阅读程序题

1. 分析下面程序,写出程序的运行结果。第一行是____①____,第二行是____②____。

```
#include<iostream.h>

class A{
public:
    virtual void fun1(){cout<<"Class A\n";}
};

class B:public A{
public:
```

```
        void fun1(){cout<<"Class B\n";}
    };

    void main(){
        A a;
        B b;
        a.fun1();
        b.fun1();
    }
```

参考答案：① Class A ② Class B

解析：在程序中，基类 A 声明 fun1()是虚函数。在派生类 B 中，fun1()函数的函数名、返回值、参数类型与 fun1()相同，所以派生类 B 中 fun1()函数，虽没有用 virtual 声明，也是虚函数。

在程序中，虚函数是通过对象来调用的，所以没有虚函数的特性，因此应直接调用对象所在类中的成员函数，所以 a.fun1()是调用基类 A 的 fun1()函数，而 b.fun1()是调用派生类 B 的 fun1()函数。

2. 分析下面程序，写出程序的运行结果。第一行是_____①_____,第二行是_____②_____,第三行是_____③_____。

```
# include<iostream.h>

class A{
public:
    virtual void fun1(){cout<<"Class A\n";}
};

class B:public A{
public:
    void fun1(int y=0){cout<<"Class B\n";}
};

class C:public B{
public:
    void fun1(){cout<<"Class C\n";}
};

void main(){
    A * pa,a;
    B * pb,b;
    C c;
    pa=&b;        //A
    pa->fun1();
    pa=&c;        //B
```

```
        pa->fun1();
        pb=&c;          //C
        pb->fun1();
    }
```

参考答案：① Class A　　　② Class C　　　③ Class B

解析：在程序中,基类 A 声明 fun1()是虚函数,在派生类 B 中,fun1(int y=0)函数虽然与 fun1()的函数名、返回值相同,但参数类型不同,所以派生类 B 中的 fun1(int y=0)函数不是虚函数,而派生类 C 中,fun1()函数的函数名、返回值、参数类型都和基类 A 中的fun1()函数相同,对于基类 A 而言,派生类 C 中的 fun1()函数是虚函数。

在程序的 A 行,把派生类 B 对象 b 的地址赋给基类的指针 pa,如果是虚函数,应该由指针的内容(对象 b)确定,调用对象 b 所在类的函数,如果不是虚函数,则由指针 pa 确定,应该调用指针 pa 所在类的函数。在基类 A 和派生类 B 的继承派生关系中,fun1 不是虚函数,所以由指针 pa 确定,调用基类 A 中的 fun1 函数,得到①处的结果 Class A。

在程序的 B 行,把派生类 C 对象 c 的地址赋给基类的指针 pa,在基类 A 和派生类 C的继承派生关系中,fun1 是虚函数,所以应由指针 pa 的内容(对象 c)确定,调用派生类 C中的 fun1 函数,得到②处的结果 Class C。

在程序的 C 行,把派生类 C 对象 c 的地址赋给基类 B 的指针 pb,在基类 B 和派生类C 的继承派生关系中,fun1 不是虚函数,所以应由指针 pb 确定,调用基类 B 中的 fun1 函数,得到③处的结果 Class B。

温馨提示：类 B 既是派生类 C 的基类,又是基类 A 的派生类。

3. 分析下面程序,写出程序的运行结果第一行是_____①_____,第二行是_____②_____,第三行是_____③_____。

```
#include<iostream.h>

class A{
public:
    void fun1(){cout<<"Class A\n";}
};

class B:public A{
public:
    virtual void fun1(){cout<<"Class B\n";}
};

class C:public B{
public:
    void fun1(){cout<<"Class C\n";}
};

void main(){
```

```
    A * pa;
    B * pb,b;
    C c;
    pa=&b;            //A
    pa->fun1();
    pa=&c;            //B
    pa->fun1();
    pb=&c;            //C
    pb->fun1();
}
```

参考答案：① Class A　　② Class B　　③ Class C

解析： 在程序中,基类 A 没有声明 fun1()是虚函数,在基类 A 和派生类 B 的继承派生关系中,不存在虚函数。同样,在基类 A 和派生类 C 的继承派生关系中,也不存在虚函数。在基类 B 声明 fun1()是虚函数,所以在基类 B 和派生类 C 的继承派生关系中,fun1()函数是虚函数。

在程序的 A 行,把派生类 B 对象 b 的地址赋给基类的指针 pa,因 fun1()不是虚函数,则由指针 pa 确定,应该调用基类 A 中的 fun1 函数,得到①处的结果 Class A。

在程序的 B 行,把派生类 C 对象 c 的地址赋给基类的指针 pa,也因 fun1()不是虚函数,调用基类 A 中的 fun1 函数,得到②处的结果 Class B。

在程序的 C 行,把派生类 C 对象 c 的地址赋给基类 B 的指针 pb,在基类 B 和派生类 C 的继承派生关系中,fun1 是虚函数,所以应由指针 pb 的内容(对象 c)确定,调用派生类 C 中的 fun1 函数,得到③处的结果 Class C。

4. 下面程序的运行结果是＿＿＿①＿＿＿。

```
#include<iostream.h>
class A{
public:
    virtual void f(){cout<<"A::f()"<<'\t';}
    A(){f();}
};
class B:public A{
public:
    B(){f();}
    void f(){cout<<"B::f()"<<'\t';}
};
class C:public B{
public:
    C(){f();}
    void f(){cout<<"C::f()"<<'\n';}
};
void main(){
    C c;
```

```
    }
```

参考答案：① A::f() B::f() C::f()

解析：本程序中,是通过构造函数调用虚函数。在构造函数调用中调用虚函数,只调用自己类中定义的函数,如果类中没有定义,则调用从基类中继承的函数。在程序中定义派生类 C 对象 c 时,首先调用基类 A 的构造函数,基类 A 的构造函数又调用 f() 函数,应该调用基类 A 自己类中的 f() 函数,而后调用基类 B 的构造函数,基类 B 的构造函数又调用 f() 函数,应该调用基类 B 自己类中的 f() 函数,最后调用自己派生类 C 的构造函数,派生类 C 的构造函数也调用 f() 函数,则调用派生类 C 中的 f() 函数。

5. 分析下面程序,写出程序的运行结果。第一行是_____①_____,第二行是_____②_____,第三行是_____③_____,第四行是_____④_____。

```cpp
# include<iostream.h>

class A{
    int n;
public:
    A(int i=10){n=i;}
    virtual int fun1(){cout<<"Class A\t";return 0;}
    virtual void fun2(int i){cout<<i<<'\n';}
};

class B:public A{
    int m;
public:
    B(int i=10,int j=20):A(i){m=j;}
    int fun1(){cout<<"Class B\t";return 1;}
};

void main(){
    A * pa,a;
    B b;
    pa=&b;                  //A
    a.fun2(pa->fun1());     //B
    b.fun2(pa->fun1());     //C
    pa->fun2(a.fun1());     //D
    pa->fun2(b.fun1());     //E
}
```

参考答案：① Class B　1　　② Class B　1　　③ Class A　0　　④ Class B　1

解析：在程序中,在基类 A 和派生类 B 的继承派生关系中,fun1() 函数是虚函数。而 fun2() 函数在派生类 B 中没有重新定义,则派生类 B 将继承基类 A 中的 fun2() 函数。

在程序的 A 行,把派生类 B 对象 b 的地址赋给基类的指针 pa。在程序 B 行和 C 行,当实现 pa->fun1() 时,因为 fun1 是虚函数,则由指针 pa 确定,应该调用派生类 B 中的 fun1() 函数,输出 Class B,该函数的返回值为 1 将作为 fun2() 函数的参数,当通过对象 a 调用 fun2() 函数时,应直接调用基类 A 中的 fun2 函数。

在程序的 D 行实现 a.fun1(),E 行实现 b.fun1() 时,通过对象调用,应直接调用对象所在类的 fun1() 函数。程序的 D 行和 E 行调用 fun2() 函数,因为派生类中没有定义,应直接调用基类 A 中的 fun2() 函数。

6. 分析下面程序,写出程序的运行结果。第一行是＿＿＿①＿＿＿,第二行是＿＿＿②＿＿＿,第三行是＿＿＿③＿＿＿。

```cpp
#include<iostream.h>
class Test{
public:
    static int Data;
};

int Test::Data=100;        //A

void main(){
    Test t1,t2;
    t1.Data=200;           //B
    t2.Data=300;           //C
    cout<<"t1.Data="<<t1.Data<<'\n';
cout<<"t2.Data="<<t2.Data<<'\n';
cout<<"Test::Data="<<Test::Data<<'\n';
}
```

参考答案：① t1.Data=300　　② t2.Data=300　　③ Test::Data=300

解析：在程序中,A 行是对类 Test 中静态数据成员,在类外作定义性声明,并初始化为 100;B 行是对 t1 对象 Data 数据成员赋值 200,因为 Data 是类 Test 的静态数据成员,也是该类所有对象的共享成员,所以 t1.Data 也就是类的 Test::Data,因此 Test::Data 的值也改为 200,t2 对象 Data 数据成员也就为 200;同样,C 行 t2.Data 赋值 300,则 t1.Data 也改为 300,类的 Test::Data 也是 300。

7. 分析下面程序,写出程序的运行结果。第一行是＿＿＿①＿＿＿,第二行是＿＿＿②＿＿＿,第三行是＿＿＿③＿＿＿,第四行是＿＿＿④＿＿＿。

```cpp
#include<iostream.h>
class Test{
    static int x,y;
public:
    Test(int a=2,int b=4){x+=a;y+=b;}
    void show(){cout<<"x="<<x<<"\ty="<<y<<'\n';}
};
```

```
int Test∷x=5;
int Test∷y=10;

void main(){
    Test a1(100,200),a2;          //A
    a1.show();
    a2.show();
    Test a3,a4(300,400);          //B
    a3.show();
    a4.show();
}
```

　　参考答案：① x=107　y=214　　② x=107　y=214
　　　　　　　　③ x=409　y=618　　④ x=409　y=618

　　解析：在程序中,定义 a1 对象时,静态数据成员 x 从初始化的 5 加上 100 等于 105,静态数据成员 y 从初始化的 10 加上 200 等于 210;定义 a2 象时,x 从 105 加上默认参数值 2 等于 107,y 从 210 加上默认参数值 4 等于 214;接下来输出 a1 的 x、y 和 a2 的 x、y 都是 107 和 214。B 行情况与此类同。

　　温馨提示：上例对于静态数据成员 x 和 y,对象 a1、a2、a3、a4 和类 Test 是共用的。

9.5　同步练习

9.5.1　选择题

1. 下面关于友元的描述中,不正确的是_____。
   A. 引入友元的主要目的是可以提高程序的运行效率
   B. 一个类的友元类中所有成员函数都是这个类的友元函数
   C. 一个类的友元函数可以访问该类的私有数据成员
   D. 类与类之间的友元关系可以交换

2. C++ 语言中多态性包括两种：编译时和运行时。运行时的多态性是通过_____实现的。
   A. 函数重载和运算符重载　　　B. 虚函数和运算符重载
   C. 类继承关系和虚函数　　　　D. 类继承关系和函数重载

3. 关于运行时的多态性,叙述不正确的是_____。
   A. 运行时的多态需要通过指向基类的指针来实现
   B. 运行时的多态是在编译时就可以确定其要执行的函数
   C. 运行时的多态要通过继承关系和虚函数来实现
   D. 运行时的多态性是在执行过程中根据具体被操作的对象来确定要运行的函数

4. 关于纯虚函数,下面描述中不正确的是_____。
   A. 纯虚函数是一种特殊的虚函数,它没有具体的定义
   B. 具有纯虚函数的类是一个抽象类

C. 有纯虚函数的基类,该基类的派生类一定不会是抽象类

D. 有纯虚函数的基类,其纯虚函数的定义需要派生类给出

5. 在下列函数中,可以说明为虚函数的是_____。

   A. 构造函数　　　　　　　　　　B. 析构函数

   C. 静态成员函数　　　　　　　　D. 友元函数

6. 关于类的静态成员,下面描述中正确的是_____。

   A. 类的静态数据成员只能通过静态函数成员访问

   B. 类的每个对象都有自己独立的静态数据成员

   C. 类的静态函数成员可以直接访问类中的所有成员

   D. 类的静态数据成员可以通过"类名::"进行访问

9.5.2　填空题

1. 使用友元函数的目的是_____。

2. 在基类中定义虚函数时,需要使用关键字_____开头。

3. 说明静态数据成员,需要使用关键字_____。

4. 构造函数和析构函数可以声明为虚函数的是_____。

9.5.3　阅读程序题

1. 分析下面程序,写出程序的运行结果。

```cpp
#include<iostream.h>

class F{
    int n;
public:
    void Setn(int i){n=i;}
    friend int ss(F a[],int m){
        int sum=0;
        for(int i=0;i<m;i++)
            if(a[i].n%2==0)sum+=a[i].n;
        return sum;
    }
};

void main(){
    F a[10];
    for(int i=0;i<10;i++)a[i].Setn(i+1);
    cout<<ss(a,10)<<endl;
}
```

2. 分析下面程序,写出程序的运行结果。

```cpp
#include<iostream.h>

class A{
public:
    virtual void fun1(){cout<<"Class A1\t";}
    virtual void fun2(float x=0){cout<<"Class A2\n";}
};

class B:public A{
public:
    void fun1(){cout<<"Class B1\t";}
    void fun2(int x=0){cout<<"Class B2\n";}
};

void main(){
    A * pa,a;
    B b;
    pa=&a;
    pa->fun1();
    pa->fun2();
    pa=&b;
    pa->fun1();
    pa->fun2();
}
```

3. 分析下面程序,写出程序的运行结果。

```cpp
#include<iostream.h>

class A{
public:
    virtual void fun1(){cout<<"Class A1\t";}
    virtual void fun2(float x=0){cout<<"Class A2\n";}
};

class B:public A{
public:
    virtual void fun1(){cout<<"Class B1\t";}
    virtual void fun2(int x=0){cout<<"Class B2\n";}
};

class C:public B{
public:
```

```
        virtual void fun1(){cout<<"Class B1\t";}
        virtual void fun2(int x=0){cout<<"Class B2\n";}
    };

void main(){
    A * pa;
    B * pb;
    C c;
    pa=&c;
    pa->fun1();
    pa->fun2();
    pb=&c;
    pb->fun1();
    pb->fun2();
}
```

4. 分析下面程序,写出程序的运行结果。

```
#include<iostream.h>

class A{
public:
    virtual void fun1(){cout<<"Class A1\t";}
    virtual void fun2(){cout<<"Class A2\t";}
    void fun3(){cout<<"Class A3\n";}
};

class B:public A{
public:
    void fun1(){cout<<"Class B1\t";}
    void fun2(int x=0){cout<<"Class B2\n";}
    void fun3(){cout<<"Class B3\t";}
};

void main(){
    A * pa;
    B b;
    pa=&b;
    pa->fun1();
    pa->fun2();
    pa->fun3();
}
```

5. 分析下面程序,写出程序的运行结果。

```
#include<iostream.h>
```

```
class A{
    int sum;
public:
    static int count;
    A(int a=0){
        sum=a+count;
        count++;
        cout<<count<<'\t'<<sum<<'\n';
    }
};

int A::count=0;

void main(){
    A a[2];A b(4);
    cout<<"count="<<b.count<<'\n';
}
```

6. 分析下面程序,写出程序的运行结果。

```
#include<iostream.h>

class Test{
    int a;
    static int b;
public:
    Test(int n){a=n;b++;}
    void Print(){cout<<"a="<<a<<"\tb="<<b<<endl;}
};

int Test::b=0;

void main(){
    Test t1(10);
    t1.Print();
    Test t2(20);
    t1.Print();
    Test t3(30);
    t1.Print();
}
```

9.6 同步练习参考答案

选择题答案

1. D   2. C   3. B   4. C   5. B   6. D

填空题答案

1. 提高程序运行效率

2. virtual

3. static

4. 析构函数

阅读程序题答案

1. 30

2. Class A1　Class A2

　　Class B1　Class A2

3. Class B1　Class A2

　　Class B1　Class B2

4. Class B1 Class A2 Class a3

5. 1　0

　　2　1

　　3　6

　　count=3

6. a=10　b=1

　　a=10　b=2

　　a=10　b=3

第10章

运算符重载

10.1 简 介

对于运算符,我们已经再熟悉不过了,例如"+"运算符可以将任意两个十进数相加,得到它们的和。对于常用的运算符,在 C++语言中都作了预定义。但 C++语言预定义的运算符,规定了运算符的操作对象只能是基本数据类型,使用时必须遵循它的规定。在面向对象程序设计中,增加了许多用户自定义数据类型,在这类数据类型上也需要进行相关运算。例如程序设计中,自定义了复数类,希望实现两个复数相加等运算,对于这样的问题,就需要通过运算符重载来解决。

运算符重载,就是对 C++语言已定义的运算符,通过特定的函数重新定义运算符的功能,使它能够作用于类的对象的相关运算,解决上述提出的问题。

运算符重载,将根据不同的运算对象完成不同的操作,所以运算符重载也体现了面向对象程序设计技术的多态性。

关于运算符重载,强调三个方面:

- 必须是 C++语言预定义的运算符,不能自己臆造运算符。
- 重新定义运算符新的功能是通过函数实现的。
- 运算符重载必须作用于类的对象,至少有一个操作数是类的对象。

10.2 知 识 点

- 运算符重载的概念
- 成员函数实现运算符重载
- 友元函数实现运算符重载
- 类型转换函数
- 几个特殊运算符的重载
- 字符串类

10.3　概念解析

10.3.1　运算符重载

在面向对象程序设计中,运算符重载可以实现两个对象或对象与其他数据类型中的复杂运算。运算符重载的原理是:对于 C++ 语言给定的运算符,通过运算符重载函数,完成一个特定的操作。

温馨提示:尽管大部分 C++ 语言运算符都可以实现重载,但下列运算符不可以重载:成员运算符(·),成员指针运算符(*),作用域运算符(::),三元运算符(?:),求字节运算符(sizeof())。

温馨提示:运算符重载不能改变运算符的优先级和结合性。也不能改变运算符的语法结构,如加法运算是双目运算符,只能重载为双目运算,不能改变操作数的个数。

运算符重载是通过函数实现的,所以运算符重载实际上是函数的重载。

实现运算符重载可以有两种实现形式:类的成员函数和友元函数。用类的友元函数实现时,称友元运算符。

温馨提示:=、()、[]和->不能作为友元运算符。

10.3.2　成员函数实现运算符重载

重新赋予一个运算符的特定操作,需要定义一个函数,当遇到该运算符时,C++ 语言编译器将调用该运算符重载函数实现。

定义双目运算符重载函数的格式为:

<返回值类型>operator<运算符>(<参数>){…}

温馨提示:operator 是关键字,与后面的<运算符>一起构成运算符重载函数的函数名。

若在程序中出现如下表达式:

c1<运算符>c2

则 C++ 语言编译器将该表达式解释为:

c1.operator<运算符>(c2)

温馨提示:其中 c1 必须是该类的对象,c2 是与<参数>一致的数据类型。

定义单目运算符重载函数的格式为:

<返回值类型>operator<运算符>(){…}

温馨提示:双目运算符重载函数有一个参数,是运算符的右操作数,单目运算符重载函数没有参数。

若在程序中出现如下表达式:

<运算符>c1

则 C++ 语言编译器将该表达式解释为：

```
c1.operator<运算符>()
```

温馨提示：其中 c1 必须是该类的对象。

对于自增"++"和自减"--"运算符，存在前置和后置情况，为了使 C++ 语言编译器能区分前置和后置情况，定义这两个运算符重载函数时，必须有所区别。以自增"++"为例：

前置自增运算符重载函数的格式为：

```
<返回值类型>operator++(){…}
```

后置自增运算符重载函数的格式为：

```
<返回值类型>operator++(int){…}
```

温馨提示：后置运算符重载函数中的 int 没有实际意义，只作为区分后置运算符的标识。

10.3.3　友元函数实现运算符重载

定义双目运算符重载函数的格式为：

```
friend <返回值类型>operator<运算符>(<参数 1>,<参数 2>){…}
```

温馨提示：友元函数实现双目运算符重载，参数个数比成员函数实现多一个，<参数 1>是运算符的左操作数，<参数 2>是运算符的右操作数。

若在程序中出现如下表达式：

```
c1<运算符>c2
```

则 C++ 语言编译器将该表达式解释为：

```
operator<运算符>(c1,c2)
```

温馨提示：c1 和 c2 需其中之一是类的对象，该函数必须是该类的友元。

定义一元运算符重载函数的格式为：

```
<返回值类型>operator<运算符>(){…}
```

温馨提示：友元函数实现一元运算符重载有一个参数。

若在程序中出现如下表达式：

```
<运算符>c1
```

则 C++ 语言编译器将该表达式解释为：

```
operator< 运算符> (c1)
```

温馨提示：其中 c1 必须是类的对象。

同样，友元函数实现单目运算符重载时，为了区分自增和自减运算符的前置和后置情况，定义这两个运算符重载函数时，也必须在后置运算符重载函数中增加一个 int 标识。以自增运算符为例：

前置自增运算符重载函数的格式为：

```
friend <返回值类型>operator++(<参数>){…}
```

后置自增运算符重载函数的格式为：

```
friend <返回值类型>operator++(<参数>,int){…}
```

10.3.4 类型转换函数

类型转换函数是类的成员函数,其功能是将类的对象中数据成员,转换成另一种已定义的数据类型,可以是基本数据类型,也可以是其他已定义的构造数据类型。类型转换函数的格式为：

```
operator<数据类型>(){…}
```

其中：数据类型是需要转换后的数据类型。

温馨提示：该函数不能指定返回值类型,其返回值类型由 operator 关键字后面的<数据类型>确定。

10.3.5 几个特殊运算符的重载

1. 赋值运算符重载

如果用户没有定义赋值运算符重载函数,系统自动生成一个,把"="左边对象的每个数据成员逐个复制给右边的对象。大多数情况相同类型的对象间可以直接赋值,但当对象的成员是指针成员,使用了动态分配,相同类型对象间就不能直接赋值,否则会因为两个对象的指针成员同时指向同一个动态分配的空间而出现运行错误。

2. 下标运算符重载

在 C++ 语言中,系统并不做下标是否越界检查,可以通过下标运算符重载实现下标越界检测等操作。

温馨提示：赋值运算符重载和下标运算符重载,只能通过类的成员函数,不可以通过友元函数来实现。

3. 逗号运算符重载

逗号运算符是一个二元运算符,也可以实现重载。

10.3.6 字符串类

在 C++ 语言中,对字符串的处理能力比较薄弱,大部分运算符都不能实现字符串的操作,如字符串的加法、减法、赋值等。为了提高字符串的处理能力,C++ 语言中提供了相关的字符串处理函数。在面向对象程序设计中,可以通过运算符重载,来实现对字符串的操作。

在定义字符串类中,可以通过重载运算符"+"实现字符串的拼接,通过重载运算符"="实现字符串的直接赋值等。

10.4 习题解析

10.4.1 选择题

1. 下列运算符中,_____运算符在 C++ 语言中不能重载。

    A. ?:   B. new   C. &&   D. <=

参考答案:A

解析:C++ 语言中不能被重载的运算符有 * 、.、::、?:和 sizeof。

2. 如果 a+b 运算需通过成员函数实现"+"运算符重载,则_____。

    A. a 必须为对象,b 可为其他数据类型

    B. a 和 b 必须为对象

    C. b 必须为对象,a 可为其他数据类型

    D. a 和 b 均可为其他数据类型

参考答案:A

解析:成员函数实现 a+b 时,编译器解释为 a.operator(b),因此左操作数 a 必须为对象,否则无法实现成员函数的调用,而右操作数可以是该类的对象,也可以是其他数据类型。

3. 有关运算符重载的描述中,_____是正确的。

    A. 运算符重载可以改变其结合性

    B. 运算符重载可以改变其优先级

    C. 运算符重载可以改变操作数的个数

    D. 运算符重载不可以改变语法结构

参考答案:D

解析:运算符重载除了不能改变运算符的结合性、优先级和操作数的个数外,也不可以改变其语法结构。

4. A 是一个类名,下列不能正确重载运算符的成员函数原型是_____。

    A. A operator-();   B. A operator-(A);

    C. A operator-(A &)   D. A operator-(A,A);

参考答案:D

解析:运算符"-"可以是单目运算符的"负"运算,也可以是双目运算符的"减"运算,因此成员函数实现时,可以不带参数(实现单目运算),也可以带一个参数(实现双目运算),但不可能是两个参数。

5. 类的说明如下:

```
class Point{
int x,y;
public:
```

```
        Point operator++();
    };
```

下面对自增运算符(++)重载函数,在类外定义错误的是_____。

A. Point Point::operator++(){x++;y++;return * this;}

B. Point Point::operator++(){x+=5;y+=5;return * this;}

C. Point Point::operator++(){x--;y--;return * this;}

D. Point Point::operator++(int n){x+=n;y+=n;return * this;}

参考答案:D

解析:函数定义时的参数声明要求和函数原型中的参数声明一致,答案 D 和函数原型中的参数不一致,所以是错误的。尽管答案 B 和 C 中,函数的功能和实际理解的自增概念不一样,但函数定义是正确的,运算符重载本身就是给运算符重新定义功能。

10.4.2 填空题

1. 实现"+"运算符重载后,如果希望该运算符满足交换性,应该将其重载为_____。

参考答案:友元函数

解析:成员函数重载时,其左操作数必须是类的对象,如果右操作数是一个其他数据类型,就不可以实现交换。而友元函数只需要两个操作数中的任一个是类的对象,这两个操作数都作为参数,所以可满足运算符"+"的可交换性。

2. 运算符重载有两种实现方法,除通过成员函数外,另一种通过_____函数实现。

参考答案:友元函数

解析:运算符重载可以是成员函数和友元函数两种实现方法。

10.4.3 阅读填空题

1. 分析下面程序,写出程序的运行结果。第一行是____①____,第二行是____②____,第三行是____③____。

```
#include<iostream.h>
class Complex{
    float Real,Image;
public:
    Complex(){Real=0;Image=0;}
    Complex(float r,float i){Real=r;Image=i;}
    void Print(){
        cout<<Real;
        if(Image>0)cout<<'+'
        if(Image!=0)cout<<Image<<'i';
        cout<<endl;

    }
```

```
Complex operator + (Complex c){
    Real=Real+c.Real;
    Image= Image+ c.Image;
    return c;
    }
};

void main(){
  Complex c1(20,40),c2(200,-400),c3;
  c3=c1+c2;
  c1.Print();
  c2.Print();
  c3.Print();
}
```

参考答案： ① 220-360i　　② 200-400i　　③ 200-400i

解析： 通过这个程序,希望用户能理解,实现运算符重载时,在不改变运算符的结合性、优先级、操作数的个数和语法结构前提下,可以根据需要完成特定的功能。该程序的"+"运算符重载函数中,是把右操作数的 Real 和 Image 成员分别加到了左操作数上,而返回值(也就是所认为相加的结果)直接是右操作数。

趣味实验： 如果把该题"+"运算符重载函数中的语句 return c;改为 return ＊this;,情况会发生怎么样的变化? 把"+"运算符重载函数体中的"+"都改为或任一个改为"-",结果又会发生什么样的变化?

2. 分析下面程序,写出程序的运行结果。第一行是_____①_____,第二行是_____②_____。

```
# include< iostream.h>
class Obj{
    int a,b;
    public:
    Obj(int i= 0,int j= 0){a=i;b=j;}
    void operator+ + (){a+=10;}          //A
    void operator+ + (int){b+=5;}        //B
    void Show(){cout<<a<<','<<b<<endl;}
};
void main(){
    Obj j1(10,20),j2(100,110);
    ++j1;          //C
    j2++;          //D
    j1.Show();
    j2.Show();
}
```

参考答案： ① 20,20　　② 100,115

解析： 程序中,A 行是前置的"++"运算符重载函数,B 行是后置的"++"运算符重载函数,因此,C 行应调用 A 行的运算符重载函数,使 j1 对象的 a 数据成员加上 10,成为 20,b 数据成员没有改变。D 行应调用 B 行的运算符重载函数,使 j2 对象的 b 数据成员加上 5,成为 115,但 a 数据成员没有改变。

3. 分析下面程序,写出程序的运行结果。第一行是＿＿＿＿①＿＿＿＿,第二行是＿＿＿＿②＿＿＿＿,第三行是＿＿＿＿③＿＿＿＿,第四行是＿＿＿＿④＿＿＿＿。

```cpp
#include<iostream.h>
class Obj{
    int a,b;
public:
    Obj(int i=0,int j=0){a=i;b=j;}
    friend Obj operator++(Obj);
    friend Obj operator++(Obj&,int);
    void Show(){cout<<a<<','<<b<<endl;}
};
Obj operator++(Obj j)              //A
{
    j.a++;
    j.b++;
    return j;
}

Obj operator++(Obj &j,int){        //B
    Obj temp=j;
    j.a++;
    j.b++;
    return temp;
}

void main(){
    Obj j1(10,20),j2(100,110),j3,j4;
    j3=++j1;
    j4=j2++;
    j1.Show();
    j2.Show();
    j3.Show();
    j4.Show();
}
```

参考答案：① 10,20　　② 101,111　　③ 11,21　　④ 100,110

解析：这是一个通过友元函数实现自增运算符重载的例子,由于实现前置的"++"运算符重载函数中(A 行),形参不是对对象的引用是,因此参数传递是值传递,在函数体中对形参 j 的自增,不会影响实参 j1 的内容。而实现后置的"++"运算符重载函数中(B 行),形参是对对象的引用,因此参数传递是引用传递,函数体中对形参 j 的自增,将改变实参 j2 的内容。

温馨提示：使用友元函数实现"++"、"--"以及复合赋值运算符等运算符重载函数时，要特别关注形参是否是引用。

4. 分析下面程序，写出程序的运行结果。第一行是_____①_____，第二行是_____②_____。

```
# include< iostream.h>

class Money{
    int Yuan,Jiao,Fen;
public:
    Money(int y=0,int j=0,int f=0)
    {    Yuan=y;Jiao=j;Fen=f;}
    operator float()
    {    return Yuan+Jiao/10+Fen/100;}
    operator int()
    {    return Yuan*100+Jiao*10+Fen;}
};

void main(){
    Money m1(10,14,35),m2(100,23,18);
    cout<<float(m1)<<endl;
    cout<<(int)m2<<endl;
}
```

参考答案：① 11   ② 10248

解析：这是一个类型转换的例子。第一行得到数值 11，是因为 Jiao/10 和 Fen/100 相除是两个整数相除，所以得到一个整数。14/10 是 1，35/100 是 0。第二行得到 10248，是因为 Yuan*100 得到 10000，Jiao*10 得到 230，再加 Fen 的值 18。

10.4.4 完善程序题

1. 下列程序是通过重载运算符"+="实现两个复数的加赋值运算，运算符重载"=="直接比较两个复数是否相等。

```
# include< iostream.h>

class Complex{
private:
    float Real,Image;
public:
    Complex(float r=0,float i=0)
    {Real=r;Image=i;}
    Complex operator+=(Complex c)
    {
        _____①_____ +=c.Real;
```

```
          ②        +=c.Image;
          return    ③    ;
     }
     bool operator== (Complex c)
     {return (    ④    );}
     void Print(){
          cout<<Real;
          if(Image>0)cout<<'+'<<Image<<"!\n";
          else if(Image<0)cout<<Image<<"!\n";
     }
};

void main(){
     Complex c1(3.4,5.6),c2(10.5,12.3);
     c1.Print();
     c1+=c2;
     c1.Print();
     if(c1==c2)cout<<"两复数相等!\n";
     else cout<<"两复数不相等!\n";
}
```

参考答案：① Real   ② Image   ③ * this

④ Real==c. Real && Image==c. Image

解析：

① 加赋值复合运算(+=)是把右操作数加到左操作数上,因此应把右操作数的 Real 加到左操作数的 Real 上,在实现成员函数时,左操作数就是隐含 this 指针所指对象,所以可直接写 Real 或可写成 this->Real。

② 原理和①一样,可直接写"Image"或可写成"this->Image"。

③ 成员函数实现运算符重载,其左操作数是隐含 this 指针所指对象,而加赋值复合运算的结果就是运算后的左操作数,所以应该返回左操作数,即 * this(this 指针所指向的对象)。

④ 两个对象相等,应该两个对象的成员都相等,所以应该是比较两个复数实部及虚部都相等的逻辑表达式。

2. 下面是一个字符串类,程序通过构造函数实现对象的初始化,重载运算符"+"实现两个字符串的拼接运算,重载运算符">"实现两个字符串的比较运算。

```
# include<iostream.h>
# include<string.h>

class String{
protected:
     char * Sp;
public:
```

```
        String(){Sp=0;}
        String(String &);
        String(char * s) {
            Sp=new char[____①____];
            strcpy(Sp,s);
        }
        ~String(){if(Sp)____②____;}
        void Show(){cout<<Sp<<'\n';}
        String&operator= (String &);
        friend String operator+ (String &,String &);
        int operator > (String &);
};


String::String(String &s){
    if(s.Sp){
        Sp=new char [strlen(s.Sp)+1];
        strcpy(Sp,s.Sp);
    }
    else Sp=0;
}


String operator + (String &s1,String &s2){
    String t;
    t.Sp=new char[____③____];
    strcpy(t.Sp,s1.Sp);
    strcat(t.Sp,s2.Sp);
    return t;
}


int String::operator > (String &s){
    if(strcmp(____④____)>0)return 1;
    else return 0;
}


String & String::operator = (String &s){
    if(Sp) delete []Sp;
    if(s.Sp){
        Sp=new char[strlen(s.Sp)+1];
        strcpy(Sp,s.Sp);
    }
    else Sp=0;
    return ____⑤____;
}
```

```
void main(){
    String s1("SouthEast "),s2("University"),s3;
    s1.Show();
    s2.Show();
    s3=s1+s2;
    s3.Show();
    if(s1>s2) cout<<"s1>s2 成立！\n";
    else cout<<"s1>s2 不成立！\n";
}
```

参考答案：① strlen(s)+1   ② delete []Sp

          ③ strlen(s1. Sp)+strlen(s2. Sp)+1   ④ Sp,s. Sp   ⑤ *this

解析：

① Sp 指针成员必须先分配空间才可以实现复制，而动态分配的空间应该和 s 指针所指向的字符串一致。

② 在构造函数中使用了 new 运算符，就需要显式定义析构函数，析构函数需要释放构造函数中通过 new 分配的连续多个空间。

③ 实现两个字符串拼接后，需动态分配的空间数是两个字符串长度之和加 1。

④ Sp 是左操作数的字符串，s. Sp 是右操作数的字符串。

⑤ 赋值表达式运算的结果是左操作数获取的结果，所以应该返回左操作数，即 *this（this 指针所指向的对象）。

10.4.5 几个特殊运算符的重载例子

1. 赋值运算符重载：类中含有指针成员时，对象赋值操作的实现。

```
# include<iostream.h>
# include<string.h>

class Person{
protected:
    char * Name;
    char * Sex;
    int Age;
public:
    Person(char * n,char * s,int a){
        Name=new char[strlen(n)+1];
        strcpy(Name,n);
        Sex=new char[strlen(s)+1];
        strcpy(Sex,s);
        Age=a;
    }
    ~Person(){
        if(Name)delete []Name;
```

```
            if(Sex)delete []Sex;
        }
    void Show()    {cout<<"姓名:"<<Name<<"\t 性别:"<<Sex<<"\t 年龄:"<<Age<<'\n';}

    Person&operator= (Person &);

};

Person & Person∷operator = (Person &s){      //赋值运算符重载函数
if(Name)delete []Name;
if(Sex)delete []Sex;
if(s.Name){
    Name=new char[strlen(s.Name)+1];
    strcpy(Name,s.Name);}
else Name=0;
if(s.Sex){
    Sex=new char[strlen(s.Sex)+1];
    strcpy(Sex,s.Sex);}
else Sex=0;
Age=s.Age;
return * this;
}

void main(){
Person s1("小明","男",20),s2("小丽","女",22);
s1.Show();
s2.Show();
s2=s1;
s2.Show();
}
```

温馨提示：该例中必须自己定义"="运算符重载函数。如果没有自定义"="运算符重载函数，C++语言编译器会自动产生一个"="运算符重载函数，其格式为：

```
Person&operator= (Person &s)
{    Name=s.Name;Sex=s.Sex;Age=s.Age;}
```

当执行 s2=s1 后，s1 和 s2 的 Name 指针成员会同时指向"小明"，Sex 也一样同时指向"男"，当 s1 和 s2 对象作用域结束，撤销对象 s2 时，析构函数将释放 Name 和 Sex 所动态分配的空间，当撤销对象 s1 时，由于 Name 和 Sex 所动态分配的空间已经被 s2 的析构函数释放，s1 的析构函数将无法完成释放而出现错误。

2. 下标运算符重载：使用下标运算符重载实现对数组下标的越界检查。

```
# include< iostream.h>
# include< stdlib.h>
```

```
class Array{
    int Len;
    int * Arr;
public:
    Array(int * a=0,int n=0){
        if(n>0){
            Len=n;
            Arr=new int[n];
            for(int i=0;i<n;i++)Arr[i]=a[i];
        }
        else {
            Len=0;
            Arr=0;
        }
    }
    ~Array(){if(Arr)delete []Arr;}
    int &operator[](int i){           //下标运算符重载函数
        if(i>=Len||i<0){
            cout<<"出错!!!下标["<<i<<"]越界!程序执行终止!\n";
            abort();
        }
        return Arr[i];
    }
};

void main(){
    int a[10]={0,1,2,3,4,5,6,7,8,9};
    Array a1(a,10);
    int i;
    for(i=0;i<10;i++)cout<<a1[i]<<"  ";
    cout<<endl;
    for(i=0;i<10;i++)a1[i]=i*3;
    for(i=0;i<10;i++)cout<<a1[i]<<"  ";
    cout<<endl;
}
```

温馨提示：下标运算符重载有且仅有一个参数,所以只能对一维数组下标进行处理,对于多维数组可以看作一维数组来处理。

3. 逗号运算符重载：分析下面程序,写出程序的运行结果。第一行是＿＿＿①＿＿＿,第二行是＿＿②＿＿,第三行是＿＿③＿＿。

```
# include<iostream.h>
```

```
class Complex{
private:
    float Real,Image;
public:
    Complex(float r=0,float i=0)
    {Real=r;Image=i;}
    Complex operator= (Complex c){
        Real=c.Real;
        Image=c.Image;
        return * this;
    }
    Complex operator,(Complex c){        //逗号运算符重载函数
        Complex t;
        t.Real=c.Real;
        t.Image=c.Image;
        return t;
    }
    void Print(){
        cout<<Real;
        if(Image>0)cout<< '+ '<<Image<<"! \n";
        else if(Image<0)cout<<Image<<"! \n";
    }
};

void main(){
    Complex c1(3.4,5.6),c2(10.5,-12.3),c3;
    c1.Print();
    c2.Print();
    c3= (c1,c2);
    c3.Print();
}
```

参考答案：① 3.4+5.6i　　② 10.5-12.3i　　③ 10.5-12.3i

解析：整个逗号表达式运算的结果是最右边表达式的值。例子中在实现","运算符重载时,也按照这个规定实现。

趣味实验：如果把上例中","运算符重载函数,改写为如下形式,是否可行? 其结果又会如何呢?

```
Complex operator,(Complex c){        //逗号运算符重载函数
    Complex t;
    t.Real=Real;
    t.Image=Image;
    return t;
}
```

10.5 同步练习

10.5.1 选择题

1. 下列关于运算符重载叙述,正确的是_____。
   - A. 运算符重载函数只能是成员函数
   - B. 运算符重载函数只能是友元函数
   - C. 运算符重载函数是一般非成员函数
   - D. 运算符重载函数既可以是成员函数,也可以是友元函数

2. 下列关于运算符重载的描述中,正确的是_____。
   - A. 运算符重载可以重新定义运算符的功能
   - B. 运算符重载可以改变优先级
   - C. 运算符重载可以重新定义新的运算符
   - D. 所有 C++ 语言中的运算符都可以被重载

3. 下列关于运算符重载的描述中,不正确的是_____。
   - A. 成员函数实现双目运算符重载,其参数个数必须有 1 个
   - B. 成员函数实现双目运算符重载,左操作数必须是给类的对象
   - C. 成员函数实现双目运算符重载,表达式的左右操作数任何情况都可以交换(满足交换率)
   - D. 成员函数实现双目运算符重载,其参数是运算符的右操作数

4. 类 A 中,关于“=”赋值运算符重载的函数原型,不正确的是_____。
   - A. A & operator=(A a);
   - B. A operator=(A &);
   - C. friend A operator=(A a,A b);
   - D. A & operator=(A &);

10.5.2 填空题

1. 利用类的成员函数实现双目运算符重载,其左操作数应该是_____。

2. “=”赋值运算符重载,不能重载为_____函数。

3. 对于“++”的单目运算符重载,用成员函数实现重载时,为了区分前置和后置,实现后置时,函数的参数是_____。

4. 在 C++ 语言中,运算符的重载有两种实现方法:_____和_____。

10.5.3 阅读程序题

1. 分析下面程序,写出程序的运行结果。

```
#include<iostream.h>

class Point{
    int x,y;
public:
```

```
Point(int a=0,int b=0){x=a;y=b;}
Point operator+ (Point a)
    {return Point(x+a.x,y+a.y);}
Point operator+ (int a)
    {return Point(x+a,y+a);}
void Print()
    {cout<<x<<','<<y<<endl;}
};


void main(){
    Point a(10,20),b(2,4),c,d;
    c=a+b;
    d=a+5;
    c.Print();
    d.Print();
}
```

2. 分析下面程序,写出程序的运行结果。

```
#include<iostream.h>

class Point{
int x,y;
public:
Point(int a=0,int b=0){x=a;y=b;}
friend Point operator++ (Point &a){
    a.x+=2;
    a.y+=4;
    return a;
}
friend Point operator-- (Point a){
    a.x-=2;
    a.y-=4;
    return a;
}
void Print()
{
    cout<<x<<','<<y<<endl;}
};


void main(){
    Point a(10,20),b(30,40),c,d;
    c=++a;
    d=--b;
    a.Print();
```

```
        b.Print();
        c.Print();
        d.Print();
    }
```

3. 分析下面程序,写出程序的运行结果。

```cpp
#include<iostream.h>
class Complex{
    float Real,Image;
public:
    Complex(float r=0,float i=0){Real=r;Image=I;}
    void Print()
    {
        cout<<Real;
        if(Image>0)cout<<'+';
        if(Image!=0)cout<<Image<<'I';
        cout<<endl;
    }
    friend Complex operator + (Complex,float);
    friend Complex operator + (float,Complex);
};

Complex operator + (Complex c,float a){
    Complex t;
    t.Real=c.Real+a;
    t.Image=c.Image;
    return t;
}

Complex operator + (float a,Complex c){
    Complex t;
    t.Real=c.Real;
    t.Image=c.Image+a;
    return t;
}

void main(){
    Complex c1(20,40),c2,c3;
    c2=c1+10;
    c3=10+c1;
    c1.Print();
    c2.Print();
    c3.Print();
}
```

4. 分析下面程序,写出程序的运行结果。

```cpp
#include<iostream.h>
#include<string.h>

class WORD{
    char str[80];
    int c;
public:
    WORD(char * s){strcpy(str,s);c=0;}
    void operator++(){
        char * p=str;
        c=0;
        while(* p){
            while(* p==' '&&* p)p++;
            if(* p)c++;
            while(* p!=' '&&* p)p++;
        }
    }
    void print(){
        cout<<str<<'\t'<<c<<endl;
    }
};

void main(){
    WORD w("");
    w++;
    w.print();
}
```

10.5.4　完善程序题

1. 下列程序通过友元函数实现"+="运算符重载,程序输出结果为:(10,5)。

```cpp
#include<iostream.h>
class Complex{
    float Real,Image;
public:
    Complex(){Real=0;Image=0;}
    Complex(float r,float i){Real=r;Image=i;}
    void Print()
    {    cout<<'('<<Real<<','<<Image<<")\n";    }
    friend Complex operator +=(____①____);
};
____②____ operator +=(____③____){
```

```
        c1.Real+=c2.Real;
        c1.Image+=c2.Image;
        ____④____;
    }

void main(){
    Complex c1(4,2),c2(6,3);
    c1+=c2;
    c1.Print();
}
```

2. 下列程序中,要求对一维数组操作后,其数据一直是保持升序的,现通过重载运算符"+"给数组添加一个大于 0 的整数,通过重载运算符"-"把数组中指定数据删除(没有指定数据,数组则不变)(注:数组中假设没有重复的数据)。

```
#include<iostream.h>

class Set{
    int s[20];
    int len;
public:
    Set(){for(int i=0;i<20;i++)s[i]=0;len=0;}
    void print(){
        for(int i=0;i<len;i++)cout<<s[i]<<"   ";
        cout<<endl;
    }
    void operator+ (int a){
        for(int i=len;i>0;i--)
            if(____①____)s[i]=s[i-1];
            else break;
        s[i]=a;
        ____②____;
    }
    void operator- (int a){
        int i,flag=0;
        for(i=0;i<len;i++)
            if(____③____){flag=1;break;}
        if(flag){
            for(;i<len-1;i++)s[i]=s[i+1];
            s[i]=0;
            ____④____;
        }
    }
};
```

```
void main(){
    Set s1;
    int i,a[10]={10,5,8,9,15,16,13,7,4,6};
    for(i=0;i<10;i++)s1+a[i];
    s1.print();
    s1-9;
    s1.print();
}
```

10.6　同步练习参考答案

选择题答案

1. D　　2. A　　3. C　　4. C

填空题答案

1. 该类的对象
2. 友元
3. int
4. 成员函数　友元函数

阅读程序题答案

1. 12,24

　　15,25

2. 12,24

　　30,40

　　12,24

　　28,36

3. 20+40i

　　30+40i

　　20+50i

4. I am a student. you are a student.　8

完善程序题答案

1. ① Complex & ,Complex &　　② Complex

　　③ Complex & c1,Complex & c2　　④ return c1

2. ① s[i-1]>a　　② len++　　③ s[i]==a　　④ len--

第 11 章 模 板

11.1 简 介

代码重用是程序设计的重要特性,为实现代码重用,使代码具有更好的通用性,需要使代码能不受数据类型的限制,自动适应不同的数据类型,实现参数化程序设计。模板是 C++ 语言中进行通用程序设计的工具之一。

模板是函数或类的通用样板,当函数或类需要处理多种不同类型数据时,可通过模板来创建一个具有通用功能的函数或类,以达到进行通用程序设计的目的。

模板分函数模板和类模板两种。

11.2 知 识 点

- 模板的概念
- 函数模板的定义和使用
- 类模板的定义和使用

11.3 概 念 解 析

11.3.1 模板的概念

模板是 C++ 语言程序设计中相当重要的一个特性,也是使通用编程成为现实的理想实现方法之一。

如希望函数或类能够处理多种不同类型数据,可以通过模板为函数或类设计一个通用样板(通用数据类型)。当处理实际数据时,C++ 语言系统会根据给定数据的实际类型来确定。

11.3.2 函数模板的定义和使用

函数重载是指具有相同函数名,但根据不同参数确定不同入口,解决不同问题。但如何把这些同名函数只通过一个通用函数,来适用多种数据类型呢?使用函数模板就可达到这一目的。

函数模板的定义格式为:

template <typename T>或 template <class T>
T <函数名> (形参表) {函数体}

其中:T 为类型说明符(样板)。

温馨提示:template <typename T>不需要加";"

函数模板中声明的类型声明符 T,是一种通用数据类型,可以是基本数据类型或已定义的自定义类型。函数模板中,函数的返回值或(和)形参表中可以使用类型声明符 T 来指定。

温馨提示:template 说明部分和函数模板定义部分是一个整体,不可分开声明。

例如,求绝对值的通用函数定义:

```
# include<iostream.h>
template <typename T>
T abs(T a) {return (a>0? a:-a);}
void main()
{     int n=-10;
      float m=-3.45;
      cout<<abs(n)<<endl;
      cout<<abs(m)<<endl;
}
```

在上述 main()函数中,计算 abs(n)时,便创建函数模板的一个实例,即创建一个模板函数,这个过程称函数模板实例化。根据实参 n 的类型推导出函数模板中的 abs 函数类型参数 T 为 int 类型,由此推导出模板中返回值类型也为 int。

当类型参数 T 的含义确定后,C++语言编译器通过函数模板,生成如下形式的一个模板函数:

```
int abs(int a) {return (a>0? a:-a);}
```

同样,计算 abs(m)时,C++语言编译器通过函数模板,生成如下形式的一个函数:

```
float abs(float a) {return (a>0? a:-a);}
```

温馨提示:函数模板中的类型参数 T,是一种抽象的、通用的数据类型。函数模板与函数重载密切相关,通过模板可以解决多种方式的函数重载。

11.3.3 类模板的定义和使用

在类中有数据成员和函数成员,如果希望类中的部分数据成员、函数成员的参数或返回值能够适用于多种不同数据类型,可以使用类模板。类模板是类的进一步抽象。

类模板的定义格式为:

```
template <模板参数表>
class <类名>{类成员声明};
```

其中：<模板参数表>可以是用逗号分隔的类型标识符或常量表达式组成。其具体内容为以下几项。

- class <类型声明符>或 typename <类型声明符>，用来声明一个通用的数据类型参数。
- <类型声明符>标识符，用来声明一个由<类型声明符>所规定的常量作为参数。

声明了模板参数后，在定义类模板过程中，就可以使用类型参数声明类模板中成员的数据类型，其声明类的方法和普通类的方法基本相同。但当具有模板参数的成员函数在类外实现时，必须是模板函数：

```
template <class T>
<类型名>类名<T>::<函数名>(形参表){<函数体>}
```

利用一个类模板声明的是一个类族，类模板是不可以直接使用的，必须先实例化为相应的模板类。因此使用类模板建立对象时，应按如下格式定义：

```
模板<模板参数表>对象 1,…;
```

其中，定义对象中的<模板参数表>要求与类模板定义时的<模板参数表>中的参数一一对应。系统将根据定义对象中的<模板参数表>的实际数据类型（参数或常量值）将类模板实例化成具体的模板类，再由模板类实例化成对象。

温馨提示：定义对象中的<模板参数表>的类型是已定义的数据类型（可以基本数据类型或自定义数据类型）。

11.4　习题解析

11.4.1　选择题

1. 类模板的在实际使用时，是将类模板实例化成一个具体的_____。

　　A. 成员　　　　B. 函数　　　　C. 类　　　　D. 对象

参考答案：C

解析：类模板实例化成具体的模板类，再由模板类实例化成对象。

2. 关于类模板中声明的模板参数，在类中_____。

　　A. 只可作为类中数据成员的类型

　　B. 只可作为类中成员函数的返回类型

　　C. 只可作为类中成员函数的参数类型

　　D. 以上三者皆可

参考答案：D

解析：类模板是为类说明的一个样板，使类中的部分或全部数据成员和成员函数中的参数和返回值，可以设置为通用数据类型。

3. 关于模板声明,正确的是_____。

    A. template<typename T1,T2>   B. template<class T1,T2>

    C. template<class T1,class T2>   D. template<T>

参考答案:C

解析:声明模板时,模板参数表中的每个类型参数前都应该有"class"或"typename"。有多个类型参数时,类型参数间用逗号分隔。

11.4.2 填空题

1. 分析下面程序,写出程序的运行结果。第一行是_____①_____,第二行是_____②_____。

```cpp
#include<iostream.h>

template<class T>
T max(T a,T b)
{return a>b? a:b;}

void main(){
    int a=4,b=5;
    float x=3.14,y=5.68;
    cout<<max(a,b)<<endl;
    cout<<max(x,y)<<endl;
}
```

参考答案:① 5   ② 5.68

解析:这是关于函数模板的基本应用,如何根据实参的类型,推导出函数模板中模板参数 T 的类型。在 max(a,b)中,根据实参 a、b 为整型,推导出函数模板中模板参数 T 为整型,max 函数是求两个整数的大数。同理,根据实参 x、y 为单精度型,推导出函数模板中模板参数 T 为单精度型,max 函数是求两个单精度数的大数。

2. 下面程序的运行结果是_____。

```cpp
#include<iostream.h>

template<typename T1,typename T2>
T1 Mul(T1 a,T2 b)
{return a*b*b;}

void main(){
    int r=10;
    float pi=3.1415;
    cout<<Mul(pi,r)<<endl;
}
```

参考答案：314.15

解析：这是具有两个模板参数的程序,进行函数调用时,不同模板参数将根据函数调用所在位置的参数类型,推导出函数模板中不同模板参数的类型。在 Mul(pi,r)中,实参 pi 为 float 类型,推导出函数模板中模板参数 T1 为 float 类型,由此推导出函数的返回值也为 float 类型。类型实参 r 为 int 类型,推导出函数模板中模板参数 T2 为 int 类型,Mul 函数用于求圆面积。

3. 分析下面程序,写出程序的运行结果。第一行是_____①_____,第二行是_____②_____。

```
#include<iostream.h>

template <class T>

class Point{
    T x,y;
public:
    Point(T a,T b){x=a;y=b;}
    void Print(){cout<<x<<','<<y<<endl;}
};

void main(){
    Point <int>p1(1,2);
    Point <double>p2(12.87,7.56);
    p1.Print();
    p2.Print();
}
```

参考答案：① 1,2　　② 12.87,7.56

解析：这是关于类模板的基本应用,定义对象 p1 时,根据<int>模板参数将类模板实例化成具体的模板类,类中所有 T 类型实例化为 int 类型,再由模板类实例化成对象,因此,p1 中的 x 和 y 数据成员其数据类型为 int 类型,构造函数中的参数 a 和 b 的数据类型也为 int。同理,定义对象 p2 时,根据<double>模板参数将类模板实例化成具体的模板类,类中所有 T 类型实例化为 double 类型,再由模板类实例化成对象,因此,p2 中的 x 和 y 数据成员其数据类型为 double 类型,构造函数中的参数 a 和 b 的数据类型也为 double。

4. 分析下面程序,写出程序的运行结果。第一行是_____①_____,第二行是_____②_____。

```
#include<iostream.h>

template<class T>
class Test
{
    T x,y;
public:
```

```
        Test(T a=0,T b=0){x=a;y=b;}
        Test<T>operator+(Test<T>);
        void Print(){cout<<x<<','<<y<<endl;}
};

template<class T>                    //A
Test<T>Test<T>::operator+(Test<T>a){
    Test<T>t;                        //B
    t.x=x+a.x;
    t.y=y+a.y;
    return t;
}
void  main(){
    Test<int>t1(1,2),t2(10,20),t5;
    Test<double>t3(3.45,7.68),t4(10.3,12.2),t6;
    t5=t1+t2;
    t6=t3+t4;
    t5.Print();
    t6.Print();
}
```

参考答案：① 11,22   ② 13.75,19.88

解析：参考3题分析可知，对象t1、t2和t5数据成员的数据类型为int类型，对象t3、t4和t6数据成员的数据类型为double类型，在对运算符"+"实现重载时，将根据模板参数确定具体操作的具体数据类型。

温馨提示：成员函数在类外实现时，当使用对象或对象指针时，需要有类型声明符作为模板参数（程序中的B行）。

温馨提示：成员函数在类外实现时，如果函数中有类型声明符，需要在每个成员函数前，有template<类型声明符>（程序中的A行）。

5. 下面程序的运行结果是_____。

```
#include<iostream.h>

template <typename T>
T max(T * p,int n){
    int   i;
    T m=p[0];
    for (i=1;i<n; i++)
        if(p[i]>m)   m=p[i];
    return   m;
}

void main(){
    int a[5]={5,3,7,12,8};
```

```
    double b[8]={5.3,4.4,5.8,6,3.5,8.1,1.6};
    cout<<max(a,5)<<'\t';
    cout<<max(b,8)<<endl;
}
```

参考答案：12　8.1

解析：这是关于函数模板与数组结合的应用，max 函数是在指针 p 所指向的数组中找最大数。在 max(a,5)中，根据实参数组 a 为整型，推导出函数模板中模板参数 T 为 int 类型，同理，根据实参 b 为 double 类型，推导出函数模板中模板参数 T 为 double 类型。

11.4.3　完善程序题

1. 分析下面程序，在空白处填上适当内容，使 p1 对象的数据成员是 int 类型，p2 对象的数据成员是 double 类型。

```
#include<iostream.h>

template <class T>
class Shape{
    T x,y;
public:
    Shape(T a,T b){x=a;y=b;}
    _____①_____ &operator++(){
        x++;
        y++;
        return *this;
    }
    void Print(){cout<<x<<','<<y<<endl;}
};

void main(){
    _____②_____ p1(10,20);
    _____③_____ p2(4.76,9.28);
    ++p1;
    ++p2;
    p1.Print();
    p2.Print();
}
```

参考答案：① Shape<T>或 Shape　　② Shape <int>　　③ Shape <double>

解析：

① 该运算符重载函数的返回值是该类的对象，当内联成员函数时，Shape 后面可以有也可以没有<T>。

② <int>用来指明类模板的实例化参数类型。

③ 和②一样，<double>也用来指明类模板的实例化参数类型。

2. 下面是包含"+"运算符和"="运算符的重载程序，完善程序。

```
#include<iostream.h>

template<class T>
class Test{
    T x,y;
public:
    Test(T a=0,T b=0){x=a;y=b;}
    Test operator+ (Test);
    Test operator= (Test);
    void Print(){cout<<x<<','<<y<<endl;}
};

     ①
Test<T>     ②     ::operator= (Test a){
    x=a.x;
    y=a.y;
    return * this;
}
     ③
Test<T>     ④     ::operator+ (Test a){
    x=a.x;
    y=a.y;
    return * this;
}
void  main(){
    Test<int>t1(1,2),t2(10,20),t5;
    Test<double>t3(3.45,7.68),t4(10.3,12.2),t6;
    t5=t1+t2;
    t6=t3+t4;
    t5.Print();
    t6.Print();
}
```

参考答案：① template<class T>或 template<typename T>
　　　　　② Test <T>
　　　　　③ template<class T>或 template<typename T>
　　　　　④ Test <T>

解析：

①和③处当具有模板类的成员函数在类外实现时，必须是模板函数。

②和④处当具有模板类的成员函数在类外实现时，函数名前不仅仅需要包含类和作用域运算符，在类名的后面还需要跟模板参数。

3. 下面 3 个函数分别是采用插入、选择和冒泡 3 种方法的排序函数,请完善程序,使任一个函数都可以完成对数组中元素按升序排列。

```
#include<iostream.h>
```

_____①_____
```
void sort1(S1 a[],int n){
    int i,j;
    S1 k;
    for(i=1;i<n;i++){
        j=i;
        k=a[i];
        while(j>0&&k<a[j-1]){
            a[j]=a[j-1];
            j--;
        }
        a[j]=k;
    }
}
```

_____②_____
```
void sort2(S2 a[],int n){
    int i,j,min;
    S2 k;
    for(i=0;i<n-1;i++){
        min=i;
        for(j=i+1;j<n;j++)
        if(a[min]>a[j])min=j;
        if(min!=i){k=a[min];a[min]=a[i];a[i]=k;}
    }
}
```

_____③_____
```
void sort3(S3 a[],int n){
    int i,j;
    S3 k;
    for(i=0;i<n;i++)
        for(j=n-1;j>i;j--)
            if(a[j-1]>a[j])
            {   k=a[j-1];a[j-1]=a[j];a[j]=k;}
}

void main(){
    int a[10]={2,10,3,8,4,1,9,6,5,7};
```

```
double b[10]={2.3,10.5,3.4,8.5,4.6,1.6,9.1,6.2,5.7,7.6};
double c[10]={2.3,10.5,3.4,8.5,4.6,1.6,9.1,6.2,5.7,7.6};
sort1(a,10);
sort2(b,10);
sort3(c,10);
for(int i=0;i<10;i++)cout<<a[i]<<"  ";
cout<<endl;
for(i=0;i<10;i++)cout<<b[i]<<"  ";
cout<<endl;
for(i=0;i<10;i++)cout<<c[i]<<"  ";
cout<<endl;
}
```

参考答案：① template <class S1>　　② template <class S2>
　　　　　　③ template <class S3>

解析：

① sort1 函数采用插入排序法，函数中第一个参数是 S1 类型，而 S1 既不是 C++ 语言预定义的类型，也不自定义类型，因此只能是模板参数。

② sort2 函数采用插入排序法，和①处一样，S2 也是模板参数。

③ sort3 函数采用冒泡排序法，和①处一样，S3 也是模板参数。

4. 在下面的程序中，binary 函数是折半查找函数，请完善程序。

```
#include<iostream.h>

template <class ___①___ >
int binary(F a[],F x){
    int n=0,m=9,i=(n+m)/2;

    while(n<=m&&a[i]!=x){
        if(a[i]<x)___②___;
        if(a[i]>x)___③___;
        i=(n+m)/2;
    }
    if(a[i]==x)return i+1;
    else return 0;
}
void main(){
    int y[10]={5,7,8,14,25,36,44,50,69,80};
    int x;    cout<<"输入要查找的数:";
    cin>>x;
    if(binary(y,x))
        cout<<"数 "<<x<<"在数组的第 "<<binary(y,x)-1<<"个数!\n";
    else
        cout<<"No found!\n";

}
```

参考答案：① F　　② n=i+1　　③ m=i-1

解析：

① 在函数中两个参数的类型都是 F,而 F 既不是 C++ 语言预定义的类型,也没有 F 自定义类型,因此只能是模板参数。

② 在折半查找法中,要求被查找的数据是有序的,在程序中,可以发现提供的 y 数组中的数据是按升序排列,但查找数据大于比较的元素,则应该继续在后半部分查找,所以 n=i+1。

③ 和②相仿。

5. 下面是一个线性表类的程序,请完善程序。

```cpp
#include<iostream.h>

template<    ①    >
class LIST{
    T * List;
    int Max;
    int Elem;
public:
    LIST(int n=10){
        List=new    ②    [n];
        Max=n;
        Elem=0;
    }
    T ElemI(T);

    int ElemE(void)
    {    return Elem;}

    void Print(void){
        for(int i=0;i<Elem;i++)cout<<List[i]<<'\t';
        cout<<'\n';
    }

    ~LIST(){delete []List;}
};

template<class T>
T    ③    ::ElemI(T elem){
    if(Elem<Max){
        List[Elem++]=elem;
        return Elem;
    }
```

```
        else {
            T * list;
            list=new T[Max+5];
            for(int i=0;i<Elem;i++)list[i]=List[i];
            delete []List;
            Max++;
            List=list;
            List[Elem++]=elem;
            return Elem;
        }
    }


void main(){
    LIST <double>list(20);
    for(int i=0;i<8;i++)list.ElemI(1.1* i);
    cout<<"线性表 list 的元素个数为:"<<list.ElemE()<<'\n';
    list.Print();
}
```

参考答案: ① class T 或 typename T 　　② T 　　③ LIST<T>

解析:

① LIST 是一个类模板,在类模板中 * List 的类型 T 可知,其模板参数是 T。

② new 运算符是为 List 指针分配空间,所分配空间的类型就是 List 指针的类型。

③ 类的成员函数在类外定义时,必须说明所属类,而类模板的成员函数在类外定义, 还需要包含模板参数。

11.5　同步练习

11.5.1　选择题

1. 关于函数模板的描述,不正确的是_____。

　A. 函数模板必须以关键字 template 开头

　B. 模板参数可以是 typename 关键字开始

　C. 模板参数可以是 class 关键字开始

　D. 模板参数可以不用 typename 或 class 关键字,直接声明为 template<T>

2. 关于类模板的描述,不正确的是_____。

　A. 模板参数可以通过"typename <类型声明符>"来声明

　B. 类模板实际上就是一个类,一个通用类。

　C. 模板参数可以通过"class <类型声明符>"来声明

　D. 模板参数可以通过"<类型声明符>标识符"来声明

11.5.2　阅读程序题

1. 分析下面的程序,写出程序的运行结果。

```cpp
#include<iostream.h>

template <typename M>
M Add(M a,M b)
{    return a+b;}

void main(){
    cout<<Add(3.4,7.8)<<endl;
}
```

2. 分析下面的程序,写出程序的运行结果。

```cpp
#include<iostream.h>

template<class T>
class  Complex{
    T R,I;
public:
    Complex(T a,T b){R=a;I=b;}
    T Add(){return R+I;}
};

void  main(){
    Complex <int>c1(10,20);
    Complex <double>c2(6.45,2.28);
    cout<<c1.Add()<<endl;
    cout<<c2.Add()<<endl;
}
```

3. 分析下面的程序,写出程序的运行结果。

```cpp
#include<iostream.h>

template<class T>
class  Complex{
    T R,I;
public:
    Complex(T a=0,T b=0){R=a;I=b;}
    void Print(){cout<<R<<','<<I<<endl;}
    Complex operator+ (Complex c){
        Complex<T>t;
        t.R=R+c.R;
```

```
                    t.I=I+c.I;
                    return t;
            }
    };

    void  main(){
        Complex <double>c1(10,20),c2(6.45,2.28),c3;
        c3=c1+c2;
        c3.Print();
    }
```

11.5.3 完善程序题

下面是包含"+"运算符重载的程序,请完善程序。

```
#include<iostream.h>

template<class T>
class  Complex{
    T R,I;
public:
    Complex(T a=0,T b=0){R=a;I=b;}
    void Print(){cout<<R<<','<<I<<endl;}
    Complex operator+ (Complex c);
};

    _____①_____
    _____②_____  Complex<T>∷operator+ (Complex c){
        _____③_____;
        t.R=R+c.R;
        t.I=I+c.I;
        return t;
    }

void  main(){
    Complex <double>c1(10,20),c2(6.45,2.28),c3;
    c3=c1+c2;
    c3.Print();
}
```

11.6 同步练习参考答案

选择题答案

1. D   2. B

阅读程序题答案

1. 11.2
2. 30

   8.73
3. 16.45,22.28

完善程序题答案

① template<class T>　　② Complex<T>　　③ Complex<T>t

第**12**章 输入输出流类库

12.1 简 介

在 C++ 语言中,并没有输入/输出语句,是为了最大限度地保证语言与平台的无关性。为了实现输入/输出操作,C++ 语言提供了两种实现方法:一是通过 C++ 语言提供的与 C 语言兼容的输入/输出库函数;二是提供了功能强大的输入/输出流类库,在 C++ 语言中应提倡使用输入/输出流类库来实现。

数据从一个对象到另一个对象的传送被抽象为"流"。C++ 语言中,外部向内存提供数据的过程称输入流,数据提供者可以是输入设备,也可以是提供数据的文件。同样,从内存向外发送数据的过程称输出流,数据接收者可以是输出设备,也可以由文件保存所接收的数据。

"流"提供了输入/输出接口,该接口使程序的设计尽可能与所访问的具体设备无关。如用户使用"输出"操作可以实现对一个磁盘文件的写操作,可以实现将输出信息送至显示器显示,还可以将输出信息送打印机打印,从而减少程序设计的工作量。

计算机的输入/输出主要操作对象是外部设备或数据文件。计算机的外部设备很多,其中键盘和显示器是最重要的输入/输出设备。在 C++ 语言中把键盘作为标准输入设备,显示器为标准输出设备。

在 C++ 语言中,对输入/输出是通过类来描述的,称作流类。提供流类实现的系统称为输入/输出流类库。

12.2 知 识 点

- 基本流类体系
- 输入/输出的格式控制
- 标准设备的输入/输出
- 文件流

- 文件的使用方法
- 文本文件的使用
- 二进制文件的使用
- 文件的随机访问

12.3　概　念　解　析

12.3.1　基本流类体系

C++语言的输入/输出流类库包含在 iostream. h 头文件中。需要基本输入/输出操作时,要求包含 iostream. h 头文件,其流类体系如图 12-1 所示。

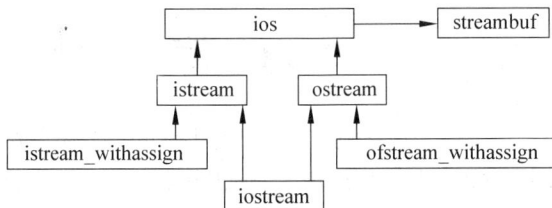

图 12-1　基本输入/输出流类体系

流实际上是输入/输出流类的对象。不同的流是流类体系不同流类中的对象。

1. 基类 ios

由图 12-1 可以看出,基类 ios 派生出了输入类 istream 与输出类 ostream,类 ios 是所有基本流类的基类,其他基本流类均由该类派生得到。

2. 输入类 istream

输入类 istream 派生出 istream_withassign 类,输入流 cin 是由 istream_withassign 定义的对象。istream 负责为输入流对象通过其成员函数完成数据输入操作任务。

3. 输出类 ostream

输出类 ostream 派生出 ostream_withassign 类,输出流 cout 是由 ostream_withassign 定义的对象。ostream 负责为输出流对象通过其成员函数完成数据输出操作任务。

4. 输入输出类 iostream

类 iostream 是类 istream 和 ostream 共同派生的,该类没有增加新的成员函数,只是将类 istream 和 ostream 组合在一起,使流对象既可完成输入操作,又可完成输出操作。

12.3.2　输入/输出的格式控制

在实际输入/输出时,通常要求按照一定的格式输入或输出数据。例如,数据输出时,按照一定的宽度、上下行之间数据对齐等,这样可以更直观、更明确地表示相关的信息。为此,C++语言标准输入/输出流提供了许多格式控制操作符和格式控制的成员函数。由于格式控制操作符和函数比较多,本章节只介绍常用的预定义格式控制操作。使用格式控制需要在程序中包含头文件 iomanip.h。

常用的预定义格式控制见表 12-1。

表 12-1　常用的预定义格式控制

格 式 控 制	适 用 于	作　　　用
endl	输出	输出换行符
ends	输出	输出空字符
flush	输出	刷新流
dec	输入/输出	按十进制输出整数
hex	输入/输出	按十六进制输出整数
oct	输入/输出	按八进制输出整数
resetiosflags(long n)	输入/输出	清除由 n 指定的格式标志
setiosflags(long n)	输入/输出	设置由 n 指定的格式标志
setfill(char c)	输出	设置填充字符 c
setprecision(int n)	输出	设置浮点数输出精度
setw(int n)	输出	设置数据输出宽度
ws	输入	跳过空白字符

在实现输入/输出时,系统专门为输入/输出信息开辟一个临时存放信息的区域,称为缓冲区。只有当缓冲区满或输入数据接收到换行符时,才对流中的数据进行处理。如果需要立即处理缓冲区中的信息,应强制刷新输出流,可在 cout 的输出项中使用刷新流flush。

12.3.3　标准设备的输入/输出

在 C++语言中,针对标准设备实现的输入/输出操作,称为标准流。标准流有 4 个:cin、cout、cerr 和 clog。其中 cin 是标准输入流,实现从键盘输入数据;其他 3 个是标准输出流,实现从显示器输出数据。除 cerr 为非缓冲流外,其他 3 个均为缓冲流。

在使用 4 个标准流进行输入/输出时,系统将自动完成数据类型的转换。输入流需要将输入的字符序列形式的数据变换为计算机内部形式的数据(二进制或 ASCII 字符)后,再赋给变量,其格式由变量类型确定。对于输出流,将要输出的数据变换成字符后,送到输出字符序列中。

标准输入流通过提取运算符(>>)从键盘输入的字符序列中提取数据,标准输出流则是通过插入运算符(<<)把需要输出的数据插入到送往显示器的字符序列中。

1. 输入操作的成员函数

（1）常用字符输入的成员函数

常用字符输入成员函数有带参与无参两种格式：

```
int istream::get();
istream &istream::get(char &c);
```

调用无参 get 函数的结果是从输入流中提取一个字符，并将该字符作为返回值。而调用带参 get 函数的结果是从输入流中提取一个字符赋给参数变量 c。

（2）字符串输入成员函数

字符串输入成员函数有两种格式：

```
istream &istream::get(char * ,int n ,char = '\n');
istream &istream::getline(char * ,int n ,char = '\n');
```

上述两个函数都可以从输入流中提取一个字符串赋给字符指针所指存储区。函数中第一个参数为字符指针，第二个参数 n 为最多能提取的字符个数（最多能提取 n-1 个，尾部增加一个字符串结束符）。第三个参数为结束字符，默认为换行符，也可以自定义结束符号。输入字符时，依次从输入流中提取字符，遇到结束符时，则结束提取字符的工作。上述函数可从输入流中提取任何字符，包括空格字符。这两个函数是流类的成员函数，必须是输入流类对象（如 cin）才能调用这两个成员函数。

2. 数据输出成员函数

在类 ostream 中定义了几个成员函数，比较常用的成员函数有以下几种：

```
ostream & ostream::put(char c);
ostream & ostream::flush();
```

put 成员函数用于输出由参数所表示的字符。flush 成员函数刷新一个输出流，和格式控制的刷新流功能相同。

3. 提取运算符"＞＞"和插入运算符"＜＜"

在 C++ 语言中，允许用户重载运算符"＜＜"和"＞＞"，以实现对象的直接输入/输出。在重载这两个运算符时，必须通过友元函数实现"＜＜"和"＞＞"运算符重载，不可以通过成员函数实现。其原因是这两个运算符的左操作数不可能是该类的对象，而是流类的对象。

重载提取运算符"＞＞"的一般格式为：

```
friend istream & operator >>(istream & ,类名 &);
```

温馨提示：函数返回值必须是类 istream 的引用，这是为了在 cin 中可以连续使用"＞＞"运算符。函数的第一个参数也必须是类 istream 的引用，它将作为运算符的左操作数，第二个参数为自定义类的对象或对象引用，作为运算符的右操作数。

重载插入运算符"＜＜"的一般格式为：

```
friend ostream & operator << (ostream & ,类名 &);
```

温馨提示：函数返回值必须是类 ostream 的引用，这是为了在 cout 中可以连续使用"<<"运算符。函数的第一个参数也必须是类 ostream 的引用，它将作为运算符的左操作数，第二个参数为自定义类的对象或对象引用，作为运算符的右操作数。

12.3.4　文件流

1. 文件

文件是由文件名标识的一组有序数据的集合，文件通常存放在磁盘上。

但在 C++ 语言中，文件不仅仅只是磁盘文件一种，具体的外部设备也可以抽象为文件，每个外部设备都指定唯一的一个设备名（文件名）。这样对外部设备的操作也抽象为对文件的操作，对程序设计而言，只要掌握文件的操作，就可以实现对不同具体设备的操作，实现语言与设备的无关性。

在 C++ 语言中，文件分为两种：文本文件和二进制文件。文本文件由字符的 ASCII 码组成，以字符为单位存取。文本文件也称为 ASCII 码文件。二进制文件由二进制数据组成，以字节为单位存取。

使用文件时，必须先打开文件，然后才能对文件进行读或写操作，操作完成后应关闭文件。

对文件的打开、读/写、关闭等操作，通过 C++ 语言中的文件流类体系实现。

2. 文件流类体系

在 C++ 语言头文件 fstream. h 中，定义了 C++ 语言的文件流类体系，文件流类体系如图 12-2 所示。由图可知，C++ 语言的文件流类体系是从 C++ 语言的基本流类体系中派生出来的。程序中使用文件时，需要包含头文件 fstream. h。

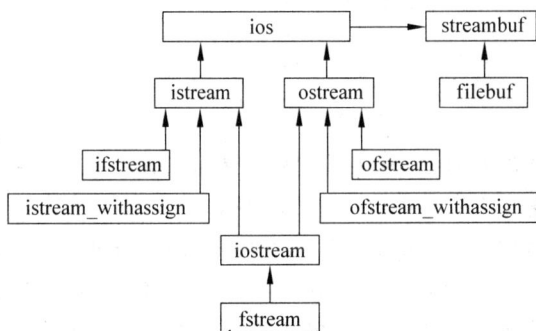

图 12-2　文件流类体系

12.3.5　文件的使用方法

在 C++ 语言中，文件的使用主要有打开、读/写、关闭文件等操作。使用文件首先需要通过文件输入类 ifstream、文件输出类 ofstream 或文件输入/输出类 fstream 定义文件流对象(也直接称文件流),然后通过文件流调用对应的成员函数完成对文件的相关操作。打开文件可以通过文件流类的成员函数 open 来完成,也可以在定义文件流类时,通过流类的构造函数来打开文件。文件的读/写操作可通过文件流类的成员函数 get/put 等实现,文件关闭是通过文件流类的成员函数 close 来完成。

对文件的操作一般有 3 种:从文件读数据、向文件写数据、对文件既可读也可写操作。所有文件流都通过流类 ifstream、ofstream、fstream 定义。其中,ifstream 只能用来定义读文件流对象,如 ifstream infile;ofstream 只能用来定义写文件流对象,如 ofstream outfile;fstream 用来定义既可读也可写的文件流对象,如 fstream iofile。

1. 打开文件

使用一个文件时必须先将其打开,其目的是将一个文件流与一个具体的磁盘文件联系起来,然后通过相关的文件流提供的成员函数,实现数据的写入或读取。

打开文件有两种方式:文件流通过 open 成员函数打开,或在定义文件流对象时通过构造函数打开。

1) 使用成员函数 open 打开文件

3 种文件流对应的 open 函数格式:

```
void ifstream::open( const char * ,int =ios::in,int =filebuf::openprot);
void ofstream::open( const char * ,int =ios::out,int =filebuf::openprot);
void fstream::open( const char * ,int ,int =filebuf::openprot);
```

其中:第一个参数为要打开的文件及路径名;第二个参数为文件的打开方式;文件打开方式有 8 种,常用的有以下几种。

```
ios::in                //按读方式打开文件
ios::out               //按写方式打开文件
ios::app               //按增补方式打开文件
ios::nocreate          //打开已存在的文件
ios::noreplace         //建立新文件
ios::binay             //打开二进制文件
```

温馨提示:表示路径名的"\"要用连续两个表示,第一个表示转义序列开始。如 e:\test\aaa.txt,文件及路径名应表示为:e:\\test\\aaa.txt。

温馨提示:ifstream 定义的文件流只能按读方式打开;ofstream 定义的文件流只能按写方式打开,所以第二参数可以省略;fstream 定义的文件流可读可写,所以第二参数需要指明是读、写还是读/写方式。例如上述定义的文件流,通过 open 函数打开文件:

```
infile.open("e:\\test\\aaa.txt");
outfile.open("e:\\test\\aaa.txt");
iofile.open("e:\\test\\aaa.txt",ios::in|ios::out);
```

2) 定义文件流对象时通过构造函数打开文件

在文件流类中,带有默认参数的构造函数在定义文件流对象时,可以先定义文件流对

象,再用 open 成员函数打开文件,也可以在定义文件流对象时,通过构造函数打开文件:

```
ifstream:: ifstream ( const char * ,int =ios:: in,int =filebuf:: openprot);
ofstream:: ofstream ( const char * ,int =ios:: out,int =filebuf:: openprot);
fstream:: fstream ( const char * ,int ,int =filebuf:: openprot);
```

例如上述定义的文件流,在定义文件流同时通过构造函数打开文件:

```
ifstream infile("e:\\test\\aaa.txt");
ofstream outfile("e:\\test\\aaa.txt");
fstream iofile("e:\\test\\aaa.txt",ios:: in|ios:: out);
```

温馨提示:打开文件时,一般要判断打开是否成功。若文件打开成功,则文件流对象值将为非零值;若打开不成功,则文件流对象值为 0。

例如,测试文件流 infile 打开文件是否成功,代码如下:

```
ifstream infile("e:\\test\\aaa.txt ");
if (! infile)
{  cout<<"不能打开的文件: e:\\test\\aaa.txt \n";
    exit(1);
}
```

2. 文件的读/写操作

文件打开后,就可以实现对文件的读/写操作。文件的读/写操作有两种:一是使用提取、插入运算符。例如:

```
char ch;
infile>>ch;              //从输入文件流 infile 所关联的文件 e:\test\aaa.txt 中提取
                           一个字符赋予变量 ch
outfile<<ch;             //将变量 ch 中字符插入到输出文件流 outfile 所关联的文件 e:
                           \test\aaa.txt 中去
```

二是可以使用成员函数对文件进行读写操作。例如:

```
char ch;
infile.get(ch);          //从输入文件流 infile 所关联的文件 e:\test\aaa.txt 中读取
                           一个字符赋予变量 ch
outfile.put(ch);         //将变量 ch 中字符写入到输出文件流 outfile 所关联的文件 e:
                           \test\aaa.txt 中去
```

3. 关闭文件

当文件读/写操作完成后,应该立即关闭所打开的文件。关闭文件由 close 成员函数完成。如 infile. close()。

关闭文件时,系统将该文件内存缓冲区中的数据写到文件中。断开文件流对象和该文件名之间所建立的关联。

温馨提示：关闭文件只是断开文件流对象与实际文件之间所建立的关联,其文件流本身并没有撤销,文件流对象还可以通过 open 函数与其他文件建立关联。

12.3.6 文本文件的使用

在文件流类中并没有定义对文件操作的成员函数,对文件的操作是通过调用基类 ios、istream、ostream 中说明的成员函数来实现的。所以对文件的基本操作与标准输入/输出的使用方式相同,可以通过提取运算符(>>)和插入运算符(<<)来访问文件,也可以通过 get、getline 和 put 等成员函数实现。

12.3.7 二进制文件的使用

对二进制文件进行读/写操作,不能通过标准输入/输出流中的提取与插入运算符,而只能通过二进制文件的读(read)与写(write)成员函数来实现。

1. read 函数

对二进制文件的读操作是通过 read 成员函数实现。read 函数的格式如下：

```
istream &istream::read(char * ,int );
istream &istream::read(unsigned char * ,int );
istream &istream::read(signed char * ,int );
```

函数的功能：将第二个参数指定字节数的内容读到第一个字符型参数所指存储单元中。

2. write 函数

对二进制文件的写操作是通过 write 成员函数实现。write 函数的格式如下：

```
ostream &ostream::write(const char * ,int );
ostream &ostream::write(const unsigned char * ,int );
ostream &ostream::write(const signed char * ,int );
```

函数的功能：将第二个参数指定字节数的二进制数据写入文件。

温馨提示：在 read 函数和 write 函数中,除字符指针外,都必须强制转换成字符指针类型,因为这两个成员函数的第一个参数是字符指针。

3. eof 函数

测试二进制文件结束位置可用 eof 成员函数实现,该成员函数的格式为：

```
int ios::eof();
```

当到达文件结束位置时,该函数返回非零值,否则返回零值。常用于数据读取时,判定数据是否读取完毕?

12.3.8 文件的随机访问

在文件打开时,系统为打开的文件建立一个变量 point 指针,只要移动文件指针 point,就能实现对文件任一指定字节的读/写操作。在 C++ 语言文件流类的基类中定义了支持随机访问的函数来移动指针值,实现对文件的随机访问。

1. seekg 与 seekp 成员函数

seekg 函数用于移动输入文件流中的文件指针,seekp 函数用于移动输出文件流中的文件指针,其函数的格式分别为:

```
istream &istream∷seekg(streampos n);
ostream &ostream∷seekp(streampos n);
istream &istream∷seekg(streamoff n,ios∷seek_dir);
ostream &ostream∷seekp(streamoff n,ios∷seek_dir);
```

其中,streampos 相当于基本数据类型中的 long。前两个函数的作用都是将文件指针直接指向参数指定的字节处。后两个函数的作用由 seek_dir 确定。

seek_dir 可取 3 个值:beg(把文件起始位置作为参照点,移动文件指针到指定位置)、cur(把文件当前位置作为参照点,移动文件指针到指定位置)、end(把文件结束位置作为参照点,移动文件指针到指定位置)。

2. 返回文件指针值

在对文件的读/写过程中,可以通过 tellg 函数和 tellp 函数返回当前文件指针的位置。

tellg():返回输入文件流的当前文件指针值。

tellp():返回输出文件流的当前文件指针值。

12.4 习题解析

12.4.1 选择题

1. cin 是基本输入/输出流类库中预定义的_____。

    A. 类　　　　　　B. 对象　　　　　　C. 包含文件　　　　　　D. 函数

参考答案:B

解析:流是流类的对象,cin、cout、cerr 和 clog 是 C++ 语言中预定义的标准流,其中 cin 是基本输入流类中的对象。

2. C++ 语言中,数据文件的类型分为_____。

    A. 文本文件和顺序文件　　　　　　B. 顺序文件和随机文件

    C. 文本文件和二进制文件　　　　　　D. 数据文件和文本文件

参考答案:C

解析:C++ 语言中数据文件分为两类:文本文件和二进制文件。

3. 关于提取和插入运算符,下述说法不正确的是_____。

    A. 可以重载为类的成员函数

    B. 应该重载为类的友元函数

    C. 提取运算符是从输入字符序列中提取数据

    D. 插入运算符是把输出数据插入到输出字符序列中

参考答案:A

解析:由于提取运算符和插入运算符的操作数是流类的对象,不可能是该类的对象,所以不可以通过类的成员函数实现重载,只能通过类的友元函数实现重载。

4. 下列函数只对文本文件进行读操作的是_____。

    A. get()、read()　　　　　　　　B. getline()、write()

    C. get()、put()　　　　　　　　　D. read()、write()

参考答案:C

解析:read()和 write()是对二进制文件进行读/写操作的成员函数,而不是对文本文件的读/写操作。put()是对文本文件进行写操作。

5. C++ 语言中使用磁盘文件首先需打开一个磁盘文件,下面描述的语句 ofstream outf("Mydata.txt");中通过定义文件流对象 outf 打开磁盘文件 Mydata.txt,该文件打开是通过文件流类的_____函数实现的。

    A. 不需要函数　　　　　　　　　B. 普通成员函数

    C. 构造函数　　　　　　　　　　D. open 成员函数

参考答案:C

解析:定义流类对象和定义其他对象一样,圆括号中的内容是为对象初始化提供参数的,而对象初始化是通过类的构造函数实现的。当定义 outf 流类对象时,通过构造函数和磁盘文件 Mydata.txt 建立关联,实现磁盘文件打开。

12.4.2　填空题

1. 分析下面程序,当键盘输入:10 20,写出程序的运行结果。第一行是____①____,第二行是____②____。

```
#include<iostream.h>

class Complex{
    double Real,Image;
public:
    Complex(double r=0.0, double i=0.0)
    {    Real=r;Image=i;}
    friend ostream&operator<<(ostream&s,Complex&z);
    friend istream&operator>>(istream&s,Complex&z);
};

ostream&operator<<(ostream&s,Complex &z)
```

```
{    return s<<'('<<z.Real<<','<<z.Image<<")\n";}

istream&operator>>(istream&s,Complex &z)
{    return s>>z.Real>>z.Image;}

void main(){
    Complex c1(1.25,3.4),c2;
    cin>>c2;                //A
    cout<<c1<<c2;           //B
}
```

参考答案：① (1.25,3.4)　　② (10,20)

解析：执行 A 行实现提取运算符"`>>`"，把 cin 作为左操作数，把对象 c2 作为右操作数，调用其运算符重载函数 operator>>(cin,c2)，实现对象的直接输入。同样，用插入运算符"`<<`"输出对象时，调用其运算符重载函数 operator<<(cout,c2)。

温馨提示：为了实现提取运算符和插入运算符连续使用，其重载函数的返回值，必须是输入/输出流类对象的引用。

2. 分析下面程序，写出程序的运行结果。第一行是_____①_____，第二行是_____②_____，第三行是_____③_____。

```
#include<iostream.h>
#include<iomanip.h>

const float PI=3.14;

void main(){
    cout.fill('#');
    cout<<setw(10)<<PI<<endl;
    cout<<setw(8)<<PI<<endl;
    cout<<setw(6)<<PI<<endl;
}
```

参考答案：① ######3.14　　② ####3.14　　③ ##3.14

解析：格式控制 fill 函数是设置输出数据项位数不够时，所需要填充的字符；setw 函数是设置紧接的输出项输出宽度，第一行要求按 10 位数字输出变量 PI 的值，PI(含小数点)共 4 位，所以输出时，前面需要有 6 个井号(#)来填充。

3. 下面程序的运行结束后，数据文件 data.dat 保存的结果是_____。

```
#include<iostream.h>
#include<fstream.h>

void main(){
    ofstream outf("data.dat");
    int i;
```

```
for(i=10;i<20;i++)
    if(i%3==0)cout<<i<<'\t';
    else outf<<i<<'\t';
outf.close();
}
```

参考答案：10　11　13　14　16　17　19

解析：程序中循环控制变量 i 共循环 10 次,取值范围为 10~19,其中能被 3 整除的通过标准输出流 cout 输出到显示器,其余的才通过自定义文件流对象 outf 输出到数据文件。

4. 在下面程序中,字符串的单词间只有一个空格。程序的运行结果是_____。

```
#include<iostream.h>
#include<fstream.h>
#include<stdlib.h>

void main(){
    char c, * str="You are a student!";
    fstream inout("mydata.dat",
                    ios::in|ios::out|ios::binary);
    if(!inout){
        cout<<"文件打开出错!\n";
        exit(1);
    }
    inout<<str<<endl;
    inout.seekg(5,ios::beg);
    while(! inout.eof()){
        inout.get(c);
        if(c==' ')cout<<inout.tellg()<<'\t';
    }
    cout<<endl;
    inout.close();
}
```

参考答案：8　10

解析：程序中按读/写方式打开一个二进制文件,先写入一个字符串,通过 inout.seekg(5,ios::beg);语句把文件指针定位于第五字符位置(即 r 字符,数字 0 为文件开头),然后依次读取字符,当读取字符为空格,则通过 tellg()函数得到当前字符的位置。值得注意的是,如果起始字符从 0 开始,则 are 后面的两个空格位置应该是 7 和 9,但程序结果并非是 7 和 9 而是 8 和 10,原因是读取字符空格后,文件指针已经移到后面的一个字符上,所以程序输出的是空格后的字符位置。

12.4.3　完善程序题

下面程序的功能是把数组中所有偶数输出到数据文件 data.dat 中( ),其他数据输出到显示器,请完善程序。

```
# include< iostream.h>
# include< stdlib.h>
# include<_____①_____>


void main(){
    int a[10]={1,2,3,4,5,6,7,8,9,10};
    _____②_____("data.dat");
    if(!outf){                      //A
        cout<<"文件打开出错!\n";
        exit(1);
    }
    for(int i=0;i<10;i++){
        if(a[i]%2==0)_____③_____<<'\t';
        else_____④_____<<'\t';
    }
    outf.close();
}
```

参考答案:① fstream. h　　② ofstream outf
　　　　　　③ outf<<a[i]　　④ cout<<a[i]

解析:

① 程序中需要实现文件流操作,要求包含 fstream. h 头文件。

② 从程序中 A 行 if 语句中的关系表达式可知,文件流对象名为 outf,实现文件流输出操作应 ofstream,虽然 fstream 也可以实现文件流输出,但参数表必须有第二个参数,在程序没有给定第二参数可推导出是 ofstream。

③ 程序要求把偶数输出到数据文件,而数据文件 data. dat 是通过 outf 对象的文件流对象建立关联,在语句后半部分通过插入运算符输出一个制表符,由此推导,输出数组中的数据 a[i]也应该使用插入运算符。

④ 程序要求不是偶数时输出到显示器,因此应该使用标准输出流 cout。

12.5　同步练习

12.5.1　选择题

1. 下面_____是标准输入流。
　　A. cin　　　　　B. cout　　　　　C. cerr　　　　　D. clog

2. 下面输出字符"C"不正确的是_____。
　　A. cout<<'C'　　　　　　　　B. clog<<'C'
　　C. cout. put('C')　　　　　　D. cout<<put('C');

3. 以下程序段的作用是_____。

A. 把 1～10 数据写到数据文件 myfile 中,并显示在显示器上

B. 把文件 myfile 中的数据读出并显示在显示器上

C. 把 1～10 数据只显示在显示器上

D. 把 1～10 数据只写到数据文件 myfile 中,没有在显示器上显示

```cpp
void main(){
    fstream ff("myfile", ios::out);
    for(int i=1;i<=10;i++)ff<<i<<'\t';
    ff.close();
}
```

4. 程序中需要文件操作时,需要包含_____文件。

    A. iostream. h   B. stdlib. h

    C. iomanip. h   D. fstream. h

5. 在实现文件操作时,需首先打开文件,打开文件可通过_____实现。

    A. 析构函数   B. 输出成员数据的成员函数

    C. 构造函数   D. 友元函数

6. 有一个 C++ 语言源程序的磁盘文件,需通过文件操作实现磁盘文件复制,希望整行读取,能正确实现的是_____。

    A. >>   B. <<

    C. getline 函数   D. put 函数

12.5.2 填空题

1. 分析下面程序,写出程序的运行结果。

```cpp
#include<iostream.h>
#include<fstream.h>

void main(){
    ofstream outf("test.dat");
    char p[]="I am a student!";
    outf<<p;
    outf.close();
    ifstream inf("test.dat");
    inf>>p;
    cout<<p<<endl;
}
```

2. 分析下面程序,写出程序的运行结果。

```cpp
#include<iostream.h>
#include<fstream.h>

void main(){
```

```
ofstream outf("test.dat");
char p[80]="I am a student!";
outf<<p;
outf.close();
ifstream inf("test.dat");
inf.getline(p,80);
cout<<p<<endl;
}
```

3. 分析下面程序,写出程序的运行结果。

```
#include<iostream.h>
#include<fstream.h>

void main(){
    ofstream outf("data.txt");
    int i;
    for(i=0;i<10;i++){
        outf<<i;
        if(i%5==0)outf<<endl;
    }
    outf.close();
    ifstream inf("data.txt");
    while(!inf.eof()){
        inf>>i;
        cout<<i<<'\t';
    }
    inf.close();
}
```

12.5.3　完善程序题

1. 下面程序是先把字符串中除 a 字符外的所有字符写到数据文件 mydata.dat 中,
然后将数据文件中的所有字符读出,输出到显示器上。

```
#include<iostream.h>
#include<stdlib.h>
#include<fstream.h>

void main(){
    char str[]="exam ination marks";
    ofstream outf("mydata.dat");
    if(!outf){
        cout<<"文件打开出错!\n";
        exit(1);
```

```
    }
    char c, * p=str;
    while(* p){
        if(_____①_____)outf<<_____②_____;
        p++;
    }
    outf.close();
    ifstream inf("mydata.dat");
    if(!inf){
        cout<<"文件打开出错!\n";
        exit(1);
    }
    while(inf.get(_____③_____))
        _____④_____<<c;
    inf.close();
}
```

2. 下面程序是从键盘提供 10 个整数给数组，然后把数组数据写到数据文件 mydata.dat 中，同时输出到显示器。

```
#include<iostream.h>
#include<fstream.h>
#include<stdlib.h>

void main(){
    int i,a[10];
    for(i=0;i<10;i++)cin>>a[i];
    ofstream dout("mydata.dat");
    if(!dout){
        cout<<"文件打开出错!\n";
        exit(1);
    }
    for(i=0;i<10;i++)    {
        _____①_____<<a[i]<<'\t';
        _____②_____<<a[i]<<'\t';
    }
    cout<<endl;
    _____③_____.close();
}
```

12.6　同步练习参考答案

选择题答案

1. A　　2. D　　3. D　　4. D　　5. C　　6. C

填空题答案

1. I
2. I am a student!
3. 0　　12345　　6789

完善程序题答案

1. ①　＊p！＝'a'　　②　＊p　　③ c　　④ cout
2. ① dout(或 cout)　　② cout(或 dout)应和①不同　　③ dout

第*13*章 面向对象程序设计的综合训练

13.1 类综合习题解析

13.1.1 改错题

1. 下面是一个存在错误的程序,要求不增加或删除任何语句,使程序的运行后的输出结果为 10+20-30。

```cpp
#include<iostream.h>

class Test{
    int n;
public:
    Test(int a){n=a;}
    void Set(int a){n=a;}
    int Get(){return n;}
};

void main(){
    Test t1;
    cout<<t1.Get()<<'+';
    t1.n=20;
    cout<<t1.Get()<<'-';
    Test.t2(30);
    cout<<t2.Get()<<'\n';
}
```

参考答案：① Test t1 应改为 Test t1(10)

② t1. n=20 应改为 t1. Set(10)

③ Test. t2(30) 应改为 Test t2(30)

解析：

① 程序中的 Test t1 由于 Test 类中没有定义默认参数的构造函数,所以不允许不提供参数直接定义对象,根据题目输出结果,t1 对象中,成员 n

的值为 10,因此应改为 Test t1(10)。

② 程序中 t1. n=20 由于数据成员 n 的访问权限是私有的,在类外不可以直接访问,因通过公有访问权限的 Set 成员函数来修改成员 n 的值,故应改为 t1. Set(10)。

③ 定义对象和定义变量一样,通过类定义对象,不可以使用成员运算符".",而应该直接使用空格来分隔。

2. 下面是一个存在错误的程序,要求不增加或删除任何语句,使程序能正确运行,程序运行后的输出结果为: 7。

```
# include< iostream.h>

class Test{
    int n;
public:
    Test(int a){n=a;}
    void Show(){cout<<n<<endl;}
    Test operator+ (Test t1)
    {
        Test t2;
        t2.n=n+t1.n;
        return n;
    }
};

void main(){
    Test t1(5),t2(2),t3(3);
    t3=t1+t2;
    t3.Show();
}
```

参考答案:① Test(int a) 改为 Test(int a=0)或 Test t2 改为 Test t2(0)
　　　　　　② return n 应改为 return t2

解析:

① 程序中构造函数 Test(int a)没有带默认值,类中也没有定义默认的构造函数,在"+"运算符重载函数中,定义临时对象 t2,需调用默认的构造函数。所以可以在构造函数中添加默认值,也可以在定义对象时,提供参数避免调用默认的构造函数。

② 程序在"+"运算符重载函数中,需返回的是对象,而不是成员,比较合理的返回值应该是两对象相加后的结果 t2。

3. 下面是一个存在错误的程序,要求不增加或删除任何语句,使程序能正确运行。

```
# include< iostream.h>
# include< string.h>

class Person{
```

```
        int ID;
        char * Name;
    public:
    Person(int i,char * s){
        ID=i;
        if(s){
            Name=new char;
            strcpy(Name,s);
        }
        else Name=0;
    }
    ~Person(){if(Name)delete Name;}
    void Print()
    {cout<<"学号:"<<ID<<"\t 姓名:"<< * Name<< '\t';}
};


class Student:public Person{
    int CPP;
public:
    Student(int i,char * s,int c):Person(i, * s)
    {CPP=c;}
    void Show(){
        Print();
        cout<< "C++成绩:"<<CPP<<endl;
    }
};


void main(){
    Student s(9905201,"王小凯",86);
    s.Show();
}
```

参考答案：① new char 应改为 new char[strlen(s)+1]

② delete Name 应改为 delete []Name

③ << * Name 应改为 <<Name

④ :Person(i, * s) 应改为 :Person(i,s)

解析：

① 程序中给指针成员 Name 分配空间时，应根据参数 s 所给定的字符长度加 1，不应该只分配一个字符的空间，如果是分配一个字符空间，则下一条语句不应该是字符串复制函数，而应该直接使用赋值语句。

② 程序中释放指针成员 Name 分配空间时，由于分配的时候是连续分配多个空间，则释放空间也应该一样。

③ 输出姓名整个字符串时，应该用字符数组名或字符指针名，前面加" * "运算符将

只输出指针所指向的一个字符。

④ 在派生类的构造函数中,需要包含对基类成员的初始化说明,在该说明中的参数是实参,这里不可以用 ∗s(∗s 是指把 s 指针所指向的一个字符作为实参和基类构造函数中的第二个参数类型不相符),而应该是 s。

13.1.2 综合应用题

1. 有 20 个数{1,2,2,2,3,3,3,4,4,5,6,6,7,8,8,8,8,9,10,10},按由小到大的顺序排列,存放数组 a 中。试建立一个类 ARR,完成将数据中相同的数删除,只剩一个(删除重复的数据)。删除重复的数据后,a 数组中的内容为{1 2 3 4 5 6 7 8 9 10}。具体要求如下:

1) 私有数据成员

• int n:存放数组实际元素个数。

• int ∗a:存放原始数据及结果数据。

2) 公有成员函数

• ARR(int x[],int size):构造函数,其中参数 size 初始化 n,数组 x 初始化数组。

• ～ARR():析构函数。

• void Deletesame():完成将数组中相同元素删除工作。

• void Show():要求每行 5 个数,将结果数据输出到屏幕上。

3) 在 main()主程序中定义一个数组 int a[20],并初始化为{1,2,2,2,3,3,3,4,4,5,6,6,7,8,8,8,8,9,10,10}。另定义一个 ARR 类的对象 arr,用数组 a 及数组元素的实际个数初始化该对象,按上述要求完成对该类的测试。

解析:在 ARR 类指定了整型指针成员 a,由此就可以得出以下设想:构造函数需要通过 new 运算符实现动态分配,而分配的数据类型是整型,分配的空间数应该是由参数 size 决定;另外,在构造函数使用了 new 运算符,类中就必须显式定义析构函数,在析构函数通过 delete 运算符,实现释放动态分配的空间。

Deletesame()成员函数用于删除数组中重复的数据,由于约定提供的数据是有序的,就表明相同的数据是连续在一起,由于重复数据的个数是不确定的,因此判定后面重复数据应该通过循环语句,直到找到不相同或数据结束为止。当找到不同数据时,只需要把该数(另外一个数第一次出现)前移到上个数据第一次出现的后面,重复操作,就可以删除所有重复的数据。最后要重新确定数组元素的个数 n。

Show()是输出数据的成员函数,要求每行输出 5 个数据,在通过循环语句输出时,当循环控制变量求 5 的余数为 0,插入一个换行符。

参考答案:

```
#include<iostream.h>

class ARR{
    int n;
    int ∗a;
```

```cpp
public:
    ARR(int x[],int size){
        n=size;
        a=new int[n];
        for(int i=0;i<n;i++)a[i]=x[i];
    }
    ~ARR(){delete []a;}
    void Deletesame(){
        int i=0,j;
        for(j=0;j<n;j++)
        {
            while(a[i]==a[j]&&j<n)j++;
            if(j<n){i++;a[i]=a[j];}
        }
        n=++i;
    }
    void Show(){
        int i;
        for(i=0;i<n;i++){
            cout<<a[i]<<'\t';
            if((i+1)%5==0)cout<<endl;
        }
        cout<<endl;
    }
};

void main(){
    int a[20]={1,2,2,2,3,3,3,4,4,5,6,6,7,8,8,8,8,9,10,10};
    ARR arr(a,20);
    arr.Deletesame();
    arr.Show();
}
```

2. 建立一个 Set 类，求两个集合的交集。所谓两个集合的交集是指同时属于两个集合中的元素构成新的集合。例如集合 a[]={1,2,3,4,5}，集合 b[]={2,4,6}，它们的交集是 c[]={2,4}。求交集的算法是：依次判断 a 数组中的元素 a[i] 是否属于 b 数组，如果属于，则将 a[i] 放入交集 c 数组中。具体要求如下：

1) 私有数据成员。

- int a[40],b[40],c[40]：a、b 数组用于存放已知的两个整数集合，c 数组用于存放 a、b 的交集。
- int lena,lenb,lenc：分别用于存放 a、b 和 c 三个集合实际元素的个数。

2) 公有成员函数。

- Set(int * pa,int len1,int * pb,int len2)：构造函数，初始化数据成员数组 a、b 及

lena、lenb。

- void Intersection()：求集合 a 和 b 的交集 c。
- void Show()：输出交集 c 的所有元素。

3) 在 main()主程序中,定义两个数组 a[]={1,2,3,4,5},b=[]={2,4,6},编写一个完整的程序,把这两个数组作为对该类对象的初始化,完成对该类的测试。

解析：构造函数完成对 a、b 两个数组的初始化,数组赋值不可以整体直接赋值,必须一个元素一个元素逐个进行,所以需要循环来实现。

成员函数 Intersection()求两个集合的交集,是把 a 数组中的一个元素和 b 中的每个元素比较,如果 b 数组也存在该数据,则把 a 数组该元素添加到 c 数组中。刚开始的时候 c 数组没有元素,所以下标从 0 开始,每次添加元素后,用来 c 数组的下标要自增。交集求出来后,要确定交集中元素的个数 lenc。

参考答案：

```cpp
#include<iostream.h>

class Set{
    int a[40],b[40],c[40];
    int lena,lenb,lenc;
public:
    Set(int * pa,int len1,int * pb,int len2){
        lena=len1;
        lenb=len2;
        int i;
        for(i=0;i<len1;i++)a[i]= * pa++;
        for(i=0;i<len2;i++)b[i]=pb[i];
    }
    void Intersection(void){
        int i,j,k=0;
        for(i=0;i<lena;i++)
            for(j=0;j<lenb;j++)
                if(a[i]==b[j]){
                    c[k++]=a[i];
                    break;
                }
        lenc=k;
    }
    void Show(){
        int i;
        for(i=0;i<lenc;i++)cout<<c[i]<<'\t';
        cout<<endl;
    }
};
```

```
void main(){
    int a[]={1,2,3,4,5},b[]={2,4,6};
    Set s(a,5,b,3);
    s.Intersection();
    s.Show();
}
```

3. 建立一个字符串类 String，字符串中包含了多处数字和非数字，如"aBbc12hg671 is76jj8543 674hgf234bh"，要求把字符串中连续的数字作为一个整数，依次存放到整型数组 num 中，统计整数的个数，并输出这些整数。具体要求如下：

1）私有数据成员。

- char * Str：用于存放字符串。
- int Num[20]：用于提取出来的整数。
- int Count：用于统计整数的个数。

2）公有成员函数。

- String(char * s)：构造函数，初始化相关数据成员。
- ~String()：析构函数。
- void Process()：提取整数依次存放到整型数组 num 中，并统计整数的个数。
- void Show()：输出所有整数及整数的个数。

3）在 main() 主程序中，定义一个字符数组 c[] = "aBbc12hg671 is76jj8543 674hgf234bh"，把 c 数组作为对字符串类对象的初始化，编写一个完整的程序，完成对该类的测试。

解析：和第 1 题相仿，在 String 类包含了字符指针成员 a，由此可知：在构造函数需要通过 new 运算符实现动态分配，而分配的数据类型是字符型，分配的空间数应该是由参数 s 字符号串长度决定；另外，在构造函数使用了 new 运算符，类中就必须显式定义析构函数，在析构函数通过 delete 运算符，实现释放动态分配的空间。除此之外，构造函数还需要把 Count 成员初始化为 0。

Process() 成员函数完成对字符串中整型数据的提取。在提取时，遇到数字字符，表示一个整型数据的开始，直到遇到非数字字符或字符串结束符为止，数字部分还需要把数字字符变换为数值，可通过数字字符减字符"0"得到；在处理非数字字符时，要连续跳过非数字字符，直到数字字符或字符串结束符为止。

参考答案：

```
#include<iostream.h>
#include<string.h>

class String{
    char * Str;
    int Num[20];
    int Count;
public:
```

```
        String(char * s){
            if(s){
                Str=new char[strlen(s)+1];
                strcpy(Str,s);}
            else Str=0;
            Count=0;
        }
        ~String(){if(Str)delete []Str;}
        void Process(void){
            int i=0,n;
            char * p=Str;
            while(* p){
                while((* p<'0'||* p>'9')&&* p)p++;
                if(* p==0)break;
                n=0;
                while(* p>='0'&&* p<='9'&&* p){
                    n=n* 10+(* p-'0');
                    p++;
                }
                Num[i++]=n;
            }
            Count=i;
        }
        void Show(){
            int i;
            cout<<"提取的整数个数是:"<<Count<<"个!\n";
            for(i=0;i<Count;i++)cout<<Num[i]<<'\t';
            cout<<endl;
        }
};

void main(){
    char c[]="aBbc12hg671 is76jj8543 674hgf234bh";
    String s(c);
    s.Process();
    s.Show();
}
```

13.2 综合练习

13.2.1 阅读填空题

1. 分析下列程序,其输出的第一行是_____①_____,第二行是_____②_____。

```
# include< iostream.h>
class S{
public:
    static int count;
    S(){
        count++;
        cout<<count<<'\t';
    }
    ~S(){
        count--;
        cout<<count<<'\n';
    }
    friend void f(S);
};

void f(S s){
    cout<<s.count<<'\t';
}

int S::count=0;

void main(void){
    S s1;
    {
        S s2;
    }
    cout<<"count="<<s1.count<<endl;
}
```

2. 分析下列程序,其输出的第一行是_____①_____,第二行是_____②_____。

```
# include< iostream.h>

class Shape{
    float Length,Width;
public:
    Shape(float l,float w){Length=l;Width=w;}
    void Print(){cout<<Length<<','<<Width<<endl;}
};

class Rect:public Shape{
    float High;
public:
    Rect(float l,float w,float h):Shape(l,w)
    {High=h;}
```

```
        void Show(){cout<<High<<endl;}
    };

    void main(){
        Shape s(20,10);
        Rect r(15,6,5);
        s.Print();
        r.Print();
    }
```

3. 分析下列程序,其输出的第一行是_____①_____,第二行是_____②_____。

```
#include<iostream.h>

class Shape{
    float Length,Width;
public:
    Shape(float l,float w){Length=l;Width=w;}
    virtual void Print()
    {cout<<Length<<','<<Width<<endl;}
};

class Rect:public Shape{
    float High;
public:
    Rect(float l,float w,float h):Shape(l,w)
    {High=h;}
    void Print(){cout<<High<<endl;}
};

void main(){
    Shape s(20,10), * sp= &s;
    Rect r(15,6,5);
    sp->Print();
    sp= &r;
    sp->Print();
}
```

4. 分析下列程序,其输出的第一行是_____①_____,第二行是_____②_____,第三行是
_____③_____。

```
#include<iostream.h>
class A{
    int x;
public:
    A(int a=100){ x=a;}
```

```
        virtual void print(void)
        { cout<<"x="<<x<<'\n';}
    };

    class B:public A{
        int x;
    public:
        B(int a=200,int b=300):A(a)
        { x=b;}
    };

    class C:public A{
        int x;
    public:
        C(int a=400,int b=500):A(a)
        { x=b;}
        void print(void)
        {     cout<<"x="<<x<<'\n';}
    };

    void main(void){
        A a,* pa;
        B b;
        C c;
        pa=&a;
        pa->print();
        pa=&b;
        pa->print();
        pa=&c;
        pa->print();
    }
```

13.2.2　完善程序题

1. 下面是复数类,通过对"+"和"+="运算符重载,实现复数对象的直接运算,请完善程序。

```
# include<iostream.h>
class Complex{
    float Real,Image;
public:
    Complex(float r=0,float i=0){Real=r;Image=i;}
    void Show()
    {cout<<"Real="<<Real<<'\t';
```

```
cout<<"Image="<<Image<<'\n';}
    Complex operator + (____①____){
        Complex t;
        t.Real=Real+c.Real;
        t.Image=Image+c.Image;
        ____②____ ;
    }
    friend void operator += (____③____){
        c1.Real=c2.Real;
        c1.Image=c2.Image;
    }
};


void main(void){
    Complex c1(25,50),c2(100,200),c3;
    c3=c1+c2;
    c3.Show();
    c1+=c2;
    c1.Show();
}
```

2. 下面是日期类,通过对"++"前置和后置运算符重载,实现对象的直接运算,请完善程序。

```
#include<iostream.h>
class date{
    int  Year,Month,Date;
public:
    date(int y=0,int m=0,int d=0)
    {    Year=y;Month=m;Date=d;}
    void Show()
    {    cout<<Year<<'-'<<Month<<'-'<<Date<<'\n';}
    date operator++ (){
        Date++;
        if(Date>30){Month++;Date-=30;}
        if(Month>12)Year++;
        return ____①____ ;
    }
    date operator++ (____②____){
        date d= * this;
        Date++;
        if(Date>30){Month++;Date-=30;}
        if(Month>12)Year++;
        return ____③____ ;
    }
```

```
    };

    void main(void){
        date d1(2007,6,15),d2(2007,4,20),d3,d4;
        d3=++d1;
        d3.Show();
        d4=d2++;
        d4.Show();
    }
```

3. 下列程序构造了一个集合类,其中以整型数组存放集合中的元素。通过重载运算符"&",判断一个数是否为集合的元素;通过重载运算符"==",判断两个集合是否相同,即两个集合的所有元素相同,但顺序可不同。

```
#include<iostream.h>
class Set{
    int Num[10],len;
public:
    Set(){
        for(int i=0;i<10;i++)Num[i]=0;
        len=0;
    }
    Set(int * p,int n){
        for(int i=0;i<n;i++)Num[i]=* p++;
        len=n;
    }
    friend int operator &(int,Set);
    int operator==(Set a){
        if(len!=a.len)return 0;
        for(int i=0;i<len;i++)
            if(!(Num[i]&a))return 0;
        return ____①____ ;
    }
    void Show(){
        for(int i=0;i<len;i++)
            cout<<Num[i]<<'\t';
    }
};

int operator &(int x,Set a){
    for(int i=0;____②____;i++)
        if(____③____)return 1;
    return 0;
}
```

```
void main() {
    int a[10]={5,2,3,1},b[10]={3,2,1,5};
    Set s1(a,4),s2(b,4);
    if(3&s1)cout<<"3含在集合类 s1 中！\n";
    else cout<<"3没有含在集合类 s1 中！\n";
    if(s1==s2)cout<<"两集合相等！\n";
    else cout<<"两集合不相等！\n";
}
```

13.2.3 改错题

1. 下面程序中,定义了一个三维坐标点 Point 类,"++"运算符实现每个数据成员加1,"+="运算符实现右操作数每个数据成员加到左操作数的对应成员,并返回左操作数,以便继续参加运算。含有错误的源程序如下:

```
#include<iostream.h>

class Point{
    int X,Y,Z;
public:
    Point(int a=0,int b=0,int c=0)
    {X=a;Y=b;Z=c;}
    void Print()
    {    cout<<'('<<X<<','<<Y<<','<<Z<<')'<<endl;}
    Point &operator++();
    friend Point &operator+=(Point &,Point &);
};

Point operator++(){
    X++;Y++;Z++;
    return *this;
}

friend Point &operator+=(Point a,Point b){
    a.X+=b.X;
    a.Y+=b.Y;
    a.Z+=b.Z;
    return a;
}

void main(){
    Point a(11,12,13),b(21,22,23),c;
    c=++a;
    a+=b;
```

```
    a.Print();
    c.Print();
}
```

2. 在不允许增减语句的前提下,改正程序中的错误,使得程序运行后输出结果为:

圆面积：314.15

圆体积：628.3

```cpp
#include<iostream.h>

class Cir{
    double R;
public:
    Cir(double r){R=r;}
    double Area(){return 3.1415 * R * R;}
};

class Cy:public Cir{
    double H;
public:
    Cy(double r,double h):Cir(double r)
    { H=h;}
    double Vol(){return Area * H;}
};

void main(){
    Cy c(10,2);
    cout<<"圆面积:"<<c.Area<<'\t';
    cout<<"圆体积:"<<c.Vol<<'\n';
}
```

13.2.4　上机编程题

1. 有一个线性数列,共有 Size 个数,要求从指定下标 m 开始的 n 个数排成降序,如原数列有 10 个数,值为{2,8,4,0,3,9,5,7,9,8},若要求把从第 3 个数开始的 5 个数排成降序,则得到的新数列为{2,8,4,9,7,5,3,0,9,8}。建立一个 List 类,完成上述功能。具体要求如下:

1) 私有数据成员

- int Size：数列中实际元素的个数。
- int * Arr：数列数组的起始指针。

2) 公有成员函数

- List(int a[],int len)：构造函数,用 len 初始化 Size,根据 Size 动态分配数组存储空间,Arr 指向该存储空间。

- void Sortpart(int m,int n)：将数列从第 m 个元素开始的 n 个数排成降序。要求数列中数的序号与其元素的下标一致。
- void Print()：输出新的完整的数列。
- ~List()：析构函数,释放 Arr 指向的存储空间。

3）在主程序中定义数组 int a[10]用于存放原始数列,其值为{2,8,4,0,3,9,5,7,9,8}。定义一个 List 类的对象 list,用 a 数组及数组实际元素的个数初始化该对象,然后把从第 3 个数开始的 5 个数按降序排列,完成该类测试。

2. 有一个字符串 String 类,通过重载运算符"+="实现两个字符串的拼接,要求把右操作数对象的字符串拼接到左操作数对象的字符串后面,建立一个程序,完成上述功能。具体要求如下：

1）私有数据成员
- char * Str：指向字符串的指针。
- int Len：字符串中字符个数。

2）公有成员函数
- String(char * s=0)：构造函数。
- String& operator+=(String &)："+="运算符重载函数,实现字符串拼接。
- void Show()：输出字符串。
- ~String()：析构函数,释放 Str 指向的存储空间。

3）在主程序中定义两个 String 类的对象 s1 和 s2,把"I am a student."作为定义 s1 对象的初始化参数,把"You are a student."作为定义 s2 对象的初始化参数,执行"s1+=s2;"语句,通过"+="运算符重载函数拼接,s1 对象中的字符串为"I am a student. You are a student."。完成该类测试。

13.3　模　拟　试　卷

13.3.1　模拟试卷一

一、选择题

1. 在面向对象程序设计中,数据封装主要是为了_____。
   A. 数据的规范化　　　　　　　　B. 避免数据错误
   C. 便于数据转换　　　　　　　　D. 防止不同模块间数据的非法访问

2. 类 A 已经定义,执行语句"A a1,a2[3], * a3"时,将调用_____次构造函数。
   A. 2　　　　　B. 3　　　　　C. 4　　　　　D. 5

3. 二元运算符重载时,_____有一个参数是类类型。
   A. 必须　　　B. 可以　　　　C. 不能　　　　D. 不确定

4. 一个类的构造函数_____。
   A. 是唯一的　B. 允许重载　　C. 至多可有两个　　D. 只能是默认的

5. 虚函数_____。

　　　　A. 可实现静态多态　　　　　　　B. 可实现动态多态

　　　　C. 不能实现多态　　　　　　　　D. 既可实现静态多态,又可实现动态多态

6. 下列有关类和对象的说法中,正确的是_____。

　　　　A. 类和对象都属于数据类型

　　　　B. 要为类和对象分配存储空间

　　　　C. 对象是类的实例,为对象分配存储空间而不为类分配存储空间

　　　　D. 类是对象的实例,为类分配存储空间而不为对象分配存储空间

7. 设派生类 B 是基类 A 的派生类,并有语句 A a1, * pa=&a1;B b1, * pb=&b1;,则正确的语句是_____。

　　　　A. pb=pa；　　　B. b1=a1；　　　　C. a1=b1；　　　　　D. * pb= * pa；

8. 下列叙述中不正确的是_____。

　　　　A. 含纯虚函数的类为抽象类　　　B. 不能直接由抽象类建立对象

　　　　C. 抽象类不能作为派生类的基类　D. 纯虚函数没有其函数的实现部分

9. 当定义派生类的对象时,调用构造函数的顺序正确的是_____。

　　　　A. 先调用基类的构造函数,再调用派生类的构造函数

　　　　B. 先调用派生类的构造函数,再调用基类的构造函数

　　　　C. 调用基类的构造函数和调用派生类的构造函数之间的顺序无法确定

　　　　D. 调用基类的构造函数和调用派生类的构造函数是同时进行的

10. 在类的继承与派生过程中,对派生类不正确的说法是_____。

　　　　A. 派生类可以继承基类的所有特性

　　　　B. 派生类只能继承基类的部分特性

　　　　C. 派生类可以重新定义已有的成员

　　　　D. 派生类可以改变现有成员的属性

二、填空题

1. 在说明类时,其成员默认的访问权限是_____。

2. 采用成员函数实现“+”运算符重载时,实现对象 c1+c2,编译器将解释为 ①_____,而采用友元函数实现“+”运算符重载时,实现对象 c1+c2,编译器将解释为 ②_____。

3. C++ 语言的两种多态性分别是_____①_____多态性和_____②_____多态性。

三、阅读填空题

1. 分析下面程序,写出程序的运行结果。第一行是_____①_____,第二行是_____②_____。

```
#include <iostream.h>
class A{
public:
    void virtual f1(){ cout<<"A::11"<<'\n';}
    void virtual f2(){ cout<<"A::22"<<'\n';}
```

```cpp
};

class B:public A{
public:
    void f1() { cout<<"B::33"<<'\n';}
    void f2(int a=0){ cout<<"B:44"<<'\n';}
};

void main(void){
    B b;
    A * pa=&b;
    pa->f1();
    pa->f2();
}
```

2. 分析下面程序，写出程序的运行结果。第一行是_____①_____,第二行是_____②_____。

```cpp
# include<iostream.h>

class A{
    static int x,y;
public:
    A(int a=1,int b=2){x=y+a;y=x+b;}
    void show(){cout<<"x="<<x<<"\ty="<<y<<'\n';}
};

int A::x=10;
int A::y=20;

void main(){
    A a1(100,200),a2;
    a1.show();
    a2.show();
}
```

3. 分析下面程序，写出程序的运行结果。第一行是_____①_____,第二行是_____②_____,
第三行是_____③_____。

```cpp
# include<iostream.h>

class Point{
    int x,y;
public:
    Point(int a=0,int b=0){x=a;y=b;}
    friend Point operator+= (Point,Point);
    Point operator- (Point a){
```

```
            Point temp;
            temp.x=x-a.x;
            temp.y=y-a.y;
            return a;
        }
        void Print()
        {    cout<<x<<','<<y<<endl;}
};

Point operator+=(Point a,Point b){
    a.x+=b.x;
    a.y+=b.y;
    return a;
}

void main(){
    Point a(10,20),b(2,4),c,d;
    c=a-b;
    d=a;
    d+=b;
    a.Print();
    c.Print();
    d.Print();
}
```

4. 分析下面程序,写出程序的运行结果。第一行是_____①_____,第二行是_____②_____,第三行是_____③_____。

```
#include<iostream.h>

class A{
    int x;
public:
    A(int a=10){x=a;}
    void printa(){cout<<"x="<<x<<endl;}
};

class B{
    int x;
public:
    B(int b=20){x=b;}
    void printb(){cout<<"x="<<x<<endl;}
};

class C:public A,public B{
```

```
        int x;
public:
        C(int c):B(c/2)
        {x=c;}
        void printc(){cout<<"x="<<x<<endl;}
};


void main(){
        C c(100);
        c.printa();
        c.printb();
        c.printc();
}
```

四、完善程序题

1. 通过重载运算符"+",直接完成两个一维数组对应元素相加的运算,要求两数组长度为等长。现设有两个整型数组 a、b,分别为

int a[10]= {1,2,3,4,5,6,7,8,9,10};
int b[10]= {10,20,30,40,50,60,70,80,90,100};

两数组相加后,结果为{11,22,33,44,55,66,77,88,99,110}。请完善以下程序,得到上述要求的结果。

```
# include<iostream.h>

class Arr{
   int a[10];
public:
   Arr(){ for( int i=0;i<10;i++) a[i]=0;}
   Arr(int b[]){
        for( int i=0;i<10;i++)a[i]=b[i];
   }
   Arr operator+ (____①____){
        Arr   k;
        for( int i=0;i<10;i++)k.a[i]=____②____;
        return ____③____;
   }
   void Show(void){
        for( int i=0;i<10;i++)cout<<a[i]<<'\t';
        cout<<endl;
   }
};
```

```
void main(void){
    int a[10]={1,2,3,4,5,6,7,8,9,10};
    int b[10]={10,20,30,40,50,60,70,80,90,100};
    Arr a1(a),a2(b),a3;
    a3=a1+a2;
    a3.Show();
}
```

2. 下面是集合类的程序,通过重载运算符"=",实现集合类对象的直接赋值,请完善程序。

```
# include<iostream.h>
# include<stdlib.h>

template <class T>
class Arr{
    T a[10];
public:
    Arr(_____①_____ b[]){
        for( int i=0;i<10;i++)a[i]=b[i];
    }
    Arr &operator= (Arr);
    void Show(void){
        for( int i=0;i<10;i++)cout<<a[i]<<'\t';
        cout<<endl;
    }
};

template <class T>
_____②_____ & _____③_____ ::operator= (Arr<T>b){
    for( int i=0;i<10;i++)a[i]=b.a[i];
    return _____④_____ ;
}

void main(void){
    int a[10]={1,2,3,4,5,6,7,8,9,10};
    int b[10]={10,20,30,40,50,60,70,80,90,100};
    Arr<int>a1(a),a2(b);
    a1=a2;
    a1.Show();
}
```

3. 下面是一个字符串类程序。在类 String 中,重载"+="运算符实现字符串类的复合赋值运算,请完善程序。

```
# include <iostream.h>
```

```
# include < string.h>

class String{
    char * Str;
public:
    String(char * s=0){
        if (s==0) Str=0;
        else {
            Str=new char [strlen(s)+1];
            strcpy(Str,s);
        }
    }
    String(String &s){
        if (s.Str){
            Str=new char [____①____];
            strcpy(Str,s.Str);
        }
        else Str=0;
    }
    ~String()
    {   if (Str) delete[]Str;}
    void Show()
    {     cout<<Str<<'\n';}
    String & operator+= (String &);
};

____②____ operator+= (String &s){
    if (Str!=0 || s.Str!=0){
        char * s1=Str;
        Str=new char [____③____];
        if (s1){
            strcpy(Str,s1);
            strcat(Str,s.Str);
        }
        else strcpy(Str,s.Str);
        if(s1) delete []s1;
    }
    return * this;
}

void main(void) {
    String s1("I am a"),s2(" Student.");
    String s3(s1);
    s3+=s2;
```

```
        s1.Show();
        s2.Show();
        s3.Show();
}
```

13.3.2　模拟试卷二

一、选择题

1. 定义一个类的友元函数的主要作用是_____。
   A. 允许在类外访问类中的私有成员
   B. 允许在类外访问类中的所有成员
   C. 能够被类的成员函数调用
   D. 能够被类的派生类的成员函数调用

2. 类的封装性体现在只能通过公共的接口使用类中定义的私有访问权限的数据成员,这里的"公共接口"是指_____。
   A. 成员函数　　　B. 友元函数　　C. 库函数　　　　D. 非成员函数

3. 设有以下定义,则正确的描述为_____。

```
class A:public B{
    double a ;
public:
    ⋮
}
```

   A. B 是 A 的派生类　　　　　　B. a 是类 B 的数据成员
   C. A 是 B 派生类　　　　　　　D. a 是类 A 和类 B 共同的数据成员

4. 设有模板类定义:

```
template <class T>
class matrix{…};
```

   其中尖括号<>中的声明表示_____。
   A. T 是 C++ 语言预定义的数据类型 B. T 是定义的一种特殊变量
   C. T 是一个类型说明符　　　　　D. T 是自定义的数据类型

5. 有如下函数模板定义:

```
template <class T>
T Max(T x,T y) { return x? y:x,y; }
```

   在下列对 Max 的调用中,错误的是_____。
   A. Max(1,2);　　　　　　　　B. Max(1.0,2.6);
   C. Max(1,2.6);　　　　　　　D. Max<int>(1,2.6);

6. 不属于构造函数的特点是_____。

A. 具有与类名相同的函数名　　　B. 构造函数可以设置默认值

C. 不允许重载　　　　　　　　　D. 在定义类的对象时自动调用

7. 复制构造函数可用于 3 个方面,下面_____不能运用复制构造函数。

A. 用类的一个对象去初始化该类的另一个对象

B. 函数的形参是类的对象

C. 函数的返回值是类对象

D. 用基类的一个对象去初始化一个派生类的对象

8. cerr 是输入/输出流类库中预定义的_____。

A. 类　　　　　B. 对象　　　　C. 函数　　　　D. 宏名

9. 下列描述中,正确的是_____。

A. 虚函数必须在派生类中定义,基类不需定义

B. 一个基类定义的虚函数,该类的所有派生类都继承并拥有该函数

C. 派生类中重定义虚函数时,参数表可以改变

D. 派生类中重定义虚函数时,返回类型可以改变

10. 关于 this 指针,以下陈述错误的是_____。

A. this 指针是类定义的对象指针

B. this 指针是类定义的一个隐含成员

C. 每个类对象都有自己的 this 指针

D. 友元函数使用类中成员时,可用 this 指针访问当前对象

二、填空题

1. 实现运算符重载时,其函数名由关键字_____构成。

2. 定义派生类的对象时,调用构造函数的顺序是先调用____①____构造函数,然后调用对象成员的构造函数,最后调用____②____构造函数。

3. 任一个类至少包含两个构造函数,一个是默认构造函数或用户显式定义的构造函数,另一个是_____。

4. 如果类中成员只希望被该类的成员函数及派生类中的成员函数访问,则应限定访问权限为_____。

三、阅读填空题

1. 分析下面程序,写出程序的运行结果。第一行是____①____,第二行是____②____,第三行是____③____,第四行是____④____,第五行是____⑤____。

```
#include<iostream.h>
class A{
public:
    virtual void fa(){cout<<"A::111"<<endl;}
    virtual void fb(){cout<<"A::222"<<endl;}
    virtual int fc(int m){ return m; }
```

```
};

class B:public A{
public:
    void fa(){cout<<"B::333"<<endl;}
    void fc(){cout<<"B::444"<<endl;}
};

class C:public B{
public:
    void fa(){cout<<"C::555"<<endl;}
    void fb(int i=0){cout<<"C::666"<<i<<endl;}
    int fc(int n=1){cout<<"n="<<n<<endl; return 0;}
};

void main(void){
    B a;
    C b;
    A c, * p= &b;
    p->fa();
    p->fb();
    b.fb(c.fc(5));
    b.fc(p->fc(5));
}
```

2. 分析下面程序,写出程序的运行结果。第一行是_____①_____,第二行是_____②_____。

```
#include<iostream.h>

class Test{
    int x;
public:
    Test(int i){x=i;}
    operator++(){x+=2;}
    operator++(int){x+=3;}
    void show(){cout<<x<<'\n';}
};

void main(){
    Test A(5),B(5);
    ++A;
    B++;
    A.show();
    B.show();
}
```

3. 分析下面程序,写出程序的运行结果。第一行是____①____,第二行是____②____,第三行是____③____。

```cpp
#include <iostream.h>

class Rect{
    float L,W;
public:
    Rect(float a=0, float b=0){L=a;W=b;}
    float Area(){return L*W;}
};

class Cub:public Rect{
    float H;
public:
    Cub(float a,float b,float c):Rect(a,b)
    {H=c;}
    float Area(){return Rect::Area()*H;}
};

void main(){
    Cub c(2,3,4);
    Rect r(20,10), *Pr=&c;
    cout<<r.Area()<<endl;
    cout<<c.Area()<<endl;
    cout <<Pr->Area()<<endl;
}
```

4. 分析下面程序,写出程序的运行结果。第一行是____①____,第二行是____②____,第三行是____③____。

```cpp
#include<iostream.h>
class Test{
    int x;
    static int n;
public:
    Test(int a=0){x=a;n+=a;}
    Test(Test &t){x=t.x;n+=x;};
    void show(){cout<<n<<"\n";}
};

int Test::n=0;
void fun(Test t){    t.show();}

void main(){
```

```
    Test t1(10);
    t1.show();
    fun(t1);
    Test t2(20);
    t2.show();
}
```

四、完善程序题

1. 下列程序的功能是通过重载运算符"=="，实现字符串的比较运算。请完善程序。

```
#include<ioStream.h>
#include<String.h>

class String{
    char * Str;
public:
    String operator+ (String &);
    int operator== (String &);
    String();
    String(char * );
    ~String();
    void show(){cout<<Str<<endl;}
};

String::String(){Str=0;}
String::String(char * s){
    Str=new char     ①     ;
    strcpy(Str,s);
}
String::~String()
{if(Str)delete     ②     ;}

int String::operator== (String &tar)
{
    return strcmp(     ③     )==0;
}

void main(){
    String s1("zhang");
    String s2("Lou");
    s1.show();
    s2.show();
```

```
        if(s1==s2)cout<<"两人同姓.\n";
        else cout<<"两人同姓.\n";
    }
```

2. 下面定义了一个顺序表的类 Line 类,其构造函数 Line(int a[], int n)用长度为 n 的数组元素初始化类对象的数据成员,成员函数 Sort()是一个按升序排序功能的函数,请完善程序。

```cpp
#include<iostream.h>

class Line{
    int * NUM;
    int N;
public:
    Line(){ NUM=0;N=0;}
    Line(int a[], int n){
        N=n;
        NUM=_____①_____ ;
        for(int i=0;i<N;i++)
            NUM[i]=a[i];
    }
    void Sort(){
        int i,j,k;
        for(i=0;i<N-1;i++)
            for(j=i+1;j<N;j++)
                if(_____②_____)
                    {k=NUM[i];NUM[i]=NUM[j];NUM[j]=k;}
    }
    ~Line(){if(NUM)delete _____③_____ ;}
    void Print(){
        for(int i=0;i<N;i++)
            cout<<NUM[i]<<'\t';
        cout<<endl;
    }
};

void main(){
    int a[10]={5,2,8,6,1,3,9,10,4,7};
    Line line(a,10);
    line.Print();
    line.Sort();
    line.Print();
}
```

3. 建立一个 student 成绩类来实现如下功能:成员 stu[10]用来存放学生考试成绩

（假定不超过 10 人），Found 函数查找考试成绩在 80 分以上的学生及其编号，count 用来统计 80 分以上的学生人数。

```cpp
# include<iostream.h>

class student{
  int count;
  int ____①____ ;
  float stu[10];
public:
  student(float a[],int b){
      n=b;
      for(int i=0;i<n;i++) ____②____ ;
      count=0;
  }
  void Found(){
      for(int i=0;i<n;i++)
          if(stu[i]>=80){count++; ____③____ ;}
  }
  void show(int m){
      cout<<"学生编号:"<<m+1<<"\t成绩:"<<stu[m]<<'\n';
  }
  void print(){
      cout<<"80以上学生数:"<<count<<endl;
  }
};

void main(void){
  float a[8]={76,98,86,45,62,90,84,85};
  student s(a,8);
  s.Found();
  s.print();
}
```

13.4　参考答案

13.4.1　综合练习参考答案

一、阅读填空题

1. ① 1　2　1　　② count=1
2. ① 20,10　　② 15,6
3. ① 20,10　　② 5
4. ① x=100　　② x=200　　③ x=500

二、完善程序题

1. ① Complex c 或 Complex &c   ② return t
   ③ Complex &c1,Complex &c2 或 Complex &c1,Complex c2
2. ① * this   ② int   ③ d
3. ① 1   ② i<a.len   ③ a.Num[i]==x

三、改错题

1. Point operator++() 应改为 Point &Point::operator++()
   friend Point &operator+=(Point a,Point b) 应改为 Point &operator+=(Point &a,Point &b)

2. Cy(double r,double h):Cir(double r) 应改为 Cy(double r,double h):Cir(r)
   return Area * H 应改为 return Area() * H
   <<c.Area<<'\t' 应改为 <<c.Area()<<'\t'
   <<c.Vol<<'\n' 应改为 <<c.Vol()<<'\n'

四、上机编程题

（略）

13.4.2 模拟试卷一参考答案

一、选择题

1. D   2. C   3. A   4. B   5. B   6. C   7. C   8. C
9. A   10. B

二、填空题

1. private
2. ① c1.operator+(c2)   ② operator+(c1,c2)
3. ① 静态   ② 动态

三、阅读填空题

1. ① B::33   ② A::22
2. ① x=321   y=323   ② x=321   y=323
3. ① 10,20   ② 2,4   ③ 10,20
4. ① x=10   ② x=50   ③ x=100

四、完善程序题

1. ① Arr b 或 Arr &b   ② a[i]+b.a[i]   ③ k

2. ① T　　② Arr<T>　　③ Arr<T>　　④ * this

3. ① strlen(s. Str)+1　　② String & String::　　③ strlen(Str)+strlen(s. Str)+1

13.4.3　模拟试卷二参考答案

一、选择题

1. B　　2. A　　3. C　　4. C　　5. C　　6. C　　7. D　　8. B

9. B　　10. B

二、填空题

1. operator

2. ① 基类　　② 派生类

3. 复制的构造函数

4. protected 或保护

三、阅读填空题

1. ① C::555　　② A::222　　③ C::6665　　④ n=5　　⑤ n=0

2. ① 7　　② 8

3. ① 200　　② 24　　③ 6

4. ① 10　　② 20　　③ 40

四、完善程序题

1. ① [strlen(s)+1]　　② []Str　　③ Str,tar. Str

2. ① new int[N]或 new int[n]　　② NUM[i]>NUM[j]　　③ []NUM

3. ① n　　② stu[i]=a[i]　　③ show(i)

读者意见反馈

亲爱的读者：

感谢您一直以来对清华版计算机教材的支持和爱护。为了今后为您提供更优秀的教材，请您抽出宝贵的时间来填写下面的意见反馈表，以便我们更好地对本教材做进一步改进。同时如果您在使用本教材的过程中遇到了什么问题，或者有什么好的建议，也请您来信告诉我们。

地址：北京市海淀区双清路学研大厦 A 座 602　　　计算机与信息分社营销室 收
邮编：100084　　　　　　　　　　　　电子邮件：jsjjc@tup.tsinghua.edu.cn
电话：010-62770175-4608/4409　　　邮购电话：010-62786544

教材名称：C++程序设计解析
ISBN：978-7-302-16188-2

个人资料

姓名：_____　　年龄：_____　所在院校/专业：_____

文化程度：_____　　通信地址：_____

联系电话：_____　　电子信箱：_____

您使用本书是作为： □指定教材 □选用教材 □辅导教材 □自学教材

您对本书封面设计的满意度：

□很满意 □满意 □一般 □不满意　改进建议___ _____

您对本书印刷质量的满意度：

□很满意 □满意 □一般 □不满意　改进建议_____

您对本书的总体满意度：

从语言质量角度看 □很满意 □满意 □一般 □不满意
从科技含量角度看 □很满意 □满意 □一般 □不满意

本书最令您满意的是：

□指导明确 □内容充实 □讲解详尽 □实例丰富

您认为本书在哪些地方应进行修改？（可附页）

_____

_____

您希望本书在哪些方面进行改进？（可附页）

_____

_____